HTML5+jQuery Mobile移动应用开发

丁 锋 陆禹成 编著

清华大学出版社
北京

内 容 简 介

本书主要对移动Web开发进行介绍，主要内容包括HTML5相关技术、界面样式及CSS3相关技术、Javascript基本使用以及jQuery Mobile移动开发框架。

本书内容涵盖移动Web开发相关的基础知识、开发经验、针对移动端的开发技巧、移动开发框架以及项目实战。书中详细介绍移动Web开发的前沿技术，比对了传统Web开发和移动Web开发的区别，对HTML5、CSS3等前沿技术进行了详细深入的介绍，对移动应用开发中的移动设备适配、Web实时通信等核心问题进行了详细讲解。在理论的基础上，注重项目实践，是一本可读性很高的移动Web开发教程。

本书适合移动Web开发初学者、大学生，以及对移动Web开发感兴趣的人员阅读，也适合作为培训机构或大中专院校及职业学院的教学用书。

图书在版编目（CIP）数据

HTML5+jQuery Mobile移动应用开发/丁锋，陆禹成编著. —北京：清华大学出版社，2018
ISBN 978-7-302-49350-1

Ⅰ. ①H… Ⅱ. ①丁… ②陆… Ⅲ. ①超文本标记语言－程序设计－教材②JAVA语言－程序设计－教材 Ⅳ. ①TP312.8

中国版本图书馆CIP数据核字（2018）第014494号

责任编辑： 王金柱
封面设计： 王　翔
责任校对： 闫秀华
责任印制： 杨　艳

出版发行： 清华大学出版社
网　　址： http://www.tup.com.cn，http://www.wqbook.com
地　　址： 北京清华大学学研大厦A座　　**邮　　编：** 100084
社 总 机： 010-62770175　　**邮　　购：** 010-62786544
投稿与读者服务： 010-62776969，c-service@tup.tsinghua.edu.cn
质 量 反 馈： 010-62772015，zhiliang@tup.tsinghua.edu.cn

印 刷 者： 北京富博印刷有限公司
装 订 者： 北京市密云县京文制本装订厂
经　　销： 全国新华书店
开　　本： 190mm×260mm　　**印　　张：** 28.5　　**字　　数：** 730千字
版　　次： 2018年3月第1版　　**印　　次：** 2018年3月第1次印刷
印　　数： 1~3000
定　　价： 79.00元

产品编号：069961-01

前　　言

HTML5、CSS3、jQuery Mobile 框架等知识均为时下移动 Web 开发的前沿技术。本书不仅对基本的开发知识进行了详细介绍，还讲解了许多开发中可能会遇到的问题，在介绍基础知识的同时讲解大量的开发经验。

本书内容

本书从多个角度对移动 Web 开发进行详细介绍，从基础知识到实战开发都有所涉及。本书主要分为五部分，第一部分介绍 HTML5 的基础知识，包括语义化标签、HTML5 存储、实时通信技术、多媒体等。第二部分介绍 CSS3 以及移动端开发样式等相关知识和应用方法，包括移动端元素单位、移动端布局基础知识、CSS3 新特性等。第三部分介绍 JavaScript 基础知识，包括 JavaScript 基本语法、JavaScript 常用方法以及如何使用 JavaScript 进行移动 Web 开发。第四部分介绍非常流行、高效的移动端 Web 开发框架 jQuery Mobile，整体梳理了如何使用 jQuery Mobile 进行移动端 Web 开发。第五部分介绍项目实战，手把手地教读者从无到有，使用本书介绍的丰富知识和经验进行移动 Web 应用开发。

第 1 章　认识 HTML
第 2 章　语义化标签
第 3 章　视频和音频
第 4 章　存储
第 5 章　即时通信
第 6 章　Canvas 绘图
第 7 章　CSS 选择器
第 8 章　元素定位
第 9 章　移动元素单位
第 10 章　盒模型
第 11 章　Flex 布局——FlexBox
第 12 章　使用 CSS3 新特性
第 13 章　DOM 操作
第 14 章　JavaScript 对象
第 15 章　JavaScript 基本语法
第 16 章　Window 对象
第 17 章　函数
第 18 章　jQuery 中的选择器

第 19 章　jQuery 中的 DOM 方法
第 20 章　jQuery 操纵 CSS 样式
第 21 章　jQuery 中的动画效果
第 22 章　jQuery 中的 AJAX
第 23 章　jQuery Mobile 组件
第 24 章　jQuery Mobile 的触摸事件
第 25 章　jQuery Mobile 表单
第 26 章　jQuery Mobile 列表
第 27 章　jQuery Mobile 项目结构
第 28 章　项目实战：聊天 APP 的开发

下载资源

本书下载资源地址：https://pan.baidu.com/s/1bpvw3uf（注意区分数字和英文字母大小写）。如果下载有问题，请发送电子邮件至 booksaga@126.com，邮件标题为“HTML5+jQuery Mobile 移动应用开发下载资源”。

为了让大家更好地学习 HTML5 的相关知识，还可以加 QQ 技术交流群：425975187。

读者对象

本书适合零基础、想从事移动 Web 前端开发的开发者以及对移动 Web 前端技术感兴趣的读者阅读。无论是在校计算机相关专业学生，还是已经从事移动 Web 开发的开发者，都能在本书中有所收获。

由于作者水平有限，书中难免有疏漏之处，敬请广大读者批评指正。

编　者
2018 年 1 月

目　录

第 1 章

认识 HTML

本章内容要点：

- HTML 文档结构
- HTML 文档构成要素以及属性和标签

学习 Web 前端开发，第一步就是学习 HTML 语言。HTML 是一个网页的骨架，HTML 中编写的内容，就是 Web 页面显示的内容。虽然 HTML 对于 Web 前端开发十分重要，但它也是非常容易学习的。本章我们先来认识 HTML 文档及其属性和标签等内容。

1.1 HTML 基本介绍

学习 HTML，主要学习的就是 HTML 的标签、属性以及 HTML 结构，本节我们先来认识这些 HTML 文档的构成要素。

1. 标签

一个页面的 HTML 部分是由各种标签组成的，一个典型的 HTML 页面结构如下：

```
<html>
    <head></head>
    <body>
        <h1>我是标题</h1>
        <p>我是段落</p>
    </body>
</html>
```

标签在 HTML 中成对出现，起始标签是由一对尖括号和英文字母组成的，如<p>，结束标签在起始标签的英文字母前面加一个/，如</p>。这样的一对标签内填写的内容就是这对标签包含的内容。<html>标签是根标签，所有页面中的其他内容都要放置在<html>的起始和终止之间。在<body>标签中，放置的是页面要显示的主要内容；<head>标签中放置一些配置信息，例如引入 CSS、JavaScript 外部脚本等。这些将在相应的章节进行介绍。

2. 属性

每一个 HTML 标签都可以指定属性，为标签指定属性的示例如下：

```
<p class="para" id="p1">段落内容</p>
```

上面的代码中，为 p 标签指定了两个属性，分别是 class 属性和 id 属性，并且为这两个属性设定了属性值。不同的标签可以设定的属性不同，但是所有标签都可以设定 class 属性和 id 属性，这两个属性和 CSS 关系紧密，是最常用的属性，将在后面进行介绍。

有些标签的可设定属性可以让这些标签有特殊的样式和功能，这些不同的内置可设定属性由 HTML 规范定义。

除此之外，也可以自定义一些 HTML 规范中没有的属性，这样做的主要目的是方便使用 Javascript 操作页面中的元素，尤其是 jQuery Mobile 框架中，频繁使用了自定义属性，这些将在后面的章节进行介绍。

3. 结构

HTML 是一个 Web 前端页面的骨架，因此 HTML 的结构很重要。HTML 主要通过标签的嵌套实现结构的搭建。例如，上面的例子就构成了一个最基本的结构，body 标签中嵌套了标题和一个段落文字内容。复杂的 HTML 结构原理也一样，在制作 Web 页面之前，先画好设计图，然后根据页面各个元素的嵌套关系进行梳理，就可以快速搭建起 Web 页面的框架。

1.2 HTML 常用标签

1. 标题

HTML 中内置了一些可以用来设置标题的标签，从<h1>一直到<h6>，这些标签内放置的文字都有预先定义好的文字样式。它们内部的文字字号比较大，并且已经进行了加粗。h1 的标题最明显，h6 的标题最小。

虽然标题标签已经预先设定好了样式，但是仍然可以通过 CSS 等手段进行自定义的样式修改。在 HTML 中，有很多和标题标签类似的标签，这些标签都有自己预先设定好的样式，但它们不是固定的，都可以借助 CSS 等手段进行修改。

```
<html>
  <head></head>
  <body>
    <h1>点击下方超链接跳转到百度</h1>
    <a href="www.baidu.com">跳转至百度</a>
```

```
  </body>
</html>
```

在上面的例子中，单击“跳转至百度”，页面就会跳转到href属性指定的页面。

和标题标签一样，超链接标签也有预先定义好的样式，例如鼠标滑过超链接会出现下划线，单击后超链接颜色会发生变化。这些也都是可以通过CSS代码进行修改的。

2. 超链接

超链接标签是使用很广泛的标签，用<a></a>表示。超链接的起始和终止标签之间放置要现实的内容。超链接的最主要目的是跳转到链接的页面，这就需要设定超链接标签的核心属性href。href属性设定为一个网站链接时，当单击页面上这个标签的元素后，就会跳转到对应的链接。

3. 块元素

HTML 中最常用的是<div>元素。页面中的每一个部分都可以看成是一个 div。一般的页面都是用一系列的div标签构建起来的，通过div标签搭建页面结构。下面是使用<div>标签构建页面的简单例子。

```
<html>
    <head></head>
    <body>
        <div>
            <p>我是第一部分</p>
            <div></div>
        </div>
        <div>
            <p>我是第二部分</p>
        </div>
    </body>
</html>
```

在上面的代码中，通过div元素的嵌套，将页面分成了两部分，每个部分又可以使用div元素继续划分。

4. 图像标签

在一个页面上引入图像的方法也很简单，只需要借助<img>标签就可以了。img标签有一个属性是src，这个属性用来指定要显示的图像路径，这样就可以在页面中显示对应的图像了。

1.3 HTML 表单

表单是HTML中很重要的一部分。表单对应的标签是form元素，内部放置多个可输入的标签input以及提交按钮。下面是一个form表单的实例。

```
<from>
    姓名：<input type="text"/>
    电话：<input type="text">
    <input value="提交" type="submit">
</form>
```

上面的代码定义了一个最基础的表单，下面将对这个表单的各个元素逐一介绍。

1. form 标签

form 标签是表单的容器元素，内部通过一些输入标签组建一个 HTML 表单。form 表单有一些重要的可设置属性。首先是 method 属性，它定义了当表单提交时的提交方式，包括 GET、POST 等方法。其次是 action 属性，action 属性指定表单提交到哪个地址，也就是后台提供的对应接口。

2. input 标签

input 标签是表单内主要的内容元素。一个 input 标签对应一个输入框，用户可以在其中输入内容。input 标签的 type 属性定义了这个输入框的类型，当像上面的代码一样将 type 设置为 text 时，表示输入的基本文本内容。当 type 设置为 password 时，表示这个输入框要输入的是密码，当用户在这种 input 标签中输入内容时，网页会自动将用户输入的内容隐藏，变为黑色的圆点。当 type 设置为 submit 时，表示这是一个提交按钮，当用户单击这个按钮时，用户会自动提交这个表单到 action 指定的链接。

在 HTML5 新规范中，为 input 标签的 type 属性添加了很多其他功能丰富的属性值，可以用来建立表单中各种各样的输入框。这将在后文中详细介绍。

另一个关于 input 很重要的属性是 name 属性，这个属性是前端和后端交互的关键。input 标签设定的 name 值是什么，服务器获取到的输入标签的代号就是什么。因此在为 input 元素设定 name 属性时，一定要注意和后台同学正确对接。

1.4 HTML 和 CSS 的简单交互

HTML 的样式需要 CSS 来进行设置，二者关系非常紧密。如何使用 CSS 进行 Web 页面丰富的样式设定在后面的章节有详细介绍，这里先简单介绍一下 HTML 和 CSS 交互的基本 方法。

前面说过，HTML 的大部分标签都可以设定两个属性，一个是 class 属性，另一个是 id 属性。通过这两个属性，就可以在 CSS 中为这些元素设定样式。可以为多个标签设定相同的 class 属性，然后在 CSS 中，使用特定的 CSS 语法可以获取这些 HTML 元素，并为其设定样式。id 属性的道理和 class 属性类似，只是原则上一个 id 值只能出现一次。

HTML 是搭建 Web 页面所需的最基础的知识，也是一个 Web 页面的骨架。HTML 的学习很简单，只要经常使用就能非常熟练。在下面的章节中，我们开始介绍新一代的 HTML5 标准中对基本 HTML 的强大扩展。

第2章

语义化标签

本章内容要点：

- 语义化标签的概念
- 语义化标签的使用及示例

在HTML5以前，HTML中的标签只有有限的几种，诸如<div>、<ul>、<table>等，这些标签可以帮助开发者在页面中定义最基本的组件（如列表、表格等）。然而，随着Web开发的发展，这些基本标签已经不能满足开发者的需求。由于基本HTML标签种类少，开发出的HTML基本都是许多<div>堆砌起来的缺乏意义的文档，因此HTML5语义化标签应运而生。使用HTML5中的语义化标签构建的HTML文档含义更加明晰，便于页面结构的体现和后期维护。

2.1 什么是语义化标签

在HTML5推出之前，开发者通常使用div来表示页面中的各个部分，但是这些div没有什么实际意义（包括使用CSS样式的id和class等内容）。这些标签只是开发者提供给浏览器的指令，用于定义一个网页的某些部分。

以前在进行HTML开发时都会罗列一系列的div标签，导致HTML代码无结构性、语义混乱。其实，HTML代码是非常重要的，不仅代表页面的结构，还要让后面的人能够通过HTML代码对页面的基本结构一目了然，以便于后期的开发和维护。以前开发者只能使用一系列的div进行HTML结构的编写，虽然指定了CSS中的id和class，但是命名不一定是规范的，其他开发人员也可能看不懂之前的HTML结构。

从 HTML5 开始，出现了语义化标签。在语义化标签中定义了丰富的类似 div 但是各有含义的标签，用来帮助开发者更清楚地构建 HTML 结构。

HTML5 帮开发者指定了每一个语义化标签应该使用的位置、内部结构等。这些并不是 HTML 语义化标签的主要优势，下面简单说明 HTML5 语义化标签到底可以为开发者带来什么好处。

1. 使页面渲染更有意义

语义化标记为设备提供了所需的相关信息，无须开发人员考虑所有可能的显示情况（包括现有的或者将来的设备）。例如，一部手机可能会使一段标记了标题的文字以粗体显示，掌上电脑则可能会以比较大的字体来显示。无论哪种方式，一旦开发人员将文本标记为标题，就可以确信读取设备将根据自身的条件来显示合适的页面。

2. 便于团队的后期维护

如果为标签提供 CSS 中的 id 和 class，很可能会出现不规范的情况。当开发者使用语义化标签后，由于语义化标签是规范的，因此方便了后期维护。

3. 使 HTML 结构更加清晰

使用 HTML 语义化标签可以让页面的结构更加清晰，按照规范定义的页面，便于大家快速了解每一个结构的功能和作用。

4. 为搜索提供帮助

SEO 优化等语义化标签可以给搜索引擎一个更清晰、更好的搜索信号，让页面更容易被搜索。

当然，有了语义化标签，并不代表不需要 div 了，div 仍然是很重要的。此外，语义化标签基本不会为开发者的页面添加样式，还需要使用 CSS 代码对样式进行控制。因此，要明确 HTML5 语义化标签的目的，即让页面的结构更加清晰、更加便于阅读和解析。

下面我们将逐一介绍 HTML5 为开发者提供的语义化标签。

2.2 header 标签

header 标签主要用来定义页面的页眉，如标题等。如果开发者想为自己的页面添加一个导航栏，就可以使用 header 这个标签。

【示例】 使用 header 标签的代码如下：

```
<!DOCTYPE>
<html>
<head>
<meta charSet="utf-8" />
<meta name="viewport" content="width=device-width, initial-scale=1, maximum-scale=1"/>
<style type="text/css">
</style>
</head>
```

```
<body>
  <header>
    <hgroup>
      <h1>网站标题</h1>
      <h1>网站副标题</h1>
    </hgroup>
  </header>
</body>
</html>
```

使用 div 的 HTML 结构如下：

```
<!DOCTYPE>
<html>
<head>
<meta charSet="utf-8" />
<meta name="viewport" content="width=device-width, initial-scale=1, maximum-scale=1"/>
<style type="text/css">
</style>
</head>
<body>
  <div class="header">
     <div class="top">
          <ul>
               <li>导航</li>
               <li>导航</li>
               <li>导航</li>
               <li>导航</li>
               <li>导航</li>
          </ul>
     </div>
     <div class="nav">
          <input type="search" placeholder="输入内容">
     </div>
  </div>
</body>
</html>
```

对比一下，可以看出使用 div 的页面结构十分混乱，并且需要开发者自己设定元素的 class 等，以表明其含义。现在很多网站都流行两个导航栏，使用 div 的时候，如果想定义这样的结构，就需要用不同 class 的 div，比如上面的 nav 和 top，显然会让人误解。如果使用语义化标签，那么使用两个<hgroup>即可将网站的导航栏分开，无疑会让页面的结构更加清晰。

2.3 footer 标签

footer 标签代表“网页”或“section”的页脚，通常含有该节的一些基本信息，譬如作者、相关文档链接、版权资料。如果 footer 标签包含整节，就会代表附录、索引、提拔、许可协议、标签、类别等信息。

一般网页最下面都有一个 copyright 部分，这一部分就属于 footer 标签的应用。

【示例】

```
<!DOCTYPE>
<html>
<head>
<meta charSet="utf-8" />
<meta name="viewport" content="width=device-width, initial-scale=1, maximum-scale=1"/>
<style type="text/css">
</style>
</head>
<body>
  <footer>
```

页脚部分内容

```
  </footer>
</body>
</html>
```

在一个文档中可以使用多个 footer 标签，既可以在整个网站的最下面使用 footer 标签，也可以为页面中的每一个部分都指定 footer 标签，让页面更有层次。

【示例】

```
<!DOCTYPE>
<html>
<head>
<meta charSet="utf-8" />
<meta name="viewport" content="width=device-width, initial-scale=1, maximum-scale=1"/>
<style type="text/css">
</style>
</head>
<body>
  <div class="main">
      <header></header>
      <div class="container"></div>
      <footer></footer>
```

```
    </div>
    <div class="section">
        <header></header>
        <div class="container"></div>
        <footer></footer>
    </div>
</body>
</html>
```

这个模拟页面中存在两部分。分别为这两部分指定 footer 标签，就可以清晰地看出页面中的哪一部分是页脚了。

在页脚中，通常都会清楚地标出开发者的地址信息，如图 2-1 所示。

© 2016 一点资讯 京公网安备11010802016286 京ICP备13041805号-1

图 2-1

在 HTML5 中也有对应的标签，就是<address>。W3C 规范规定，在页脚中出现的地址一定要放在<address>之中。这并没有改变任何页面样式，只是为了形成一种规范，让页面的 HTML 结构看起来更清晰。<address> 标签通常会连同其他信息包含在 <footer>标签中。

2.4 nav 标签

nav 标签用来规定哪个区域属于导航区域。注意，nav 标签主要用来定义页面中的主导航部分。

【示例】

```
<!DOCTYPE>
<html>
<head>
<meta charSet="utf-8" />
<meta name="viewport" content="width=device-width, initial-scale=1, maximum-scale=1"/>
<style type="text/css">
</style>
</head>
<body>
  <div class="main">
      <nav>
        <ul>
            <li>导航 1</li>
            <li>导航 2</li>
            <li>导航 3</li>
            <li>导航 4</li>
            <li>导航 5</li>
```

```
        </ul>
      </nav>
    </div>
  </body>
</html>
```

这里使用 nav 标签标示出开发者导航内容的部分。HTML5 的语义化标签就是为了让 HTML 代码有更加良好的结构以及明确的语义。试想一下，上面的代码如果不使用 nav 标签，而使用带有 class 的 div 标签，是不是不太规范了呢？页面中可能存在多个 ul 标签，但是主导航只有一个。使用 nav 将表示导航的 ul 包裹起来，可以让页面的 HTML 结构更加清晰。

2.5 article 标签

article 标签用来包含一段文字内容的区域。要想知道这个标签使用在什么地方，最好了解一下 article 这个标签是如何诞生的。

<article> 元素的潜在来源包括论坛帖子、报纸文章、博客条目、用户评论。正是因为页面中常常存在这些类似的区域，所以需要使用一个标签，显式地标明这部分是用来装载一组文字的。这组文字是独立的，就像一篇文章一样。

【示例】

```
<!DOCTYPE>
<html>
<head>
<meta charSet="utf-8" />
<meta name="viewport" content="width=device-width, initial-scale=1, maximum-scale=1"/>
<style type="text/css">
</style>
</head>
<body>
  <div class="main">
     <article>
       <h3>发帖标题</h3>
       <p>发帖内容</p>
       <footer>帖子作者、创作时间</footer>
    </article>
    <article>
       <h3>发帖标题</h3>
       <p>发帖内容</p>
       <footer>帖子作者、创作时间</footer>
    </article>
    <article>
       <h3>发帖标题</h3>
```

```
            <p>发帖内容</p>
            <footer>帖子作者、创作时间</footer>
        </article>
    </div>
</body>
</html>
```

本示例代码使用了多个 article 标签，自然而然地将多个帖子分成了语义明确的几个区块。这些区块之间相互独立，每一个 article 区域又使用 h3、p、footer 来区分标题、主体内容以及页脚区域。和满是 div 的结构相比，这种结构的优势一目了然。不要以为使用语义化标签只是这一小点差异，当页面越来越复杂的时候，语义化标签和堆满 div 的 HTML 页面结构差距还是很大的。

article 标签还可以内嵌，下面给出一个例子。

【示例】

```
<!DOCTYPE>
<html>
<head>
<meta charSet="utf-8" />
<meta name="viewport" content="width=device-width, initial-scale=1, maximum-scale=1"/>
<style type="text/css">
</style>
</head>
<body>
    <div class="main">
        <article>
            <header>
                主内容标题
            </header>
            <div class="content">
                <article>
                    <h3>评论标题</h3>
                    <p>评论内容</p>
                    <footer>评论作者、发布时间</footer>
                </article>
                <article>
                    <h3>评论标题</h3>
                    <p>评论内容</p>
                    <footer>评论作者、发布时间</footer>
                </article>
                <article>
                    <h3>评论标题</h3>
                    <p>评论内容</p>
                    <footer>评论作者、发布时间</footer>
                </article>
```

```
        </div>
      </article>
    </div>
</body>
</html>
```

这种结构十分常见，一个文章下面是一些评论内容。使用 article 嵌套的好处是可以让阅读 HTML 代码结构的人很清楚代码的含义，即哪些 article 之间是相互有关联的、哪些 article 之间是相互独立的。

2.6 section 标签

section 标签定义的是文档中的区段，比如章节、页眉、页脚或文档中的其他部分。在一段独立的内容中，有一部分跟整体有关联，但是又有自己的含义，这时就可以使用 section。例如，在百度百科中，介绍关键字的时候，有的字被标成了蓝色，这部分就可以使用 section 标签，如图 2-2 所示。

> 百度百科旨在创造一个涵盖各领域知识的中文信息收集平台。百度百科强调用户的参与和奉献精神，充分调动互联网用户的力量，汇聚上亿用户的头脑智慧，积极进行交流和分享。同时，百度百科实现与百度搜索、百度知道的结合，从不同的层次上满足用户对信息的需求。[1]

图 2-2

在 section 标签中可以指定一个 cite 属性并为这个属性传递一个 URL。需要注意的是，这个 URL 并不会自动跳转到相应的 Web 链接，而只是一个 HTML 代码中的参照。

【示例】

```
<!DOCTYPE>
<html>
<head>
<meta charSet="utf-8" />
<meta name="viewport" content="width=device-width, initial-scale=1, maximum-scale=1"/>
<style type="text/css">
</style>
</head>
<body>
  <div class="main">
    <article>
      <header>标题</header>
      <article>
        <p>一部分内容</p>
        <section>一个从网上摘抄的内容</section>
        <p>一部分内容</p>
```

```
            </article>
        </article>
    </div>
</body>
</html>
```

开发者在给 article 编辑内容的时候，使用了 section，用于区分一块从网站上摘抄的内容。当然最好为这个 section 指定 cite 属性，以表明开发者从网站上引用内容的来源。

2.7　aside 标签

aside 标签定义的是所处内容之外的内容。这个概念看起来不太好理解，但是想一想平常看到过的网站，就可以理解其中的含义了。

在访问网站的过程中，有些文章会内嵌一个广告，这个广告其实就属于 aside 的范畴。广告本身和这个区域的文章内容并没有什么关系，却被放在了这块区域之内，这个广告是所处内容之外的内容。

在页面中，如果需要侧栏、广告位等，就可以将它们放在 aside 中，请看下面的例子。

【示例】

```
<!DOCTYPE>
<html>
<head>
<meta charSet="utf-8" />
<meta name="viewport" content="width=device-width, initial-scale=1, maximum-scale=1"/>
<style type="text/css">
</style>
</head>
<body>
    <div class="main">
        <article>
            <header>标题</header>
            <article>
                <p>一部分内容</p>
                <section>一个从网上摘抄的内容</section>
                <p>一部分内容</p>
            </article>
            <article>
                <p>一部分内容</p>
                <section>一个从网上摘抄的内容</section>
                <p>一部分内容</p>
            </article>
            <aside>
```

```
            <div class="ad">广告内容</div>
        </aside>
    </article>
  </div>
</body>
</html>
```

本章我们学习了 HTML5 中的语义化标签，使用这些标签可以更轻松地编写语义清晰的 HTML 代码结构。HTML 代码是页面的骨架，非常重要。语义化标签在代码维护、规范以及移动 Web 开发上的重要性不可小视。

第 3 章

视频和音频

本章内容要点：

- 音频播放器 audio 标签的使用
- 视频播放器 video 标签的使用

在网页中插入视频或者音频时一般都需要使用插件，比如 Flash 等。

HTML5 规范定义了可以直接插入网页中的多媒体标签，包括视频和音频，这种规范不但更易于开发者开发网页版的视频和音频，而且让网页中多媒体方面的开发更加标准。

现在，越来越多的网站用 HTML5 播放器对 Flash 播放器进行展缓，从而更好地展现 Web 应用的性能。HTML5 多媒体规范让开发者在 HTML5 移动端开发更加便捷、移动应用性能更好。

3.1 音频播放器——audio

3.1.1 audio 标签的使用

audio 标签用来播放来自网络上的音频文件。现在大多数网络音乐平台都已经使用 audio 进行音频播放，图 3-1 所示是 QQ 音乐中的 audio 标签。

```
▶<a href="javascript:;" class="btn_bottom_player js_openplayer">…</a> == $0
 <audio id="h5audio_media" height="0" width="0" autoplay="false" src="http://
 dl.stream.qqmusic.qq.com/C200002anWXU00r5le.m4a?vkey=1ED214A0269…
 BB4379055A2DFE2442B579EE1A254E68EF76A8F6CDF2781&guid=9953862850&fromtag=30"></audio
 >
```

图 3-1

使用 audio 标签很简单，只要将其 src 属性指定为一个确定的 URL 音频文件即可。

【示例】

```
<!DOCTYPE>
<html>
<head>
<meta charSet="utf-8" />
<meta name="viewport" content="width=device-width, initial-scale=1, maximum-scale=1"/>
<style type="text/css">
</style>
</head>
<body>
  <audio src="http://dl.stream.qqmusic.qq.com/C200002anWXU00r5le.m4a?vkey=
1ED214A0269296BA62C00682C46C1A5F37B78809127777144B0874E86DD8B04EEBB4379055A2DFE2442B5
79EE1A254E68EF76A8F6CDF2781&guid=9953862850&fromtag=30">
      您的浏览器不支持 audio 标签。
  </audio>
</body>
</html>
```

3.1.2 如何获取音频文件的 URL

打开一个音乐平台，转到音乐播放页面，查看网页源代码，寻找其中的 audio 标签。audio 标签中 src 属性的值就是可播放的音频文件。

打开浏览器，可以发现开发者编写的代码并没有播放任何音乐，而且页面也没有音频播放器。其实，音频文件已经在开发者的页面里，但是 audio 文件目前是没有播放的，因为无法在页面中控制音乐的播放或者暂停。要解决上面的问题很简单，HTML5 中的 audio 为开发者提供了默认的空间，只要在标签中添加 controls 属性，就可以将标签显示出来。

【示例】

```
<!DOCTYPE>
<html>
<head>
<meta charSet="utf-8" />
<meta name="viewport" content="width=device-width, initial-scale=1, maximum-scale=1"/>
<style type="text/css">
</style>
</head>
<body>
  <audio controls src="http://dl.stream.qqmusic.qq.com/C200002anWXU00r5le.m4a?vkey=
1ED214A0269296BA62C00682C46C1A5F37B78809127777144B0874E86DD8B04EEBB4379055A2DFE2442B5
79EE1A254E68EF76A8F6CDF2781&guid=9953862850&fromtag=30">
      您的浏览器不支持 audio 标签。
  </audio>
```

```
</body>
</html>
```

效果如图 3-2 所示。

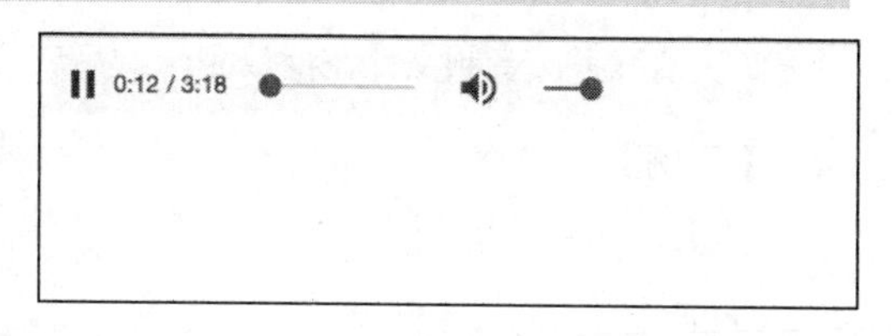

图 3-2

再次打开浏览器，会发现已经出现默认的真正的音频播放器空间，单击播放按钮，会自动播放音频，并且可以调节音量的大小以及播放的进度。这些都是 HTML5 规范中的 audio 标签给开发者提供的默认控件。

现在了解无法播放音频的原因了：最开始音频文件是暂停状态，在不加 controls 属性的时候，浏览器不会提供默认的播放音频控件。

本例还在 audio 标签内部添加了“您的浏览器不支持 audio 标签”的提示，如果用户的浏览器不支持 audio 标签，这段文字内容便会显示出来。

除了 src 和 controls 属性外，audio 标签还有一些属性，可以让开发者更简单地控制 HTML5 音频播放器的播放。

3.1.3 autoplay 属性

默认情况下音乐是不会播放的，必须通过开始播放按钮才能让音频开始播放。audio 标签中有一个 autoplay 属性，将其设置为 autoplay 就可以在页面加载完毕后自动播放音乐。

【示例】

```
<!DOCTYPE>
<html>
<head>
<meta charSet="utf-8" />
<meta name="viewport" content="width=device-width, initial-scale=1, maximum-scale=1"/>
<style type="text/css">
</style>
</head>
<body>
    <audio controls autoplay="autoplay" src="http://dl.stream.qqmusic.qq.com/
C200002anWXU00r5le.m4a?vkey=1ED214A0269296BA62C00682C46C1A5F37B78809127777144B0874E86DD
8B04EEBB4379055A2DFE2442B579EE1A254E68EF76A8F6CDF2781&guid=9953862850&fromtag=30">
        您的浏览器不支持 audio 标签。
    </audio>
</body>
</html>
```

打开浏览器，不需要单击开始按钮，音频自动进行播放。

autoplay 属性只有 autoplay 一个属性值，如果不想让音频自动播放，就不要添加 autoplay 属性。

3.1.4 loop 属性

默认情况下，音频文件在播放完一次后就会自动暂停。loop 属性可以让音频文件循环播放。

【示例】

```
<!DOCTYPE>
<html>
<head>
<meta charSet="utf-8" />
<meta name="viewport" content="width=device-width, initial-scale=1, maximum-scale=1"/>
<style type="text/css">
</style>
</head>
<body>
  <audio controls loop="loop" src="http://dl.stream.qqmusic.qq.com/C200002anWXU00r5le.m4a?vkey=
1ED214A0269296BA62C00682C46C1A5F37B78809127777144B0874E86DD8B04EEBB4379055A2DFE2442B5
79EE1A254E68EF76A8F6CDF2781&guid=9953862850&fromtag=30">
      您的浏览器不支持 audio 标签。
  </audio>
</body>
</html>
```

loop 属性只能指定一个 loop 值。当将 loop 属性指定为“loop”时，音频文件就会自动循环播放。

在浏览一些网页时，网页中会自动出现背景音乐，而且无限循环，其实就是同时使用了 autoplay 和 loop 属性。

3.1.5 preload 属性

preload 属性用来指定当加载页面时是否自动加载音频文件。该属性有以下三个可能的取值。

- auto：当页面加载后载入整个音频。auto 是默认的音频播放器加载方式，音频文件会随着页面资源的加载而自动加载。
- meta：当页面加载后只载入元数据。
- none：当页面加载后不载入音频。none 表示当页面加载时不加载音频，除非开发者在页面中手动加载音频。在一些音乐下载平台上搜索某个歌手，会出现许多歌曲，而且可以在当前页面播放。如果在加载页面时自动加载这些音频文件，就会使页面加载许多不必要的文件，而且这些文件的总量很大，会严重影响 Web 性能。这时，可以使用 preload="none"来设定不将音频和页面一起加载。

3.1.6 audio 标签支持的音频文件

目前，audio 标签支持 MP3、Wav、Ogg 三种类型的音频文件，对应不同浏览器的支持情况如表 3-1 所示。

表3-1　各浏览器对音频文件的支持情况

浏　览　器	MP3	Wav	Ogg
Internet Explorer 9+	支持	不支持	不支持
Chrome 6+	支持	支持	支持
Firefox 3.6+	支持	支持	支持
Safari 5+	支持	支持	不支持
Opera 10+	支持	支持	支持

MP3 类型的音频文件已经得到大多数浏览器的支持。

在开发时，可能有优选的音频格式，但是还要做到浏览器兼容。比如想优先使用 Wav 格式的音频文件，但是在 IE 浏览器中不支持，所以只能用 MP3 或者 Ogg 格式的音频代替。HTML5 为开发者提供了一种专门用于这种情况的标签，即 source 标签。

【示例】

```
<!DOCTYPE>
<html>
<head>
<meta charSet="utf-8" />
<meta name="viewport" content="width=device-width, initial-scale=1, maximum-scale=1"/>
<style type="text/css">
</style>
</head>
<body>
  <audio controls>
     <source src="test.mp3" type="audio/mpeg">
     <source src="test.ogg" type="audio/ogg">
     您的浏览器不支持 audio 标签。
  </audio>
</body>
</html>
```

在 audio 标签中指定了两个 source 标签，分别设定 src 属性和源文件对应的数据格式。这样，浏览器会根据顺序选择浏览器支持的文件格式的源文件进行播放，就解决了开发者刚才的需求。

3.2　视频播放器——video

3.2.1　video 标签的使用

video 标签用来播放视频文件，是 HTML5 中定义的视频播放器标签，用来取代 Flash 播放器等视频播放插件。目前许多视频平台、直播平台都处在 Flash 播放器向 HTML5 播放器过渡的阶段。图 3-3 所示是哔哩哔哩视频网站的 video 播放器代码。

与 audio 标签类似，使用 video 标签时，只需要为其指定一个对应的网络视频 URL 即可。

```
▼<div class="bilibili-player-video">
   <video src="blob:http://www.bilibili.com/5b73ffd4-5355-4c34-9457-
   35a6c5009351"></video> == $0
  </div>
▶<div class="bilibili-player-video-float-panel-wrp">…</div>
▶<div class="bilibili-player-video-info-container">…</div>
```

图 3-3

【示例】

```
<!DOCTYPE>
<html>
<head>
<meta charSet="utf-8" />
<meta name="viewport" content="width=device-width, initial-scale=1, maximum-scale=1"/>
<style type="text/css">
</style>
</head>
<body>
  <video controls src="blob:http://www.bilibili.com/ 802619b8-7539-4e61-95df-4b9587a09bba">
    您的浏览器不支持 video 标签。
  </video>
</body>
</html>
```

3.2.2 video 标签的属性

下面我们来介绍 video 标签的属性。

1. controls 属性

controls 标签用来显示 HTML5 中视频播放器默认的控件，包括播放按钮、进度条、音量调节等。如果不使用 controls，就不会显示视频播放器空间。

【示例】

```
<!DOCTYPE>
<html>
<head>
<meta charSet="utf-8" />
<meta name="viewport" content="width=device-width, initial-scale=1, maximum-scale=1"/>
<style type="text/css">
</style>
</head>
<body>
  <video controls src="blob:http://www.bilibili.com/802619b8-7539-4e61-95df-4b9587a09bba">
    您的浏览器不支持 video 标签。
  </video>
</body>
</html>
```

上面的代码为 video 标签添加了 controls 属性，在浏览器中已经可以正常显示视频播放器控件并进行相应操作。

2. height&width 属性

width 和 height 用来设定视频播放器的宽度和高度，这里所说的宽度和高度是指视频播放器空间所占的宽、高。在开始 HTML5 视频播放器时，一定要设置 height 和 width 属性，这样可以避免发生视频播放器影响页面布局的情况。比如，当视频在页面加载完成后没有成功加载，由于没有为其设定宽度和高度，因此 video 标签所占据的位置就不存在了，从而影响网页的布局。

width 和 height 主要用来指定视频播放器空间的宽、高，不要用这两个属性控制真实视频的宽度和高度。因为 height 和 width 并不能改变视频本身的高度和宽度，即使是在显示上对其有所影响，对于源文件来说也是没有任何影响的。正确的做法是使用其他工具或者利用视频转码技术进行视频的转码，然后把视频添加到 video 标签中。

【示例】

```
<!DOCTYPE>
<html>
<head>
<meta charSet="utf-8" />
<meta name="viewport" content="width=device-width, initial-scale=1, maximum-scale=1"/>
<style type="text/css">
</style>
</head>
<body>
   <video controls width="200" height="400" src="blob:http://www.bilibili.com/
802619b8-7539-4e61-95df-4b9587a09bba">
        您的浏览器不支持 video 标签。
   </video>
</body>
</html>
```

在上面的代码中，开发者将视频的高度定义为 400 像素、宽度定义为 200 像素。

3. loop 属性

loop 属性用来指定视频播放器是否进行循环播放。和 audio 标签一样，默认情况下，视频在播放完一次后就自动停止了。当开发者为 video 标签指定 loop 属性后，视频就可以在每一次播放结束后自动从头开始播放。

【示例】

```
<!DOCTYPE>
<html>
<head>
<meta charSet="utf-8" />
<meta name="viewport" content="width=device-width, initial-scale=1, maximum-scale=1"/>
```

```
<style type="text/css">
</style>
</head>
<body>
   <video controls loop="loop" width="200" height="400" src="blob:http://www.bilibili.com/
802619b8-7539-4e61-95df-4b9587a09bba">
      您的浏览器不支持 video 标签。
   </video>
</body>
</html>
```

和 audio 标签一样，video 标签的 loop 属性只有 loop 这一个属性值。

4. autoplay 属性

autoplay 属性用来定义在视频加载完成后视频播放器是否自动开始播放视频。默认情况下，视频在加载完成后不会播放，而是等待用户单击播放按钮，触发相应事件后才开始播放。当为 video 标签指定 autoplay 属性后，视频在加载完成后会自动进行播放。

【示例】

```
<!DOCTYPE>
<html>
<head>
<meta charSet="utf-8" />
<meta name="viewport" content="width=device-width, initial-scale=1, maximum-scale=1"/>
<style type="text/css">
</style>
</head>
<body>
   <video controls   autoplay="autoplay" loop="loop" width="200" height="400"
src="blob:http://www.bilibili.com/802619b8-7539-4e61-95df-4b9587a09bba">
      您的浏览器不支持 video 标签。
   </video>
</body>
</html>
```

和 audio 标签一样，video 标签的 autoplay 属性只有 autoplay 这一个属性值。

5. preload 属性

preload 属性用来指定页面加载后是否对视频进行预加载。和 audio 一样，有如下三个属性值。

- auto：当页面加载后载入整个视频。
- meta：当页面加载后只载入元数据。
- none：当页面加载后不载入视频。

同样，video 标签也可以使用 source 标签来指定多个源文件。和 audio 使用 source 标签的作用相同，video 可以使用 source 标签指定多个源文件来适配不同的服务器。

以上就是 video 标签的所有属性。通过这些属性，就可以完成一个功能比较完善的简单视频播放器并将其嵌入网页中了。

3.3　Media 事件

video 和 audio 都继承自 HTML5 中的 Media，因此二者都有相同的事件。控制视频播放器、音频播放器的关键就在于如何操作这些 Media 事件。当为 audio 或者 video 标签指定 controls 控件时，其实显示出来的默认播放器控件就是通过 Media 事件操作视频和音频的播放停止、音量大小的。学习 Media 事件后，就可以真正开始开发属于自己的多媒体播放器了。

要编写自己的播放器控件，首先需要停止使用 HTML5 默认的播放器控件，即将 controls 属性去掉。在刚开始学习的时候，为了随时掌控自定义的按钮是否能够正确执行 Media 事件，可以保留 controls 属性，以便于观察。

3.3.1　HTML5 中 audio 和 video 的方法

所谓方法，就是开发者可以通过调用它们来完成某些动作。这些方法都属于 Media，当开发者想要调用 Media 方法时，直接获取 HTML 中的 video 或者 audio 就可以正常调用了。

1. play()方法

利用 play()方法可以播放多媒体文件，通过 element.play()调用即可。下面为 audio 音频播放器制作一个按钮，每当单击这个按钮的时候就开始播放音频。

【示例】

```
<!DOCTYPE>
<html>
<head>
<meta charSet="utf-8" />
<meta name="viewport" content="width=device-width, initial-scale=1, maximum-scale=1"/>
<style type="text/css">
</style>
</head>
<body>
  <audio id="audio" controls loop="loop" src="http://dl.stream.qqmusic.qq.com/
C200002anWXU00r5le.m4a?vkey=1ED214A0269296BA62C00682C46C1A5F37B78809127777144B0874E86DD
8B04EEBB4379055A2DFE2442B579EE1A254E68EF76A8F6CDF2781&guid=9953862850&fromtag=30">
      您的浏览器不支持 audio 标签。
  </audio>
  <button id="play">开始播放</button>
  <script type="text/javascript">
      var audio = document.getElementById("audio");
      var play = document.getElementById("play");
      play.onclick = function(){
```

```
        audio.play();
    }
  </script>
</body>
</html>
```

单击“开始播放”按钮时，可以通过 HTML5 默认的音频播放器控件中看到进度条已经开始正常前进，说明成功地通过调用 play()方法启动了音频文件的播放，如图 3-4 所示。

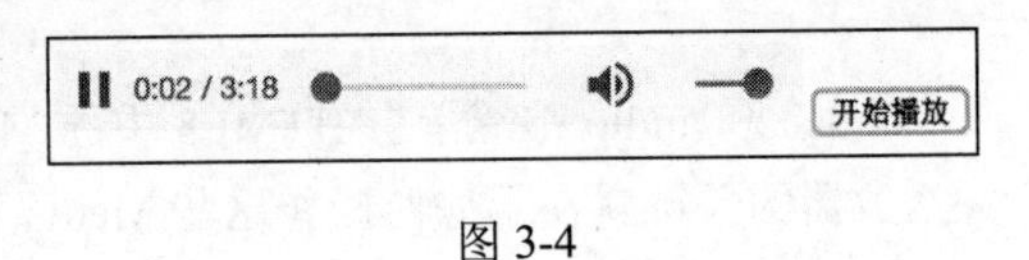

图 3-4

2. pause()方法

pause()方法用来暂停多媒体文件的播放，这里仍然用音频播放器做例子。

【示例】

```
<!DOCTYPE>
<html>
<head>
<meta charSet="utf-8" />
<meta name="viewport" content="width=device-width, initial-scale=1, maximum-scale=1"/>
<style type="text/css">
</style>
</head>
<body>
  <audio id="audio" controls loop="loop" src="http://dl.stream.qqmusic.qq.com/
C200002anWXU00r5le.m4a?vkey=1ED214A0269296BA62C00682C46C1A5F37B78809127777144B0874E86DD
8B04EEBB4379055A2DFE2442B579EE1A254E68EF76A8F6CDF2781&guid=9953862850&fromtag=30">
      您的浏览器不支持 audio 标签。
  </audio>
  <button id="play">开始播放</button>
  <button id="pause">暂停播放</button>
  <script type="text/javascript">
      var audio = document.getElementById("audio");
      var play = document.getElementById("play");
      var pause = document.getElementById("pause");
      play.onclick = function(){
        audio.play();
      }
      pause.onclick = function(){
        audio.pause();
      }
  </script>
</body>
</html>
```

先通过单击“开始播放”按钮让音频文件开始播放（进度条开始正常前进），再单击“暂停播放”按钮，发现进度条停止，说明成功地利用pause()方法停止了多媒体文件的播放。

3. load()方法

调用load()方法可以重新加载视频文件或者音频文件，需要进行视频文件或者音频文件来源的更改时可以调用这个方法。现在，大多数网页上的视频刷新或者重新载入功能都是使用load()方法制作的。

【示例】

```
<!DOCTYPE>
<html>
<head>
<meta charSet="utf-8" />
<meta name="viewport" content="width=device-width, initial-scale=1, maximum-scale=1"/>
<style type="text/css">
</style>
</head>
<body>
  <audio id="audio" controls loop="loop" src="http://dl.stream.qqmusic.qq.com/
C200002anWXU00r5le.m4a?vkey=1ED214A0269296BA62C00682C46C1A5F37B78809127777144B0874E86DD
8B04EEBB4379055A2DFE2442B579EE1A254E68EF76A8F6CDF2781&guid=9953862850&fromtag=30">
      您的浏览器不支持 audio 标签。
  </audio>
  <button id="play">开始播放</button>
  <button id="pause">暂停播放</button>
  <button id="load">重新载入</button>
  <script type="text/javascript">
     var audio = document.getElementById("audio");
     var play = document.getElementById("play");
     var pause = document.getElementById("pause");
     var load = document.getElementById("load");
     play.onclick = function(){
        audio.play();
     }
     pause.onclick = function(){
        audio.pause();
     }
     pause.onclick = function(){
        audio.load();
     }
  </script>
</body>
</html>
```

3.3.2 HTML5 中 audio 和 video 的属性

Media 中的属性指的是视频或者音频当前某个状态的值，可以用来获取视频或者音频的各种状态。

1. paused 属性

paused 属性用来返回视频的当前状态是否为停止状态，如果是停止状态就返回 true，如果是播放状态就返回 false。

【示例】

```
<!DOCTYPE>
<html>
<head>
<meta charSet="utf-8" />
<meta name="viewport" content="width=device-width, initial-scale=1, maximum-scale=1"/>
<style type="text/css">
</style>
</head>
<body>
  <audio id="audio" controls loop="loop" src="http://dl.stream.qqmusic.qq.com/
C200002anWXU00r5le.m4a?vkey=1ED214A0269296BA62C00682C46C1A5F37B78809127777144B0874E86DD
8B04EEBB4379055A2DFE2442B579EE1A254E68EF76A8F6CDF2781&guid=9953862850&fromtag=30">
    您的浏览器不支持 audio 标签。
  </audio>
  <button id="paused">判断是否暂停</button>
  <script type="text/javascript">
    var paused = document.getElementById("paused");
    var audio = document.getElementById("audio");
    paused.onclick = function(){
      alert(audio.paused)
    }
  </script>
</body>
</html>
```

当单击“判断是否暂停”按钮时，浏览器会弹出提示框显示音频当前的播放状态，效果如图 3-5 所示。

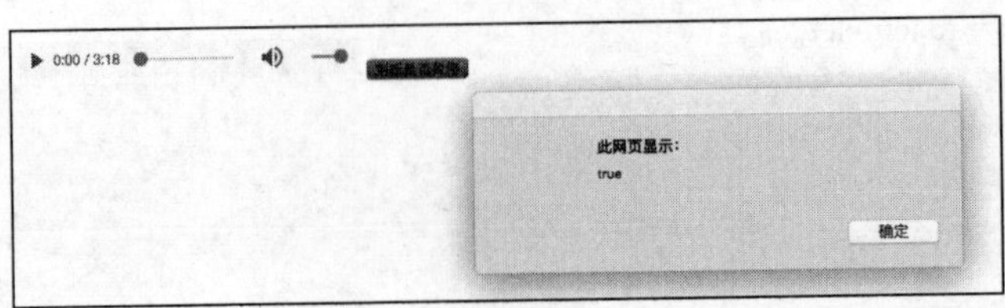

图 3-5

使用 paused 属性可以做出按钮来控制视频的播放或者暂停，而不再需要两个按钮来控制视频的播放和暂停。通过 paused 属性，获取视频当前的状态后执行对应的操作。

【示例】

```
<!DOCTYPE>
<html>
<head>
<meta charSet="utf-8" />
<meta name="viewport" content="width=device-width, initial-scale=1, maximum-scale=1"/>
<style type="text/css">
</style>
</head>
<body>
  <audio id="audio" controls loop="loop" src="http://dl.stream.qqmusic.qq.com/
C200002anWXU00r5le.m4a?vkey=1ED214A0269296BA62C00682C46C1A5F37B78809127777144B0874E86DD
8B04EEBB4379055A2DFE2442B579EE1A254E68EF76A8F6CDF2781&guid=9953862850&fromtag=30">
      您的浏览器不支持 audio 标签。
  </audio>
  <button id="control">开始播放</button>
  <button id="load">重新载入</button>
  <script type="text/javascript">
     var audio = document.getElementById("audio");
     var control = document.getElementById("control");
     var load = document.getElementById("load");
    control.onclick = function(){
      if (audio.paused) {
         control.innerHTML = "暂停播放";
         audio.play();
      }else{
         control.innerHTML = "开始播放";
         audio.pause();
      }
    }
    load.onclick = function(){
       audio.load();
    }
  </script>
</body>
</html>
```

每当单击“播放/暂停”按钮时，就会判断视频文件的 paused 状态。如果 paused 为 true，表示视频是暂停状态，就会调用 play()方法进行视频的播放，同时将播放/暂停按钮的提示文字改为“暂停播放”；如果 paused 为 false，表示视频是播放状态，就调用 pause()方法暂停视频的播放，同时将“播放/暂停”按钮的提示文字改为“开始播放”。这样，就真正完成了视频播放器中的“开始播放 / 暂停播放”按钮了。

2. played 属性

played 属性返回的是视频已经播放的长度，单位是秒。played 属性的返回值是一个 TimeRange 对象，包含以下三个属性值。

- length：获得音频/视频中已播范围的数量。
- start(index)：获得某个已播范围的开始位置。
- end(index)：获得某个已播范围的结束位置。

也就是说，通过调用 played 返回的 TimeRange 对象的这三个属性值可以获取关于视频或者音频播放的各种信息。下面具体看一下返回的内容是什么样的。

【示例】

```
<!DOCTYPE>
<html>
<head>
<meta charSet="utf-8" />
<meta name="viewport" content="width=device-width, initial-scale=1, maximum-scale=1"/>
<style type="text/css">
</style>
</head>
<body>
    <audio id="audio" controls loop="loop" src="http://dl.stream.qqmusic.qq.com/
C200001NKMtq1YzWg1.m4a?vkey=97890EE8BC7867127D0B02F9C46D40DCC7CCBE716E7484EBD18E14F
0B723A8960E1A42493DC011AE1D76020607EA9CF0FD56B1BF50BE3111&amp;guid=9953862850&amp;from
tag=30">
        您的浏览器不支持 audio 标签。
    </audio>
    <p id="length"></p>
    <p id="start"></p>
    <p id="end"></p>
    <button id="btn">开始查看</button>
    <script type="text/javascript">
      var btn = document.getElementById("btn");
      var audio = document.getElementById("audio");
      var length = document.getElementById("length");
      var start = document.getElementById("start");
      var end = document.getElementById("end");
      function showPlayed(){
        length.innerHTML = "音频长度：" + audio.played.length;
        start.innerHTML = "开始播放位置：" + audio.played.start(0);
        end.innerHTML = "当前播放位置" + audio.played.end(0);
      }
      btn.onclick = function(){
        setInterval(showPlayed, 1000);
      }
```

```
    </script>
</body>
</html>
```

效果如图 3-6 所示。

【代码解析】 getPlayed()方法可以获取当前音频播放器的 played 属性，获取其中的 played.length 属性值、played.start(0)属性值、played.end(0)属性值，并显示在页面中定义的三个 p 标签上。然后当单击播放音频的按钮之后，单击“开始查看”按钮，设定 setInterval()方法每隔一秒执行一次 getPlayed()方法，从而动态地刷新三个属性值。

这就是进度条的使用原理，通过动态获取当前播放的时间来动态地改变进度条的进度。掌握了这个方法，就可以自己制作视频播放器控件中的进度条了。

在 start 属性值和 end 属性值后面都有一个索引值，这个值表示的是什么呢？可以先通过 chrome 控制台查看一下 played 属性的 TimeRange 对象到底是什么样的（见图 3-7）。

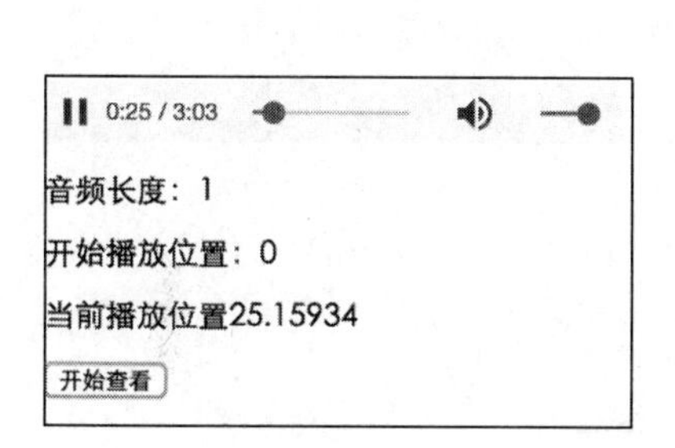

图 3-6

```
> var a = document.getElementById("audio");
<· undefined
> console.log(a.played);
  ▼ TimeRanges
      length: 1
    ▼ __proto__: TimeRanges
      ▶ constructor: function TimeRanges()
      ▼ end: function end()
          arguments: null
          caller: null
          length: 1
          name: "end"
        ▶ __proto__: function ()
        length: (...)
      ▶ get length: function ()
      ▼ start: function start()
          arguments: null
          caller: null
          length: 1
          name: "start"
        ▶ __proto__: function ()
        Symbol(Symbol.toStringTag): "TimeRanges"
      ▶ __proto__: Object
<· undefined
```

图 3-7

现在，可以先粗略地观察一下 TimeRange 对象的结构，接下来在 Chrome 控制台中做一个实验。在控制台中先获取当前的 audio 标签：

```
var a = document.getElementById("audio");
```

然后，多次进行播放，每次都将进度条移动到一个位置，之后打印一下 played 属性。每移动一次，played 属性对应的 TimeRange 对象的 length 属性的值都会加一。

其实，这里的时间范围有多个，每当重新规定一个开始播放的位置时，TimeRange 对象就会多一组值，length 属性就表示这种值有多少组，每组都有对应的 start（开始位置）和 end（结束位置）。所以，当调用 start 和 end 时，要加上对应的索引，表示需要获取的是第几段的 TimeRange。

3. currentTime 属性

currentTime 属性设置或返回音频/视频播放的当前位置（以秒计）。可以用 currentTime 获取当前播放的位置是多少秒，也可以使用这个属性设置播放的位置。当用 currentTime 属性设置播放的位置时会直接跳转到对应的播放位置。

【示例】

```
<!DOCTYPE>
<html>
<head>
<meta charSet="utf-8" />
<meta name="viewport" content="width=device-width, initial-scale=1, maximum-scale=1"/>
<style type="text/css">
</style>
</head>
<body>
  <audio id="audio" controls loop="loop" src="http://cc.stream.qqmusic.qq.com/
C200000QwTVo0YHdcP.m4a?vkey=8C26FE76A3F11F2B2B20A31F87E39BBED83A7B41B58A463C6E4418A7
D50E1F08156F7B2770A8EB0FF9CB6D3C65027D799B667B4621DD3165&guid=9953862850&fromtag=30">
      您的浏览器不支持 audio 标签。
  </audio>
  <p id="currentTime"></p>
  <input id="time" placeholder="输入跳转到的时间"/>
  <button id="changeTime">改变时间到</button>
  <script type="text/javascript">
     var audio = document.getElementById("audio");
    var text = document.getElementById("currentTime");
    var change = document.getElementById("changeTime");
    change.onclick = function(){
      var time = document.getElementById("time").value;
      audio.currentTime = time;
    }
    window.onload = function(){
      var show = setInterval(function(){
        text.innerHTML = "当前位置：" + audio.currentTime;
      }, 1000);
    }
   </script>
 </body>
 </html>
```

上面的小项目主要完成了两个功能。首先，使用 setInterval 方法和 currentTime 属性动态改变目前播放器播放的位置，单位为秒。接下来，制作一个跳转功能，可以任意输入想要跳转到的秒数，然后单击按钮触发对应的方法（该方法设置了 currentTime 属性的值，从而实现了跳转功能），如图 3-8 所示。

图 3-8

4. muted 属性

muted 属性设置或返回音频/视频是否应该被静音。播放器空间中，可以使用 muted 属性来实现静音效果。

【示例】

```
<!DOCTYPE>
<html>
<head>
<meta charSet="utf-8" />
<meta name="viewport" content="width=device-width, initial-scale=1, maximum-scale=1"/>
<style type="text/css">
</style>
</head>
<body>
  <audio id="audio" controls loop="loop" src="http://cc.stream.qqmusic.qq.com/
C200000QwTVo0YHdcP.m4a?vkey=8C26FE76A3F11F2B2B20A31F87E39BBED83A7B41B58A463C6E4418A7
D50E1F08156F7B2770A8EB0FF9CB6D3C65027D799B667B4621DD3165&guid=9953862850&fromtag=30">
     您的浏览器不支持 audio 标签。
  </audio>
  <button id="muted">开始静音</button>
  <script type="text/javascript">
     var audio = document.getElementById("audio");
    var muted = document.getElementById("muted");
    muted.onclick = function(){
      if(audio.muted == false){
        audio.muted = true;
        muted.innerHTML = "打开声音";
      }else{
        audio.muted = false;
        muted.innerHTML = "开始静音";
      }
    }
  </script>
</body>
</html>
```

当单击静音按钮时，播放器的声音就消失了；再次单击按钮时，播放器的声音又恢复了。通过 audio.muted 属性获取当前的状态是否为静音，再根据判断结果修改 audio.muted 属性进行静音的调整。

5. volume 属性

volume 属性设置或返回音频/视频的当前音量。volume 属性很重要，视频播放器或者音频播放器的音量大小调节在很大程度上都靠这个属性。volume 的值可以是 0.0~1.0 之间的任何数值。其中，0.0 表示静音，1.0 表示最大音量。也可以用百分数进行音量的设置。

【示例】

```
<!DOCTYPE>
<html>
<head>
<meta charSet="utf-8" />
<meta name="viewport" content="width=device-width, initial-scale=1, maximum-scale=1"/>
<style type="text/css">
</style>
</head>
<body>
    <audio id="audio" controls loop="loop" src="http://cc.stream.qqmusic.qq.com/
C200000QwTVo0YHdcP.m4a?vkey=8C26FE76A3F11F2B2B20A31F87E39BBED83A7B41B58A463C6E4418A7
D50E1F08156F7B2770A8EB0FF9CB6D3C65027D799B667B4621DD3165&guid=9953862850&fromtag=30">
        您的浏览器不支持 audio 标签。
    </audio>
    <button id="volume">调节声音</button>
    <input type="text" placeholder="输入需要的音量（0-1 之间）" id="num">
    <script type="text/javascript">
        var audio = document.getElementById("audio");
       var volume = document.getElementById("volume");
       var num = document.getElementById("num");
       volume.onclick = function(){
          var num = document.getElementById("num").value;
          audio.volume = num;
       }
    </script>
  </body>
  </html>
```

试着在输入框中输入一个 0~1 的值，单击调节声音按钮，会发现声音成功变化。这个变化也可以通过 HTML5 默认的播放器控件中的声音控件看出来，如图 3-9 所示。

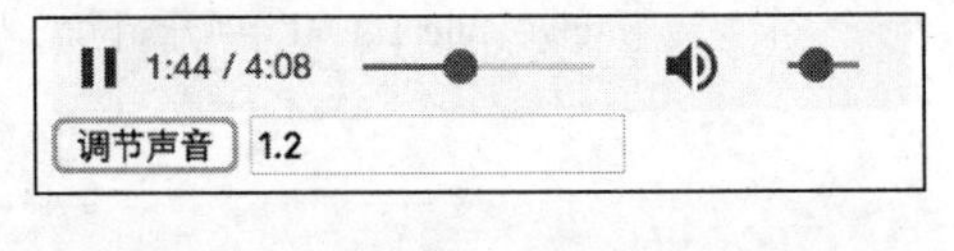

图 3-9

当输入一个大于 1 的数值时，打开 Chrome 浏览器的控制台，就会发现控制台出现了报错，内容如下：

```
Uncaught DOMException: Failed to set the 'volume' property on 'HTMLMediaElement': The volume provided (1.2) is outside the range [0, 1].(…)
```

也就是说，使用 volume 属性只能设置声音从 0%~100%，而不能设置超出这个范围的音量大小值。

可以配合 HTML5 中 input 标签中的 range 类型标签做一个简易的音量控制控件。

【示例】

```
<!DOCTYPE>
<html>
<head>
<meta charSet="utf-8" />
<meta name="viewport" content="width=device-width, initial-scale=1, maximum-scale=1"/>
<style type="text/css">
</style>
</head>
<body>
  <audio id="audio" controls loop="loop" src="http://cc.stream.qqmusic.qq.com/
C200000QwTVo0YHdcP.m4a?vkey=8C26FE76A3F11F2B2B20A31F87E39BBED83A7B41B58A463C6E4418A7
D50E1F08156F7B2770A8EB0FF9CB6D3C65027D799B667B4621DD3165&guid=9953862850&fromtag=30">
     您的浏览器不支持 audio 标签。
  </audio>
  <input type="range" max="1" min="0" step="0.1" id="volume">
  <script type="text/javascript">
     var audio = document.getElementById("audio");
    var volume = document.getElementById("volume");
    volume.onchange = function(e){
      audio.volume = e.target.value;
    }
  </script>
</body>
</html>
```

这里使用 type 为 range 的 input 标签，定义了最大值、最小值、每次移动变化量等属性。同时，使用 JavaScript 中的 onchange 方法，每当 input 标签输入值发生变化时就改变音频播放器的 volume 属性，从而完成声音控件的制作，如图 3-10 所示。

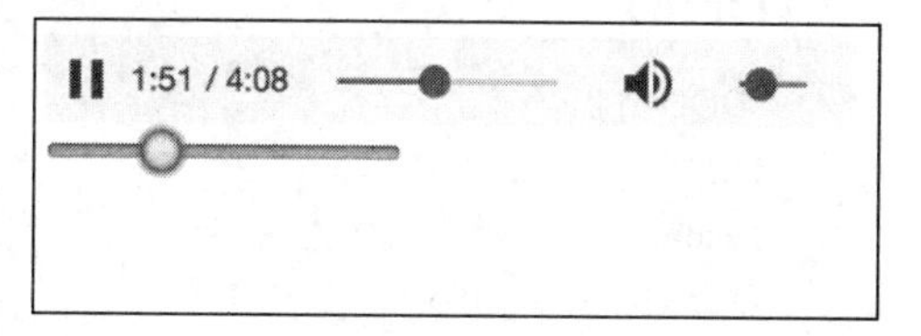

图 3-10

6. duration 属性

duration 属性返回当前音频/视频的长度，以秒计。如果没有传入视频或者音频，duration 属性返回的值为 NaN。使用这个属性值可以做很多事情，例如，下面的代码实时返回目前播放视频的长度。

【示例】

```
<!DOCTYPE>
<html>
<head>
<meta charSet="utf-8" />
<meta name="viewport" content="width=device-width, initial-scale=1, maximum-scale=1"/>
<style type="text/css">
</style>
</head>
<body>
  <audio id="audio" controls loop="loop" src="http://cc.stream.qqmusic.qq.com/
C200000QwTVo0YHdcP.m4a?vkey=8C26FE76A3F11F2B2B20A31F87E39BBED83A7B41B58A463C6E4418A7
D50E1F08156F7B2770A8EB0FF9CB6D3C65027D799B667B4621DD3165&guid=9953862850&fromtag=30">
      您的浏览器不支持 audio 标签。
  </audio>
  <p id="record"></p>
  <script type="text/javascript">
     var audio = document.getElementById("audio");
    var record = document.getElementById("record");
    window.onload = function(){
      var change = setInterval(function(){
        record.innerHTML = "已播放长度："+ ((audio.currentTime * 100) / audio.duration).toFixed(2) + "%";
      }, 1000)
    }
  </script>
</body>
</html>
```

在上面的代码中，利用 audio.currentTime 属性和 audio.duration 属性动态显示视频目前为止播放的时间百分比，这种比值可以制作出一个视频播放器或者音频播放器的时间轴控件。

【示例】

```
<!DOCTYPE>
<html>
<head>
<meta charSet="utf-8" />
<meta name="viewport" content="width=device-width, initial-scale=1, maximum-scale=1"/>
<style type="text/css">
</style>
</head>
<body>
  <audio id="audio" controls loop="loop" src="http://cc.stream.qqmusic.qq.com/
C200000QwTVo0YHdcP.m4a?vkey=8C26FE76A3F11F2B2B20A31F87E39BBED83A7B41B58A463C6E4418A7
D50E1F08156F7B2770A8EB0FF9CB6D3C65027D799B667B4621DD3165&guid=9953862850&fromtag=30">
```

```
        您的浏览器不支持 audio 标签。
    </audio>
    <p id="record"></p>
    <input id="show" type="range" min="0" max="1" step="0.0001" />
    <script type="text/javascript">
        var audio = document.getElementById("audio");
        var record = document.getElementById("record");
        var show = document.getElementById("show");
        window.onload = function(){
            var change = setInterval(function(){
                var rate = ((audio.currentTime) / audio.duration).toFixed(4);
                record.innerHTML = "已播放长度：" + (rate * 100) + "%";
                show.value = rate;
            }, 1000)
        }
    </script>
</body>
</html>
```

如图 3-11 所示。

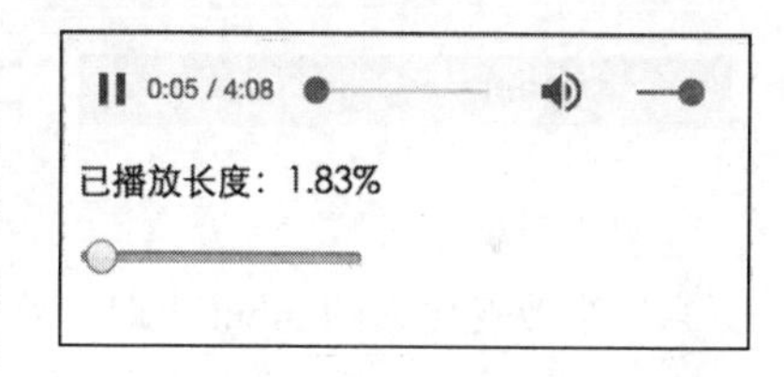

图 3-11

上面的代码继续利用类型为 range 的 input 标签来显示视频的播放范围。将音频的总长度看作 1，用百分比来表明音频文件已经播放了多少。将 input 标签的 max 值设置为 1、min 值设置成 0，就可以用这个时间轴控件来显示所有多媒体文件的播放情况了。

7. playbackRate 属性

上面的各种属性都是 HTML5 多媒体播放器为了达到 Flash 等播放器高性能的要求而设计的，但是 playbackRate 所具有的功能是 Flash 等传统播放器所没有的。这个属性可以设置或者返回当前视频或者音频的播放速率，可以让视频或者音频以慢一些或者快一些的速率显示，甚至可以让视频倒退显示！

playbackRate 属性的属性值可以是如下内容。

- 1.0：正常速度。
- 0.5：半速（更慢）。
- 2.0：倍速（更快）。
- -1.0：向后，正常速度。
- -0.5：向后，半速。

【示例】

```
<!DOCTYPE>
<html>
<head>
```

```
<meta charSet="utf-8" />
<meta name="viewport" content="width=device-width, initial-scale=1, maximum-scale=1"/>
<style type="text/css">
</style>
</head>
<body>
  <audio id="audio" controls loop="loop" src="http://cc.stream.qqmusic.qq.com/
C200000QwTVo0YHdcP.m4a?vkey=8C26FE76A3F11F2B2B20A31F87E39BBED83A7B41B58A463C6E4418A7
D50E1F08156F7B2770A8EB0FF9CB6D3C65027D799B667B4621DD3165&guid=9953862850&fromtag=30">
     您的浏览器不支持 audio 标签。
  </audio>
  <input id="playbackRate" type="range" min="-1" max="2" step="0.5" />
  <script type="text/javascript">
     var audio = document.getElementById("audio");
    var playbackRate = document.getElementById("playbackRate");
    playbackRate.onchange = function(e){
      audio.playbackRate = e.target.value;
      console.log(audio.playbackRate);
    }
  </script>
</body>
</html>
```

每当改变倍速的 input 值时，就会改变倍速，从而影响音频的播放速度。可以在浏览器中自己尝试一下，看看最后会有什么样的奇幻效果。

3.3.3 HTML5 中 audio 和 video 的事件

和属性相对应的，Media 对象还有 onclick、onchange 等事件句柄，会在特定的场景下触发，具体内容如表 3-2 所示。

表 3-2 audio 和 video 事件列表

事 件	性 质	说 明
oncanplay	script	当文件就绪可以开始播放时运行的脚本（缓冲已足够开始时）
oncanplaythrough	script	当媒介能够无须因缓冲而停止即可播放至结尾时运行的脚本
ondurationchange	script	当媒介长度改变时运行的脚本
onemptied	script	当发生故障并且文件突然不可用时运行的脚本（比如连接意外断开时）
onended	script	当媒介已到达结尾时运行的脚本（可发送类似“感谢观看”之类的消息）
onerror	script	当在文件加载期间发生错误时运行的脚本
onloadeddata	script	当媒介数据已加载时运行的脚本
onloadedmetadata	script	当元数据（比如分辨率和时长）被加载时运行的脚本
onloadstart	script	在文件开始加载且未实际加载任何数据前运行的脚本
onpause	script	当媒介被用户或程序暂停时运行的脚本
onplay	script	当媒介已就绪可以开始播放时运行的脚本
onplaying	script	当媒介已开始播放时运行的脚本

（续表）

事件	性质	说明
onprogress	script	当浏览器正在获取媒介数据时运行的脚本
onratechange	script	每当回放速率改变时运行的脚本（比如用户切换到慢动作或快进模式）
onreadystatechange	script	每当就绪状态改变时运行的脚本（就绪状态监测媒介数据的状态）
onseeked	script	当 seeking 属性设置为 false（指示定位已结束）时运行的脚本
onseeking	script	当 seeking 属性设置为 true（指示定位是活动的）时运行的脚本
onstalled	script	在浏览器不论何种原因未能取回媒介数据时运行的脚本
onsuspend	script	在媒介数据完全加载之前不论何种原因终止取回媒介数据时运行的脚本
ontimeupdate	script	当播放位置改变时（比如当用户快进到媒介中一个不同的位置时）运行的脚本
onvolumechange	script	每当音量改变（包括将音量设置为静音）时运行的脚本
onwaiting	script	当媒介已停止播放但打算继续播放时（比如当媒介暂停以缓冲更多数据）运行脚本

运用本章学到的知识和技巧，读者完全可以制作一个自己的视频或者音频播放器。只要加上合适的 JavaScript 控制代码以及一些 CSS 样式文件，就可以开发自己的 HTML5 播放器了。在移动端 HTML5 应用的开发中，再也不用担心无法使用播放器组件了。

第4章

存　储

本章内容要点：

- 本地存储
- localStorage 对象和 sessionStorage 对象
- storage 对象及事件
- 应用程序缓冲

为什么说 HTML5 让移动 Web 开发成为可能？除了 HTML5 中提供的丰富多彩的标准和功能外，存储是最重要的特性之一。开发者使用 PC 端浏览网页时，凭借电脑设备的自身特性可以利用高速的网络环境随时加载资源。手机就不一样了，由于手机自身特性的限制，如果每次打开应用都要加载一系列的数据和文件，就会造成很多负面影响。比如，由于手机网速限制，每次单击资源加载资源浪费很长时间；又如，由于手机性能限制，加载内容出现问题。由于原生的应用是可以将数据存储到本地的，因此这些引用拥有很好的用户体验。Web 由于自身的限制是不可能将数据存储到本地的，因此造成了上面所说的每次都要进行加载的现象。

HTML5 推出了一系列帮助本地存储的功能和规范，比如本地存储、离线缓存等。这些规范很好地解决了 Web 在移动设备上性能的瓶颈，也让移动端的 Web 应用开发成为可能。可以说，本章将要介绍的和存储相关的知识是移动端 Web 开发的必要条件。没有存储的支持，移动端 Web 开发是不可能的。

4.1 本地存储

本地存储是 HTML5 出现的新技术，这个技术的出现使得移动 Web 的开发成为可能。我们知道，要想打造一个高性能的移动应用，速度是非常关键的，在 HTML 5 之前，只有 cookie 能够存储数据，大小只有 4KB，这严重限制了应用文件的存储，导致 Web 开发的移动应用程序需要较长的加载时间，有了本地存储，Web 移动应用就能够更接近原生了。

HTML5 提供了两种在客户端存储数据的新方法：

- localStorage　没有时间限制的数据存储。
- sessionStorage　针对一个 session 的数据存储。

如何理解这两者之间的区别呢？localStorage 是没有时间限制的。也就是说，当设置了客户端存储一些数据时，使用 localStorage 会让这些数据永久保存，除非手动进行删除。sessionStroage 与 session 有关。什么是 session 呢？session 在网站中很常见，表示的是一次会话。会话是一种持久网络协议，在用户（或用户代理）端和服务器端之间创建关联，从而起到交换数据包的作用。session 在网络协议中是非常重要的部分，也就是说，使用 sessionStorage 存储的数据只在一次会话中保存，会话结束后就会自动删除。

4.2 localStorage 对象

接下来了解一下如何使用 localStorage 进行本地存储。

localStorgae 是一个 Windows 对象，可以通过 window.localStorage 调用，同时也可以直接调用 localStorage。localStorage 是一个对象，可以在这个对象上挂载各种各样的数据。

首先，做一下必要的判断，看看浏览器是否支持 localStorage，不支持 localStorage 的浏览器执行代码时会出错，代码如下：

```
<!DOCTYPE>
<html>
<head>
<meta charSet="utf-8" />
<meta name="viewport" content="width=device-width, initial-scale=1, maximum-scale=1"/>
<style type="text/css">
</style>
</head>
<body>
	<button id="btn">测试</button>
	<script type="text/javascript">
		var btn = document.getElementById("btn");
		btn.onclick = function(){
```

```
                if(window.localStorage){
                    alert('This browser supports localStorage');
                }else{
                    alert('This browser does NOT supportlocalStorage');
                }
            }
        </script>
    </body>
</html>
```

打开页面，单击按钮，如果提示“This browser supports localStorage”，就说明浏览器支持 localStorage，如图 4-1 所示。

图 4-1

测试了浏览器支持 localStorage，就可以开始使用 localStorage 了。

4.2.1 通过 localStorage 设置存储元素

要设置 localStorage 存储的内容，最简单的方法就是直接为 localStorage 绑定变量。因为上文已经讲过，localStorage 就是 Window 对象的一个子对象，所以直接在它上面挂载元素是 JavaScript 允许的。

【示例】

```
<!DOCTYPE>
<html>
<head>
<meta charSet="utf-8" />
<meta name="viewport" content="width=device-width, initial-scale=1, maximum-scale=1"/>
<style type="text/css">
</style>
</head>
<body>
    <input type="text" id="data">
    <button id="btn">存储数据</button>
    <script type="text/javascript">
```

```
            var btn = document.getElementById("btn");
            btn.onclick = function(){
                var data = document.getElementById(data).value;
                if(window.localStorage){
                    console.log('This browser supports localStorage');
                    localStorage.data = data;
                }else{
                    alcrt('This browser does NOT supportlocalStorage');
                }
            }
        </script>
    </body>
</html>
```

上面的代码定义了一个输入框，用户在输入框内输入要保存的内容，当单击存储按钮后就会将内容存储到 localStorage 对象上。那么如何才能看到存储的数据在哪里呢？

在 Chrome 浏览器控制台中，打开 Application 选项，在左侧的菜单中有一个 Local Storage 的选项，点开就会发现已经存储好数据，如图 4-2 所示。

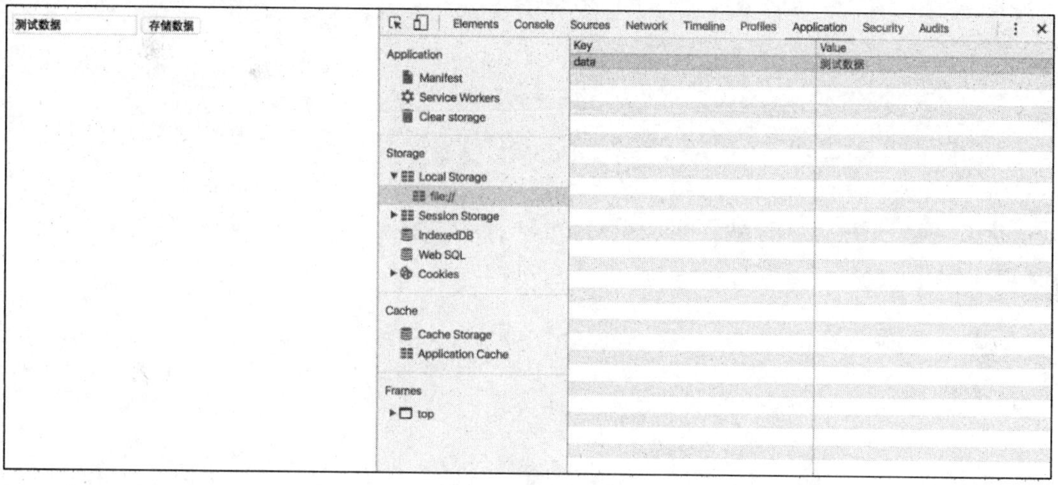

图 4-2

从这个存储列表还可以看出，数据是按照键值对的形式存储的。所谓键值对，就是 key-value 的形式，一个属性对应一个属性值。这里面用代码 localStorage.data="测试数据"为 localStorage 指定了一个值为“测试数据”的 data。

那么在这里面存储的内容关闭网页后还会存在么？可以使用上面介绍的方法关闭网页，然后打开，到同样的地方看一下，如图 4-3 所示。

可以发现，这些内容还是存在的。也就是说，在之前使用 localStorage 保存内容之后，无论是刷新网页还是关闭浏览器，都不会清除之前的记录。

那么这些内容会保存多久呢？正如刚才所说，使用 localStorgae 保存的内容，只要没有被手动删除，就会永久保存在本地。现在这种技术非常常见，可以随便打开一个页面，使用上面的方法查看这个网页在 localStorage 中保存了什么数据。

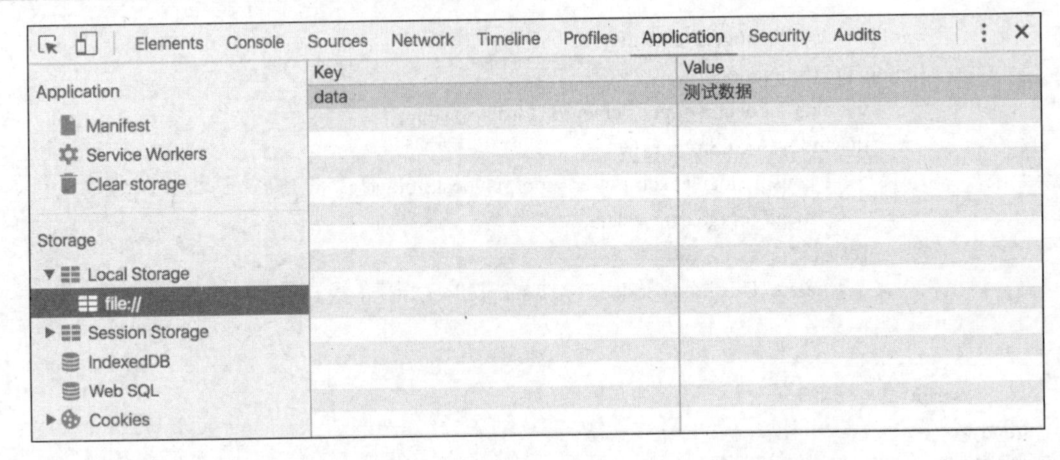

图 4-3

其实，直接挂载这种方法是不规范的。在 HTML5 中，规范定义了 setItem 方法来进行本地存储。setItem()方法需要传入两个参数，第一个参数是 key，第二个参数是 value，也就是之前所说的键值对。键值对在 JavaScript 中是非常常用的一种数据格式，使用起来也非常方便。下面举例说明如何使用 setItem 方法存储数据。

【示例】

```
<!DOCTYPE>
<html>
<head>
<meta charSet="utf-8" />
<meta name="viewport" content="width=device-width, initial-scale=1, maximum-scale=1"/>
<style type="text/css">
</style>
</head>
<body>
    <input type="text" id="data">
    <button id="btn">存储数据</button>
    <script type="text/javascript">
        var btn = document.getElementById("btn");
        btn.onclick = function(){
            var data = document.getElementById("data").value;
            if(window.localStorage){
                console.log('This browser supports localStorage');
                localStorage.setItem('data', data);
            }else{
                alert('This browser does NOT supportlocalStorage');
            }
        }
    </script>
</body>
</html>
```

这里使用 setItem()方法再次存储了一个 data 数据，查看 Application，如图 4-4 所示。

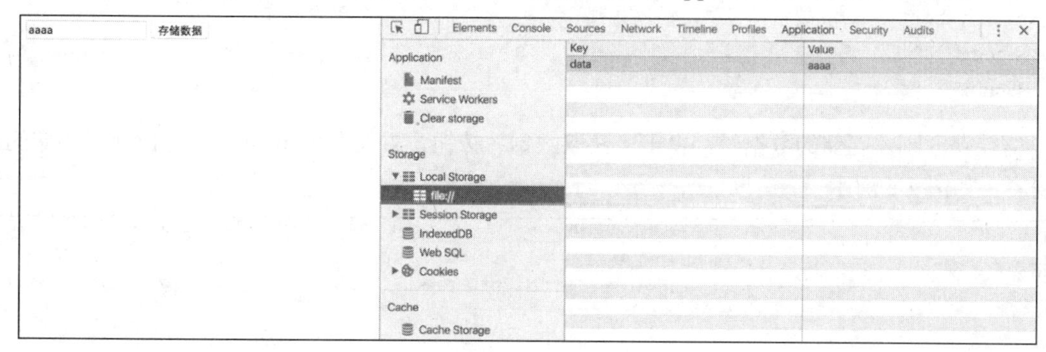

图 4-4

我们发现了一个问题——之前存储的 data 数据不见了，这是因为后来存储的 data 数据覆盖了之前存储的 data 数据，即同名的存储会覆盖之前的内容。

4.2.2 获取数据

使用 localStorage 存储数据的目的是获取数据。在 localStorage 中，可以使用规范提供的 getItem 方法来获取数据。getItem 方法只需要传入一个参数，将键值对中的 key 传入，返回对应的 value 值。

【示例】

```
<!DOCTYPE>
<html>
<head>
<meta charSet="utf-8" />
<meta name="viewport" content="width=device-width, initial-scale=1, maximum-scale=1"/>
<style type="text/css">
</style>
</head>
<body>
    <button id="btn">获取数据</button>
    <p id="result"></p>
    <script type="text/javascript">
        var btn = document.getElementById("btn");
        var result = document.getElementById("result");
        btn.onclick = function(){
            if(window.localStorage){
                console.log('This browser supports localStorage');
                var data = localStorage.getItem("data");
                result.innerHTML = data;
            }else{
                alert('This browser does NOT supportlocalStorage');
            }
```

```
        }
    </script>
</body>
</html>
```

需要获取刚才存储的数据时，单击“获取数据”按钮，就会发现 p 标签部分出现了存储的数据内容，如图 4-5 所示。

```
获取数据
aaaa

Elements Console Sources Network Timeline Profiles Application Security Audits
top ▼ Preserve log
This browser supports localStorage                    localStorage-get.html:17
>
```

图 4-5

现在可以明白本地存储的使用目的和方式了。有的时候需要将数据保存在 PC 或者移动端的本地，以供日后继续使用。可以在下载应用时使用 setItem 将各种数据按照键值对的形式保存起来，然后在以后每次开启应用的时候直接使用 getItem 获取之前本地存储的数据（因为 localStorgae 存储的数据永远不会失效），用来渲染界面。这种模式可以避免开发者每次都从服务器下载大量数据，从本地读取数据大大加快了速度，提高了 Web 应用性能。

4.2.3 删除数据

在 localStorage 中，可以使用 removeItem()方法删除一个存储的本地数据，因为最开始传递进去的是 key-value 键值对，所以删除的时候只要指定要删除的 key 值就可以了。这里可以为 removeItem 传入一个 key 值，删除在 localStorage 中存储的对应数据。举例如下：

【示例】

```
<!DOCTYPE>
<html>
<head>
<meta charSet="utf-8" />
<meta name="viewport" content="width=device-width, initial-scale=1, maximum-scale=1"/>
<style type="text/css">
</style>
</head>
<body>
    <button id="add">添加数据</button>
    <button id="btn">删除数据</button>
    <script type="text/javascript">
        var btn = document.getElementById("btn");
        var add = document.getElementById("add");
        add.onclick = function(){
            if(window.localStorage){
                console.log('This browser supports localStorage');
```

```
                localStorage.name = "Martin";
            }else{
                alert('This browser does NOT supportlocalStorage');
            }
        }
        btn.onclick = function(){
            if(window.localStorage){
                console.log('This browser supports localStorage');
                localStorage.removeItem("name");
            }else{
                alert('This browser does NOT supportlocalStorage');
            }
        }
    </script>
</body>
</html>
```

打开浏览器，每当单击“添加数据”按钮时就会添加一个 key 为 name 的数据，每当单击“删除数据”按钮时就会将之前添加的按钮删除。这些变化都可以在刷新页面后，在 chrome 控制台下 Application 中的 Local Storage 中查看到。这样就可以手动删除 LocalStorage 中存储的数据了。

4.2.4 清除数据

清除数据和上面的删除数据有所不同，指的是删除 localStorage 中的所有数据。在 localStorage 中，可以使用 clear()方法进行删除。clear()方法不需要传入任何参数，会将 localStorage 中存储的所有数据全部清除，下面进行 clear()方法的尝试。

【示例】

```
<!DOCTYPE>
<html>
<head>
<meta charSet="utf-8" />
<meta name="viewport" content="width=device-width, initial-scale=1, maximum-scale=1"/>
<style type="text/css">
</style>
</head>
<body>
    <button id="add">添加数据</button>
    <button id="btn">清除数据</button>
    <script type="text/javascript">
        var btn = document.getElementById("btn");
        var add = document.getElementById("add");
        add.onclick = function(){
            if(window.localStorage){
                console.log('This browser supports localStorage');
```

```
                localStorage.name = "Martin";
                localStorage.age = "30";
                localStorage.sex = "Male";
            }else{
                alert('This browser does NOT supportlocalStorage');
            }
        }
        btn.onclick = function(){
            if(window.localStorage){
                console.log('This browser supports localStorage');
                localStorage.clear();
            }else{
                alert('This browser does NOT supportlocalStorage');
            }
        }
    </script>
</body>
</html>
```

单击添加数据按钮，会在 localStorage 中存储三条数据，分别是 name、age 以及 sex。单击清除按钮后，会调用 localStorage 中的 clear()方法，再次查看 Application 中的 localStorage 方法，会发现之前添加的数据全部被清空了。

以上就是 localStorage 提供的全部方法，有了这些方法，就可以任意操作 localStorage 数据了。下面来看一个应用。

【示例】

```
<!DOCTYPE>
<html>
<head>
<meta charSet="utf-8" />
<meta name="viewport" content="width=device-width, initial-scale=1, maximum-scale=1"/>
<style type="text/css">
</style>
</head>
<body>
    key 值：<input type="text" name="key" id="key">
    value 值：<input type="text" name="value" id="value">
    <button id="add">添加数据</button>
    <button id="remove">删除数据</button>
    <button id="btn">清除全部数据</button>
    <button id="get">获取数据</button>
    <p id="show"></p>
    <script type="text/javascript">
        var btn = document.getElementById("btn");
```

```
        var add = document.getElementById("add");
        var remove = document.getElementById("remove");
        var get = document.getElementById("get");
        var show = document.getElementById("show");
        add.onclick = function(){
            var key = document.getElementById("key").value;
            var value = document.getElementById("value").value;
            if(window.localStorage){
                console.log('This browser supports localStorage');
                localStorage.setItem(key, value);
            }else{
                alert('This browser does NOT supportlocalStorage');
            }
        }
        get.onclick = function(){
            var key = document.getElementById("key").value;
            if(window.localStorage){
                console.log('This browser supports localStorage');
                var result = localStorage.getItem(key);
                show.innerHTML = result;
            }else{
                alert('This browser does NOT supportlocalStorage');
            }
        }
        remove.onclick = function(){
            var key = document.getElementById("key").value;
            if(window.localStorage){
                console.log('This browser supports localStorage');
                localStorage.remove(key);
            }else{
                alert('This browser does NOT supportlocalStorage');
            }
        }
        btn.onclick = function(){
            if(window.localStorage){
                console.log('This browser supports localStorage');
                localStorage.clear();
            }else{
                alert('This browser does NOT supportlocalStorage');
            }
        }
    </script>
</body>
</html>
```

这个例子涵盖了所有 localStorage 中可用的功能。读者可以自己添加键值对，指定各自的值，并存储在 localStorage 中。同时，还可以指定想删除或者获得哪个 localStorage 中存储的值，也可以一次直接清空所有 localStorage 中的数据。

4.3 sessionStorage

sessionStorage 中的方法和 localStorage 中的方法类似，但是 sessionStorage 中存储的数据只在一个会话中存在。下面给出一个判断浏览器是否支持 sessionStorage 的示例。

【示例】

```
<!DOCTYPE>
<html>
<head>
<meta charSet="utf-8" />
<meta name="viewport" content="width=device-width, initial-scale=1, maximum-scale=1"/>
<style type="text/css">
</style>
</head>
<body>
    <button id="btn">测试</button>
    <script type="text/javascript">
        var btn = document.getElementById("btn");
        btn.onclick = function(){
            if(window.sessionStorage){
                alert('This browser supports sessionStorage');
            }else{
                alert('This browser does NOT support sessionStorage');
            }
        }
    </script>
</body>
</html>
```

如果浏览器弹出对话框显示支持 sessionStorage，就说明浏览器是支持 sessionStorage 方法的。

4.3.1 存储数据

sessionStorage 中使用 setItem()方法存储数据，与 localStorage 相同。

【示例】

```
<!DOCTYPE>
<html>
<head>
<meta charSet="utf-8" />
```

```
<meta name="viewport" content="width=device-width, initial-scale=1, maximum-scale=1"/>
<style type="text/css">
</style>
</head>
<body>
    <input type="text" id="data">
    <button id="btn">存储数据</button>
    <script type="text/javascript">
        var btn = document.getElementById("btn");
        btn.onclick = function(){
            var data = document.getElementById("data").value;
            if(window.sessionStorage){
                console.log('This browser supports sessionStorage');
                sessionStorage.setItem('data', data);
            }else{
                alert('This browser does NOT support sessionStorage');
            }
        }
    </script>
</body>
</html>
```

打开浏览器，存储一个数据尝试一下。在 Application 选项卡中，单击 sessionStorage 就可以看到存储的数据了，如图 4-6 所示。

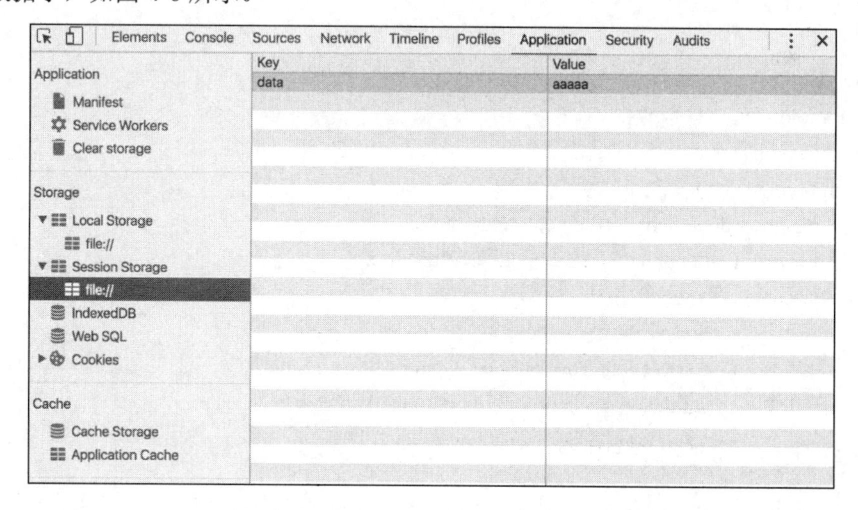

图 4-6

刷新网页再进行查看，就会发现 sessionStorage 中仍然存在数据。当将网页关闭再打开的时候查看 sessionStorage 的内容，就会如图 4-7 所示。

我们会发现 sessionStorage 中存储的数据不见了，这就是 sessionStorage 的特点。sessionStorage 中存储的数据仅在当前对话内存在，在关闭浏览器之后就会自动清除，通过使用 sessionStorage 可以处理一些仅需要在当前会话中临时存储的数据。

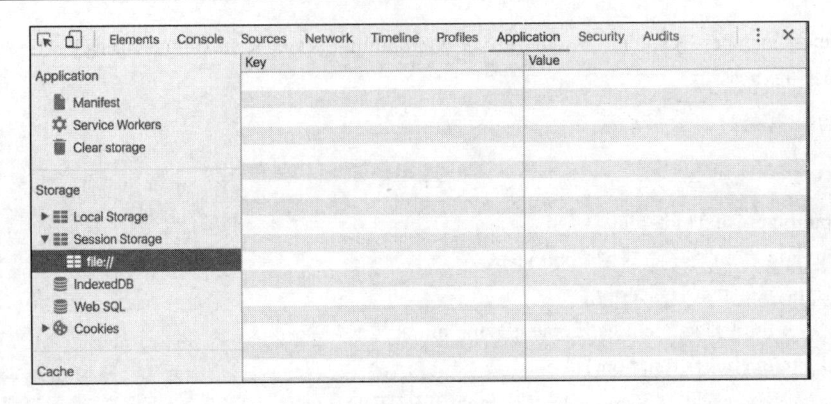

图 4-7

4.3.2 获取数据

在 sessionStorage 中使用 getItem()方法仍然可以获取数据，直接传入键值即可。

【示例】

```
<!DOCTYPE>
<html>
<head>
<meta charSet="utf-8" />
<meta name="viewport" content="width=device-width, initial-scale=1, maximum-scale=1"/>
<style type="text/css">
</style>
</head>
<body>
    <button id="btn">获取数据</button>
    <p id="result"></p>
    <script type="text/javascript">
        var btn = document.getElementById("btn");
        var result = document.getElementById("result");
        btn.onclick = function(){
            if(window.sessionStorage){
                console.log('This browser supports sessionStorage');
                var data = sessionStorage.getItem("data");
                result.innerHTML = data;
            }else{
                alert('This browser does NOT support sessionStorage');
            }
        }
    </script>
</body>
</html>
```

通过调用 sessionStorage 对象的 getItem()方法可以获取对应键值存储的数据。

4.3.3 删除数据

在 sessionStorage 中使用 remove()方法可以删除某个键值对应的数据。

【示例】

```
<!DOCTYPE>
<html>
<head>
<meta charSet="utf-8" />
<meta name="viewport" content="width=device-width, initial-scale=1, maximum-scale=1"/>
<style type="text/css">
</style>
</head>
<body>
    <button id="add">添加数据</button>
    <button id="btn">删除数据</button>
    <script type="text/javascript">
        var btn = document.getElementById("btn");
        var add = document.getElementById("add");
        add.onclick = function(){
            if(window.sessionStorage){
                console.log('This browser supports sessionStorage');
                sessionStorage.name = "Martin";
            }else{
                alert('This browser does NOT support sessionStorage');
            }
        }
        btn.onclick = function(){
            if(window.localStorage){
                console.log('This browser supports sessionStorage');
                localStorage.removeItem("name");
            }else{
                alert('This browser does NOT support sessionStorage');
            }
        }
    </script>
</body>
</html>
```

4.3.4 清除数据

和 localStorage 一样，在 sessionStorage 中可以使用 clear()方法将 sessionStorage 中存储的数据全部清空。

【示例】

```
<!DOCTYPE>
<html>
<head>
<meta charSet="utf-8" />
<meta name="viewport" content="width=device-width, initial-scale=1, maximum-scale=1"/>
<style type="text/css">
</style>
</head>
<body>
    <button id="add">添加数据</button>
    <button id="btn">清除数据</button>
    <script type="text/javascript">
        var btn = document.getElementById("btn");
        var add = document.getElementById("add");
        add.onclick = function(){
            if(window.sessionStorage){
                console.log('This browser supports sessionStorage');
                sessionStorage.name = "Martin";
                sessionStorage.age = "30";
                sessionStorage.sex = "Male";
            }else{
                alert('This browser does NOT support sessionStorage');
            }
        }
        btn.onclick = function(){
            if(window.sessionStorage){
                console.log('This browser supports sessionStorage');
                sessionStorage.clear();
            }else{
                alert('This browser does NOT support sessionStorage');
            }
        }
    </script>
</body>
</html>
```

每当单击“清除数据”按钮时，存储在 sessionStorage 中的所有数据就会被删除。

4.4 storage 对象

通过上面的介绍发现，localStorage 对象和 sessionStorage 对象的方法相同，这是因为二者的原型都是 Storage 对象。可以在 chrome 控制台中打印 localStorage 和 sessionStorage 进行查看，如图 4-8 所示。

通过_proto_可以看到，localStorage 和 sessionStorage 对象都继承自 Storage 对象。Storage 对象是在 HTML5 中定义的，包括 clear()方法、getItem()方法、setItem()方法、removeItem()方法等，这些都可以用通过控制台打印出来的内容查看。

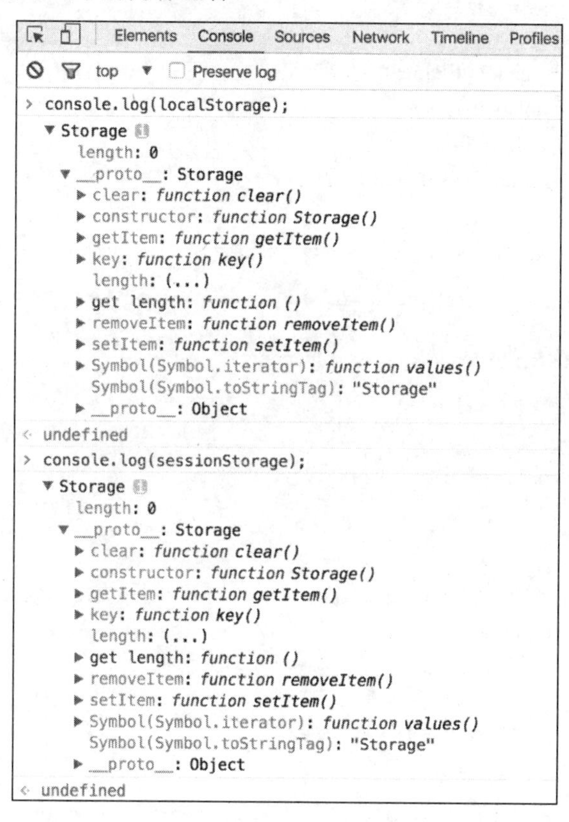

图 4-8

4.5 storage 事件

storage 事件是 HTML5 中定义的新事件。每当 Storage 对象（包括 sessionStorage 对象和 localStorage 对象）发生变化时都会触发 storage 事件。也就是说，每当调用 setItem()方法、removeItem()方法、clear()方法时都会影响到 Storage 对象，进而触发 storage 事件。通过监听 storage 事件可以在合适的时候触发其他方法。下面给出一个简单的例子。

【示例】

```
<!DOCTYPE>
<html>
<head>
<meta charSet="utf-8" />
```

```
<meta name="viewport" content="width=device-width, initial-scale=1, maximum-scale=1"/>
<style type="text/css">
</style>
</head>
<body>
    <button id="btn">添加</button>
    <script type="text/javascript">
        var btn = document.getElementById("btn");
        btn.onclick = function(){
            if(window.localStorage){
                localStorage.setItem('data', 'aaa');
            }else{
                alert('This browser does NOT supportlocalStorage');
            }
        }
        window.addEventListener('storage', function(e){
            alert("成功添加数据")
        })
    </script>
</body>
</html>
```

单击添加按钮时会通过 localStorage.setItem 存储数据，进而触发 storage 事件。此时，浏览器会弹出“成功添加数据”的对话框。

storage 事件包含以下 4 个属性。

- domain：发生变化的存储空间的域名。
- key：设置或者删除的键名。
- newValue：如果是设置值，就是新值；如果是删除键，就是 null。
- oldValue：键被更改之前的值。

可以在 storage 事件触发时灵活使用属性进行操作。

4.6 应用程序缓存

HTML5 中引入了应用程序缓存（离线缓冲），使用应用程序缓存可以将一些文件缓存到本地，从而在没有网络的情况下进行访问。有了离线缓存，就可以让 Web 应用更像原生应用，即便在没有网络的时候也可以正常使用。离线缓存有以下三大优势。

- 离线浏览：用户可在应用离线时使用它们。
- 速度：已缓存资源加载得更快。
- 减少服务器负载：浏览器将只从服务器下载更新过或更改过的资源。

目前，除了IE浏览器以外，其他主流浏览器都支持应用程序缓存，因此可以放心地在移动开发中使用应用程序缓存技术。

应用程序缓存有两个主要部分，一个是HTML中的manifest属性，另一个是manifest文件。首先，需要创建manifest文件，在manifest文件中用某种方式定义离线缓存的配置；然后，使用HTML结构将manifest文件按照某种方式进行识别，从而完成应用程序缓存。

manifest文件是应用程序缓存的核心，用来定义要缓存哪些文件、不缓存哪些文件，被设置为缓存的文件会被存储到本地，可以在没有网络的情况下正常访问。

manifest文件的后缀名为.appcache，可以任意命名。manifest文件内容可分为三部分：

- CACHE MANIFEST 在此标题下列出的文件将在首次下载后进行缓存。
- NETWORK 在此标题下列出的文件需要与服务器连接，且不会被缓存。
- FALLBACK 在此标题下列出的文件规定当页面无法访问时的回退页面(比如 404 页面)。

在编写manifest文件时，要做的就是定义上面的三部分，每个部分以上述的大写字母开头，作为一个区域。

1. CACHE MANIFEST

这部分放置希望被缓存的文件。首次浏览网页时，这些文件会被缓存到本地，当下次使用这些文件的时候，就不用从服务器上下载了，而是直接在本地加载，即使不连接网络也可以正常加载。

【示例】

```
CACHE MANIFEST
/main.js
/main.css
/logo.png
```

上面的示例中将一个js文件、一个css文件和一个png图片文件进行了缓存。

2. NETWORK

在NETWORK中定义的文件永远不会被缓存。这里面的文件每次使用时都需要从服务器上进行下载。可以使用*符号，以表明除在CACHE MANIFEST中定义的需要被缓存的文件以外其他文件都不进行缓存。

3. FALLBACK

当浏览器网络连接失败时，用替代的页面代替需要访问的文件。

下面的FALLBACK小节规定如果无法建立因特网连接，就用“offline.html”替代/html5/目录中的所有文件：

```
FALLBACK:
/html5/ /404.html
```

下面是一个完整的manifest文件（test.appcache）：

```
CACHE MANIFEST
```

```
/main.js
/main.css
/logo.png

NETWORK:
*

FALLBACK:
/html5/ /404.html
```

定义好了 manifest 文件后，还需要把这个文件运用到开发者的页面中。在 HTML 页面中的 html 标签中，如果要用离线缓存，就需要在其中指定 manifest 属性，方法如下：

```
<!DOCTYPE HTML>
<html manifest="test.appcache">
...
</html>
```

只要像这样引入 manifest 文件，就可以成功地进行离线缓存了。下面通过一个完整的例子来讲解一下离线缓存如何工作。

【示例】

```
main.html
<!DOCTYPE>
<html>
<head>
<meta charSet="utf-8" />
<meta name="viewport" content="width=device-width, initial-scale=1, maximum-scale=1"/>
<style type="text/css">
</style>
</head>
<body>
        <div class="main"></div>
        <img src="logo.png">
</body>
</html>
main.css
.main{
        width: 200px;
        height: 200px;
        margin: 0 auto;
        background: red;
}
test.appcache
CACHE MANIFEST
/main.css
/logo.png
```

```
NETWORK:
*
```

将代码部署到本地服务器上，使用自己的手机进行调试。当访问页面时，页面会显示开发者的 logo 图片以及一个被定义的红色方块，定义红色方块的样式代码在 main.css 文件中。接下来，在服务器上删除 main.css 文件和 logo 图片，再次访问页面，会发现界面依然像原来一样，即便文件在服务器上已经被删除，在本地访问时这些文件的内容还会起作用。这就说明离线缓存已经生效，第一次访问时，浏览器已经将指定文件缓存到了开发者的手机中，使得在第二次访问的时候，即便服务器上已经没有样式文件和图片了，手机依然能够正常显示页面，因为手机中读取的是本地缓存的文件。

4. 更新离线缓存

HTML5 应用肯定需要更新，更新时就不能让用户继续读取离线文件了。这时，可以通过更新 manifest 文件来实现缓存的修改。

除此之外，当用户清空浏览器缓存的时候，被离线缓存的文件也会被清空。

4.7 本地数据库

Web SQL 是一个独立的规范，它定义了 Web 的本地数据库。虽然可以使用 localStorage 和 sessionStorage 进行数据存储，但是由于这二者的方法比较简单，因此使用的场景是有局限性的。有了 Web SQL 就可以使用更复杂的数据库操作了。

Web SQL 也使用 SQL 语句的形式操作数据库，如果学习过 MySQL 或者相关数据库，就比较容易理解 Web SQL 了。

4.7.1 创建/打开数据库

利用 openData()方法可以打开指定数据库，如果指定数据库不存在，就会自动进行创建。openData()可传递的参数如下：

- 数据库名称
- 版本号
- 描述文本
- 数据库大小
- 回调函数

回调函数内的方法会在数据库成功创建后执行，最后返回一个数据库句柄，用来进行后续的操作。下面是一个创建本地数据库的实例。

【示例】

```
<!DOCTYPE>
<html>
<head>
<meta charSet="utf-8" />
<meta name="viewport" content="width=device-width, initial-scale=1, maximum-scale=1"/>
<style type="text/css">
</style>
</head>
<body>
<script type="text/javascript">
var db = openDatabase('mydb', '1.0', 'test', 2 * 1024 * 1024, function(){
  alert("数据库创建成功！");
});
</script>
</body>
</html>
```

打开浏览器查看效果，如果成功创建了数据库，就会弹出“数据库创建成功”提示框。

4.7.2 执行操作

executeSql()方法用来执行一系列的 SQL 命令，只要是正常的 SQL 语句，就可以传入进行执行，包括增、删、改、查、建表等。下面列举一些常用的 SQL 语句。

单单使用 executeSql()方法还不够，还需要使用 transaction()方法来进行业务的执行。下面给出一个使用二者创建一个新的数据表并插入两条数据的例子。

【示例】

```
<!DOCTYPE>
<html>
<head>
<meta charSet="utf-8" />
<meta name="viewport" content="width=device-width, initial-scale=1, maximum-scale=1"/>
<style type="text/css">
</style>
</head>
<body>
<button id="build">创建数据库</button>
<script type="text/javascript">
var build = document.getElementById("build");
build.onclick = function(){
  var db = openDatabase('dbtest1', '1.0', 'test', 2 * 1024 * 1024, function(){
    alert("数据库创建成功！");
  });
```

```
    db.transaction(function (tx) {
      tx.executeSql('CREATE TABLE IF PEOPLE (id unique, name)');
      tx.executeSql('INSERT INTO PEOPLE (id, log) VALUES (1, "Martin")');
      tx.executeSql('INSERT INTO PEOPLE (id, log) VALUES (2, "Alice")');
    });
  }
  </script>
  </body>
  </html>
```

这段代码创建了 dbtest1 数据库，之后在这个数据库中创建了一个 PEOPLE 表，表中有两个字段，分别是 id 和 name，其中 id 不能重复。之后又使用 SQL 语句插入了两条数据。

那么创建的数据表如何查看呢？打开 chrome 浏览器的 Application，打开 Web SQL，这里面就存放着存储的 SQL 数据，如图 4-9 所示。

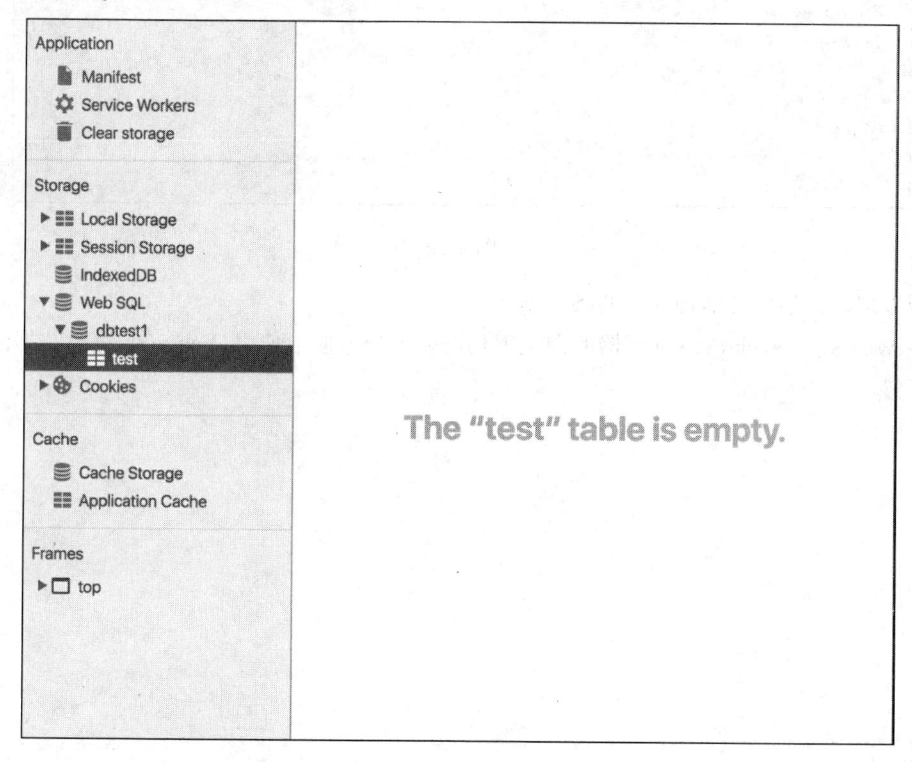

图 4-9

选择 dbtest1，在 chrome 调试工具中提供了命令行工具，可以直接在其中输入 SQL 命令来创建、插入、删除数据。比如在 Chrome 浏览器中的命令行工具里输入如下命令：

```
INSERT INTO test (id, name) VALUES (1, "b")
INSERT INTO test (id, name) VALUES (1, "a")
```

打开 test 表，如图 4-10 所示。

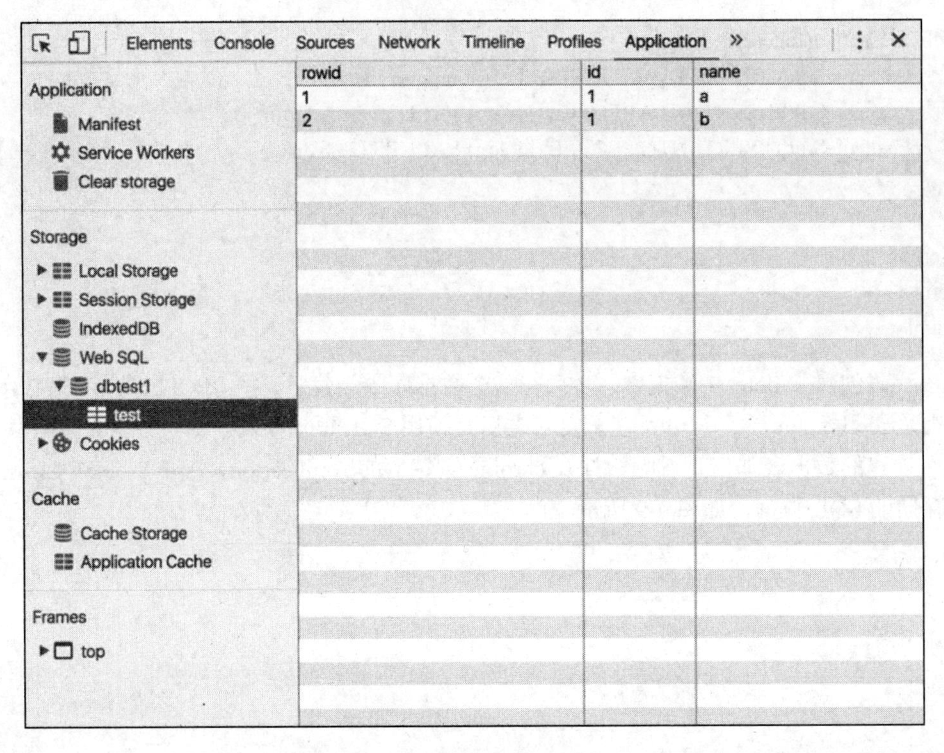

图 4-10

可以发现，已经成功地插入了两条数据。

利用 Web SQL 和 chrome 浏览器的调试工具可以十分方便地使用 Web SQL 进行数据的存储和读取等操作。

第 5 章

即时通信

本章内容要点：

- Web 端即时通信技术
- 短轮询、comet、SSE、Websocket 原理与实现

以前限制 Web 开发接近原生应用的一大障碍就是 Web 开发很难实现即时通信。原生开发的 Android 或者 iOS 应用中，很常用的功能就是服务器主动向应用发送信息，并显示在用户设备的界面上。而在 Web 应用中，由于其使用的 HTTP 协议的特殊性，只有用户在界面中进行操作后，服务器得到客户端的信息，才能进行响应。也就是说，使用 Web 开发接近原声应用的一大障碍是服务器端不能主动向客户端发送信息。而 HTML5 为我们提供了丰富的用来高效地实现服务器主动发送事件的方法。本章将从最传统的短轮询技术开始详细介绍 Web 即时通信技术。

5.1 概　　述

5.1.1 Web 端即时通信技术

即时通信技术简单地说就是实现这样一种功能：服务器端可以即时地将数据的更新或变化反映到客户端。例如，消息即时推送等功能就是通过这种技术实现的。在 Web 中，由于浏览器的限制，实现即时通信需要借助一些方法。这种限制出现的主要原因是，一般的 Web 通信都是浏览器先发送请求到服务器，服务器再进行响应来完成数据的更新。

5.1.2 实现 Web 端即时通信的方法

实现即时通信主要有四种方法，分别是短轮询、长轮询（comet）、长连接（SSE）、WebSocket。它们大体可以分为两类，一种是在 HTTP 基础上实现的，包括短轮询、comet 和 SSE；另一种不是在 HTTP 基础上实现的，即 WebSocket。下面分别介绍这四种轮询方法以及它们各自的优缺点。

1. 短轮询

短轮询的基本思路就是浏览器每隔一段时间向浏览器发送 HTTP 请求，服务器端在收到请求后，不论是否有数据更新，都直接进行响应。这种方式实现的即时通信在本质上还是浏览器发送请求、服务器接收请求的过程，通过让客户端不断地进行请求，模拟客户端实时收到服务器端数据的变化。

这种方法的优点是比较简单、易于理解、实现起来没有什么技术难点。缺点是由于需要不断地建立 HTTP 连接，严重浪费服务器端和客户端的资源，尤其是在客户端。举例来说，如果有数量级相对比较大的用户同时位于基于短轮询的应用中，那么每一个用户的客户端都会疯狂地向服务器端发送 HTTP 请求，而且不会间断。人数越多，服务器端压力越大，这是很不合理的。因此，短轮询不适用于那些同时在线用户数量比较大并且很注重性能的 Web 应用。

2. 长轮询（comet）

comet 指的是当服务器收到客户端发来的请求后不会直接进行响应，而是先将这个请求挂起，再判断服务器端数据是否有更新。如果有更新，就进行响应，如果一直没有数据就在到达一定的时间限制（服务器端设置）后关闭连接。

长轮询和短轮询比起来，明显减少了很多不必要的 HTTP 请求次数，节约了资源。长轮询的缺点在于连接挂起会导致资源的浪费。

3. 长连接（SSE）

SSE 是 HTML5 新增的功能，全称为 Server-Sent Events，它可以允许服务推送数据到客户端。SSE 在本质上与之前的长轮询、短轮询不同，虽然都是基于 HTTP 协议的，但是轮询需要客户端先发送请求。SSE 最大的特点就是不需要客户端发送请求，只要服务器端数据有更新，就可以马上发送到客户端。

SSE 的优势很明显，不需要建立或保持大量的客户端发往服务器端的请求，节约了很多资源，提升了应用的性能。SSE 的实现非常简单，并且不需要依赖其他插件。

4. WebSocket

WebSocket 是 HTML5 定义的一个新协议。与传统的 HTTP 协议不同，该协议可以实现服务器与客户端之间的全双工通信。简单来说，首先需要在客户端和服务器端建立起一个连接，这部分需要 HTTP。一旦建立连接，客户端和服务器端就处于平等的地位，可以相互发送数据，不存在请求和响应的区别。

WebSocket 的优点是实现了双向通信，缺点是服务器端的逻辑非常复杂。现在针对不同的后台语言有不同的插件可以使用。

5.1.3 四种Web即时通信技术比较

从兼容性角度考虑：

短轮询>长轮询>长连接 SSE>WebSocket

从性能方面考虑：

WebSocket>长连接 SSE>长轮询>短轮询

5.2 短轮询原理与实现

5.2.1 原理

短轮询利用 HTTP 的请求/响应模式，通过每隔一定时间向服务器发送请求来获得服务器数据的更新。在开发过程中，可以利用 AJAX，然后通过 setInterval()方法实现每隔一段时间向服务器发送请求的功能。

5.2.2 实现

后端以 PHP 为例进行实现。

【客户端代码】

```
<!doctype html>
<html>
<head>
<meta charset="utf-8">
<title>短轮询 ajax 实现</title>
<script type="text/javascript" src="../jquery.min.js"></script>
</head>
<body>
  <form id="form1" runat="server">
    <div id="news"></div>
  </form>
</body>
<script type="text/javascript">
  function showUnreadNews(){
        $(document).ready(function() {
//使用 jquery 的 ajax 方法
            $.ajax({
             type: "GET",
             url: "do.php", //请求发送到后台的 php 文件
             dataType: "json",
    //请求成功的回调方法，遍历获取的数据进行客户端界面的更新
```

```
            success: function(msg) {
                $.each(msg, function(id, title) {
                    $("#news").append("<a>" + title + "</a><br>");
                });
            }
        });
    });
    }
//设置每 2s 执行一次 showUnreadNews()方法，向服务器发送请求
    setInterval('showUnreadNews()',2000);
</script>
</html>
```

【服务器端代码（php）】

```
<?php
$arr = array('title'=>'新闻','text'=>'新闻内容'); //服务器端更新的数据
echo json_encode($arr); //返回的 json 数据
?>
```

5.3 长轮询原理与实现

5.3.1 原理

长轮询与传统 AJAX 的区别在于，客户端会与服务器端保持一个长连接，只有当客户端需要的数据更新时，服务器才会主动将数据推送给客户端。长轮询的实现有两种方式，一种方式是使用基于 AJAX 的长轮询，另一种方式是基于 Iframe 及 htmlfile 的流方式。在基于 AJAX 的长轮询方式中，服务器端在接收到客户端 AJAX 发送的请求后不立即返回响应，而是阻塞请求直到超时或有数据更新。当服务器端在上述情况下返回响应后，客户端通过 JavaScript 再次发送请求建立连接，重复上述步骤。

5.3.2 实现

【客户端代码】

```
<!doctype html>
<html>
<head>
<meta charset="utf-8">
<title>长轮询 ajax 实现</title>
<script type="text/javascript" src="../jquery.min.js"></script>
</head>
<body>
<input type="button" id="btn" value="click">
```

```
<div id="msg">数据情况</div>
</body>
<script type="text/javascript">
$(function(){
     $("#btn").bind('click',{btn:$('#btn')},function(e){
        $.ajax({
          type: 'POST',
          dataType: 'json',
          url: 'ajax.php',
          timeout: '20000',  // 设置请求超时时间
          data: {time: '2000000'},                    // 每次请求等待时间，将其传到后台用来挂起请求
          success: function(data,status){             // 对返回的数据进行判断和读取
            if(data.success == '1'){
            $("#msg").append('<br>[有数据]'+data.text);
            e.data.btn.click(); // 发送请求
          }
            // 未从服务器中获得数据
             if(data.success == '0'){
              $("#msg").append('<br>[无数据]');
                e.data.btn.click();
             }
          },
          // ajax 超时,继续查询
          error:function(XMLHttpRequest,textStatus,errorThrown){
             if(textStatus == "timeout"){
              $("#msg").append('超时');
              e.data.btn.click();
             }
          }
       });
     });
  });
</script>
</html>
```

【服务器端代码（php）】

```
<?php
 set_time_limit(0);// 无限请求超时时间
 usleep($_POST['time']);//通过前台传过来的数据设置挂起时间
 while(true){  //无限循环
    $rand = rand(1,999);
    if($rand < 500){
      $arr = array('success'=>'1','name'=>'有值','text'=>$rand);
      echo json_encode($arr);
      exit();
```

```
    }else{
        $arr = array('success'=>'0','name'=>'无值','text'=>$rand);
        echo json_encode($arr);
        exit();
    }
  }
?>
```

5.4 长连接的原理与实现

5.4.1 原理

SSE 不需要依赖客户端向服务器发送请求，而是直接在服务器端有数据更新时发送到客户端，相比于轮询的“拉数据”，这种“推数据”具有低延迟、高性能的优势。

这种方法的服务器端非常简洁，只要维护一个服务器和客户端之间的协议即可。前端使用 EventSource 对象。

服务器端需要提供的协议基本代码如下：

```
data: first event

data: second event
id: 100

event: myevent
data: third event
id: 101

: this is a comment
data: fourth event
data: fourth event continue
```

下面解释一下基本用法。要定义各个事件，每一个事件之间使用一个换行符隔开。每个事件内部可以有多行，每一行都是 type:value 的形式。type 有以下几种选择：

（1）类型为空白，表示该行是注释，会在处理时被忽略。

（2）类型为 data，表示该行包含的是数据。以 data 开头的行可以出现多次，所有这些行都是该事件的数据。

（3）类型为 event，表示该行用来声明事件的类型。浏览器在收到数据时会产生对应类型的事件。

（4）类型为 id，表示该行用来声明事件的标识符。

（5）类型为 retry，表示该行用来声明浏览器在连接断开之后进行再次连接之前的等待时间。

比如上面的第一个事件，只传输了一个数据，数据内容为 first event。服务器端通过这个清单发送到客户端，就可以通过前端进行响应的处理，诸如读取新数据、更新界面等。

客户端需要在 JavaScript 中使用 EventSource 对象。

首先，初始化一个 EventSource 对象，实例化的时候需要传入与其交互的服务器端的文件地址，如：

```
var es = new EventSource("sse.php");
```

接下来，可以进行事件监听。EventSource 给出了三种标准事件，它们的名称和触发时机如表 5-1 所示。

表5-1　EventSource的三种标准事件

事件名称	触发时机
open	当成功与服务器建立连接时执行
message	当收到服务器发送的事件时执行
error	当出现错误时执行

和普通的事件一样，可以通过以下两种方法使用这些事件：

```
es.onmessage = function(e){};
es.addEventListener("message",function(e){});
```

5.4.2　实现

服务器端代码（php）：

```
<?php
  header('Content-Type: text/event-stream');   //这是专门为 sse 设置的数据格式
  $time = date('Y-m-d H:i:s');
  //下面这些 echo 出来的东西就是上面说的服务器端和客户端之间的协议
  echo 'retry: 3000'.PHP_EOL;
                    //retry 类型的数据，规定了浏览器在连接断开之后进行再次连接之前的等待时间
  echo 'data: The server time is: '.$time.PHP_EOL.PHP_EOL;
?>
```

注 意

必须先设定 Content-Type 为 text/event-stream，这是为 SSE 专门定义的数据传输格式。

接下来通过 PHP 的 echo 输出协议，上面代码的输出结果如下：

```
retry:3000
data:The server time is...
```

输出一个事件。这个事件中定义了 retry 类型和 data 类型的行。

【客户端代码】

```
<html>
  <head>
    <meta charset="UTF-8">
    <title>basic SSE test</title>
```

```
</head>
<body>
  <div id="content"></div>
</body>
<script>
  var es = new EventSource("sse.php");
  es.addEventListener("message",function(e){
    document.getElementById("content").innerHTML += "\n"+e.data;
  });
</script>
</html>
```

上面的代码首先实例化了一个 EventSource 对象，并传入与之通信的服务器端文件 sse.php。利用 addEventListener()方法为对象绑定一个 message 事件（message 在收到服务器发送的事件时执行）。当客户端收到服务器传来的协议时为页面添加数据，通过 e.data 获取，对应于服务器端协议表中 data 类型定义的数据，即“The server time is...”。

5.5 WebSocket 原理与前端 API

5.5.1 原理

WebSocket 实现了一次连接、双方通信的功能。首先由客户端发出 WebSocket 请求，服务器端进行响应，实现类似 TCP 握手的动作。这个连接一旦建立起来，就保持在客户端和服务器之间，两者之间可以直接进行数据的互相传送。服务器端的逻辑比较复杂，如果是使用 Java 或者 node 开发，就可以使用很多封装好的组件。

5.5.2 前端 API

1. 创建 WebSocket 对象

```
var ws = new WebSocket("ws//localhost:8080");
```

WebSocket 是一个不同于 HTTP 的协议，其参数传递中的 ws://前缀类似于 http://，用于进行协议的声明。

2. 事件操作

WebSocket 提供了 4 个事件操作，如表 5-2 所示。

表5-2 各事件触发时机

事　件	触发时机
onmessage	收到服务器响应时执行
onerroe	出现异常时执行
onopen	建立起连接时执行
onclose	断开连接时执行

第 6 章

Canvas 绘图

本章内容要点：

- Canvas 绘图基础
- Canvas 绘制图形与图形变换

HTML5 中新增了 Canvas 这样一个十分重要的元素，这个元素让在页面上绘制图形成为可能。使用 Canvas 可以让开发者在 HTML 文档中绘制各种各样的图形。

在 Canvas 中绘制图像，是通过 JavaScript 代码添加线条、颜色等来实现的，使用 Canvas 绘图时，还可以通过 JavaScript 的一些方法或 DOM 操作加入一些高级的动画效果。

在移动开发中，使用 Canvas 绘制多种多样的图像更加重要，可以极大地提升开发者移动应用的表现能力。使用 Canvas 制作一些动画效果，在移动设备中非常常见，尤其是移动端的游戏制作，没有 Canvas 是根本没法进行的。

6.1　Canvas 基础

6.1.1　基本 Canvas 创建

要想开始在 HTML 中使用 Canvas，首先要在 HTML 文档中定义一个 Canvas 标签元素。Canvas 标签包含两个用来控制画布大小的属性——width 属性和 height 属性，通过为 width 属性和 height 属性设定属性值，可以指定画布的大小。下面的例子定义了一个长和宽各为 500 的 Canvas 画布。

【示例】 画布定义

```
<!DOCTYPE>
<html>
<head>
<meta charSet = "utf-8" />
<meta name = "viewport" content = "width = device-width, initial-scale = 1, maximum-scale = 1"/>
<style type = "text/css">
</style>
</head>
<body>
  <Canvas id="canvas" width="500" height="500"></canvas>
  <script type = "text/javascript">
  </script>
</body>
</html>
```

一定要为 Canvas 设定一个 id 值，这样可以方便地在 JavaScript 中对这个 Canvas 进行操作。

打开浏览器，发现界面上什么都没有，因为只是定义了一个画布，还没有在画布上进行任何元素的绘制。下面在这个画布上开始元素的绘制。

Canvas 画布上的绘制过程基本上都是在 JavaScript 中进行，HTML 对 Canvas 的设定主要体现在大小、样式等方面。下面为这个画布添加一个边框，让画布范围更明显。

【示例】

```
<!DOCTYPE>
<html>
<head>
<meta charSet = "utf-8" />
<meta name = "viewport" content = "width = device-width, initial-scale = 1, maximum-scale = 1"/>
<style type = "text/css">
canvas {
  border: 1px solid black;
}
</style>
</head>
<body>
<canvas id="canvas" width="500" height="500"></canvas>
<script type = "text/javascript">
var canvas = document.getElementById("canvas");
var context = canvas.getContext("2d");
context.beginPath();
context.moveTo(0, 0);
context.lineTo(500, 500);
context.stroke();
```

```
</script>
</body>
</html>
```

尽量不要在 CSS 中设置 Canvas 的宽高，而是使用 Canvas 的 width 属性和 height 属性设置画布的宽高。

6.1.2 开始在 Canvas 上绘制元素

下面就可以通过 JavaScript 在 Canvas 上绘制图像了。这里先从最简单的入手，介绍一下如何在画布上绘制一条直线。

首先，需要使用 JavaScript 获取 Canvas 元素：

```
var canvas = document.getElementById("canvas");
```

上面的代码使用 JavaScript 中的 id 选择器对这个画布元素进行获取。下一步，需要获取上下文环境，可以简单地理解为要将这个 Canvas 元素变成一个可以直接绘制的画布对象：

```
var context = canvas.getContext("2d");
```

上面的方法调用了 Canvas 的 getContext()方法，传入字符串参数 2d，表示要绘制的是二维的图像，getContext()方法会返回对应的上下文绘制环境。在上面的代码中，context 就是一个画布绘制环境，要在画布上进行各种各样的操作都是通过 context 调用相关方法实现的。

6.1.3 绘制一条直线

想要在一个画布上绘制一条直线，首先需要找到一个起始点“下笔”。选中下笔点后，把笔下落到那个点上。接下来，想往哪个位置画线，就可以往哪个位置画线，只要选中一个终止点，把笔贴着画纸移到终止点，这条线的方向、长短就都能确定了，也就画出了一条想要的直线。

Canvas 中的绘图原理和上述在纸上画图的原理是一样的。绘制一条直线，需要调用 Canvas 中最基本的 4 个方法：beginPath()方法、moveTo()方法、lineTo()方法和 stroke()方法。beginPath()方法表示要开始绘制了，这个方法在后面还会有更深入的探讨。moveTo()方法就是上面所说的选择下笔点下笔这个动作，moveTo()方法传入两个参数，分别表示落笔点的 x 轴坐标和 y 轴坐标。lineTo()就是想画到哪里，同样传入 x 轴坐标和 y 轴坐标。最后，调用 stroke()方法，这个是实际的绘制方法，stroke()方法表示绘制线条。这里和正常的画画可能不同，之前的方法规划了绘制的路径，最后需要调用一次 stroke()方法在这个路径上绘制出线条。这样，就完成了一条直线的绘制。

【示例】

```
<!DOCTYPE>
<html>
<head>
<meta charSet = "utf-8" />
<meta name = "viewport" content = "width = device-width, initial-scale = 1, maximum-scale = 1"/>
<style type = "text/css">
canvas {
```

```
    border: 1px solid black;
}
</style>
</head>
<body>
<canvas id="canvas" width="500" height="500"></canvas>
<script type = "text/javascript">
var canvas = document.getElementById("canvas");
var context = canvas.getContext("2d");
context.beginPath();
context.moveTo(0, 0);
context.lineTo(500, 500);
context.stroke();
</script>
</body>
</html>
```

效果如图 6-1 所示。

这样就成功迈出了使用 Canvas 绘图的第一步。

在绘制基本图形时，牢记 Canvas 的绘图原理，就会非常容易。Canvas 绘图和平常在纸上绘图基本一样，唯一的不同是先指定好绘图的路径再调用一次 stroke()等方法在路径上绘图。

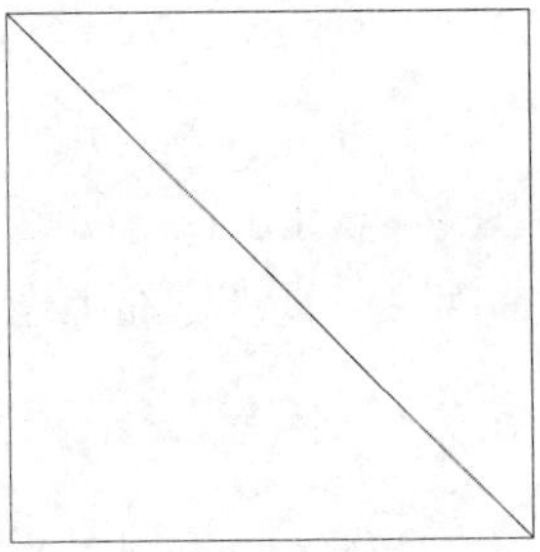

图 6-1

6.1.4 为直线设定样式

上面的代码已经成功地在画布中绘制出了一条直线。那么，如何调整线条的样式呢？在 Canvas 中可以对线条的颜色、宽度进行调整。

在 Canvas 中，context 上下文环境也是一个对象。context 有一些属性，可以用来控制元素的样式。context 对象的 strokeStyle 属性可以控制使用 stroke()方法绘制的线条的颜色，传入的值可以是 CSS 中能够使用的任何颜色值。context 对象的 lineWidth 属性可以设置线条的宽度。下面就使用这两个方法修改直线的样式。

【示例】

```
<!DOCTYPE>
<html>
<head>
<meta charSet = "utf-8" />
<meta name = "viewport" content = "width = device-width, initial-scale = 1, maximum-scale = 1"/>
<style type = "text/css">
canvas{
    border: 1px solid black;
}
</style>
</head>
```

```
<body>
<canvas id="canvas" width="500" height="500"></canvas>
<script type = "text/javascript">
var canvas = document.getElementById("canvas");
var context = canvas.getContext("2d");
context.strokeStyle = "red";
context.lineWidth = '5';
context.beginPath();
context.moveTo(0, 0);
context.lineTo(500, 500);
context.stroke();
</script>
</body>
</html>
```

效果如图 6-2 所示。

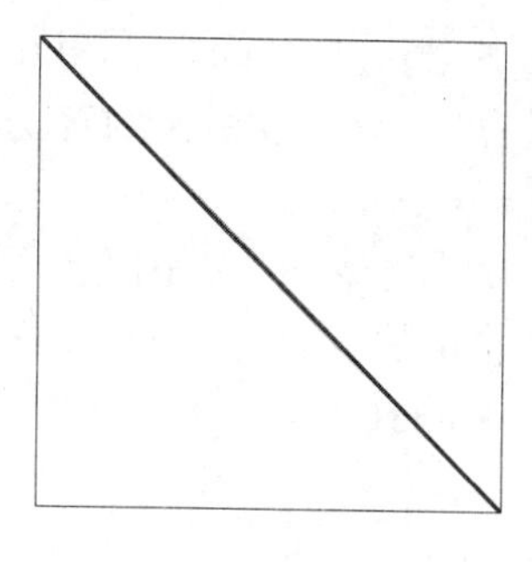

图 6-2

6.1.5 绘制多条直线

想在界面上绘制多条直线也很简单，只要多次重复调用 context 对象的 moveTo()方法和 lineTo()方法就可以了。

【示例】

```
<!DOCTYPE>
<html>
<head>
<meta charSet = "utf-8" />
<meta name = "viewport" content = "width = device-width, initial-scale = 1, maximum-scale = 1"/>
<style type = "text/css">
canvas{
  border: 1px solid black;
}
</style>
</head>
<body>
<canvas id="canvas" width="500" height="500"></canvas>
```

```
<script type = "text/javascript">
var canvas = document.getElementById("canvas");
var context = canvas.getContext("2d");
context.beginPath();
context.strokeStyle = "red";
context.lineWidth = '5';
context.moveTo(0, 0);
context.lineTo(500, 500);
context.moveTo(0, 500);
context.lineTo(500, 0);
context.stroke();
</script>
</body>
</html>
```

效果如图 6-3 所示。

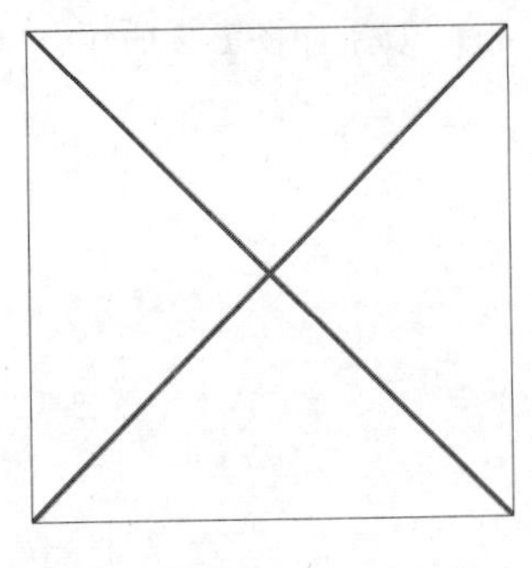
图 6-3

上面按照需求绘制了两条直线。原理还是一样的，利用 moveTo()方法和 lineTo()方法先指定两条直线的路径，再使用 stroke()方法将两条直线一起画出来。

如果想绘制出两条不同样式的直线该怎么办呢？因为对象的属性是可以重复赋值的，后面的值会覆盖前面的值。先调用 stroke()方法绘制一条直线，再利用 moveTo()方法和 lineTo()方法指定另一条路径，重新设定 strokeStyle 属性值和 lineWidth 属性值，再调用一次 stroke()方法，就可以实现了。这种想法的实现代码如下：

```
<!DOCTYPE>
<html>
<head>
<meta charSet = "utf-8" />
<meta name = "viewport" content = "width = device-width, initial-scale = 1, maximum-scale = 1"/>
<style type = "text/css">
canvas{
   border: 1px solid black;
}
</style>
</head>
<body>
<canvas id="canvas" width="500" height="500"></canvas>
<script type = "text/javascript">
var canvas = document.getElementById("canvas");
var context = canvas.getContext("2d");
context.beginPath();
context.strokeStyle = "red";
context.lineWidth = '5';
```

```
context.moveTo(0, 0);
context.lineTo(500, 500);
context.stroke();
context.strokeStyle = "green";
context.lineWidth = '2';
context.moveTo(0, 500);
context.lineTo(500, 0);
context.stroke();
</script>
</body>
</html>
```

按照这个思路进行绘制，效果如图 6-4 所示。

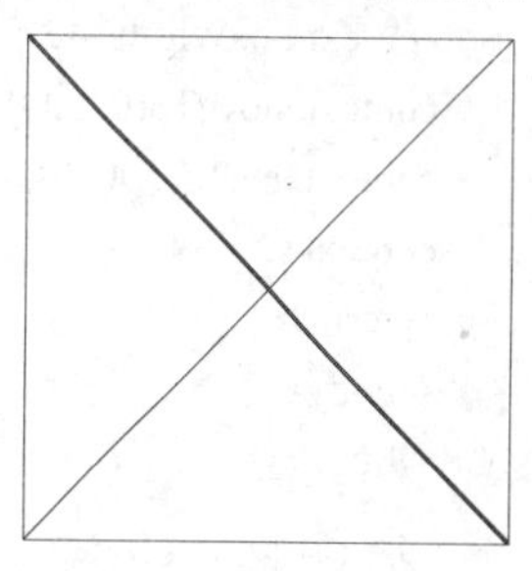

图 6-4

绘制之后，界面上有三条直线，这并不是我们想要的结果。为什么会出现这种情况呢？

其实，如果看懂了前面有关 Canvas 的原理，就不难解释这个问题了。Canvas 是先通过 moveTo()方法和 lineTo()方法指定路径的，最后调用 stroke()方法进行绘制。其实，调用 stroke()方法后，路径并不会被删除，之前指定的路径还是一直保留着的。

上面的代码中调用了两次 stroke()方法。第一次调用 stroke()方法时，界面上有一个路径，Canvas 按照这个路径绘制了一条直线。第二次调用 stroke()方法时，由于重新指定了一条路径，并且第一条路径并没有被删除，因此会绘制出两条直线，而且样式是后来指定的样式。所以，最后的效果是图 6-4 所示的三条直线。

如果删除之前的路径，让每次的绘制互不干扰呢？Canvas 中的 beginPath()方法和 closePath()方法就是这个用处。每次绘制开始，调用 beginPath()方法，表示开始一次绘制。绘制结束后，想要清除之前定义的轨迹时，可以使用 closePath()方法。beiginPath()方法和 closePath()方法之间的内容就相当于一次绘制，下面修改代码，达到想要实现的效果。

【示例】

```
<!DOCTYPE>
<html>
<head>
<meta charSet = "utf-8" />
<meta name = "viewport" content = "width = device-width, initial-scale = 1, maximum-scale = 1"/>
<style type = "text/css">
canvas{
  border: 1px solid black;
}
</style>
</head>
<body>
<canvas id="canvas" width="500" height="500"></canvas>
<script type = "text/javascript">
```

```
var canvas = document.getElementById("canvas");
var context = canvas.getContext("2d");
context.beginPath();
context.strokeStyle = "red";
context.lineWidth = '5';
context.moveTo(0, 0);
context.lineTo(500, 500);
context.stroke();
context.closePath();
context.beginPath();
context.strokeStyle = "green";
context.lineWidth = '2';
context.moveTo(0, 500);
context.lineTo(500, 0);
context.stroke();
</script>
</body>
</html>
```

效果如图 6-5 所示。

这次，成功地绘制了两条不同样式的直线。

上面介绍的是 Canvas 绘制图像的基础知识，其实主要是 Canvas 绘制图像的原理，了解了基本原理，后面的学习就简单了。

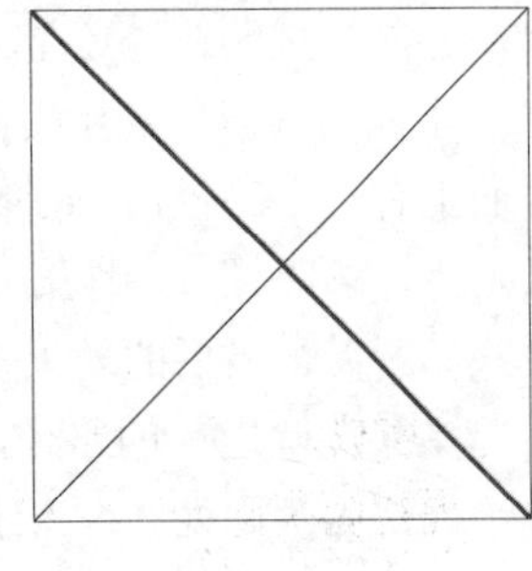

图 6-5

6.2 使用 Canvas 绘制图形

6.2.1 绘制矩形

Canvas 提供了一个专门绘制矩形的方法 strokeRect()，使用这个方法可以直接绘制出一个矩形的线条。strokeRect()方法传递 4 个参数，分别是矩形起始点的 x 轴坐标、y 轴坐标以及矩形的长和宽。有了这 4 个因素就可以确定一个矩形了。同时，仍然可以使用之前介绍过的 strokeStyle 属性和 lineWidth 属性来指定矩形线条的样式。

【示例】

```
<!DOCTYPE>
<html>
<head>
<meta charSet = "utf-8" />
```

```
<meta name = "viewport" content = "width = device-width, initial-scale = 1, maximum-scale = 1"/>
<style type = "text/css">
canvas{
  border: 1px solid black;
}
</style>
</head>
<body>
<canvas id="canvas" width="500" height="500"></canvas>
<script type = "text/javascript">
var canvas = document.getElementById("canvas");
var context = canvas.getContext("2d");
context.beginPath();
context.strokeStyle = "red";
context.lineWidth = '3';
context.strokeRect(10, 10, 250 ,200);
context.closePath();
</script>
</body>
</html>
```

效果如图 6-6 所示。

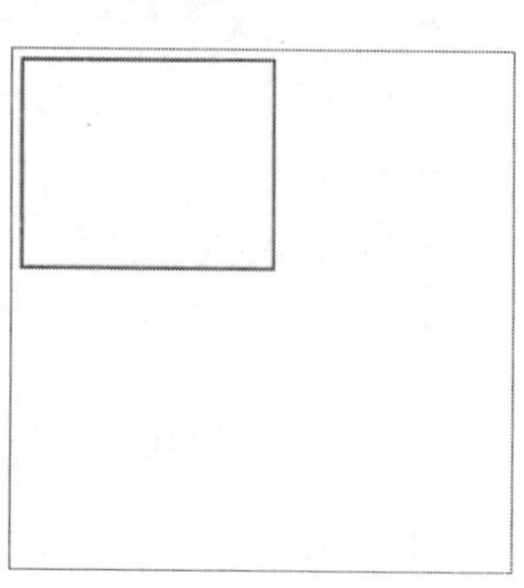

图 6-6

上面绘制的是矩形线条。对于二维图形，还可以绘制带填充效果的图形。在 Canvas 中，要想绘制有填充效果的图形，需要调用 fill 相关的方法，例如，fillRect()就是绘制填充矩形的方法，它的使用和 strokeRect()相同，传入的参数都是一样的。Canvas 中的图形绘制都是这样，被分为线条绘制和图形绘制，分别使用 stroke 相关方法和 fill 相关方法。

相对应的，如果想设定填充图形的颜色，就通过修改 context 对象的 fillStyle 属性值来实现。下面使用 fill 相关的方法和属性绘制一个黑色的矩形。

【示例】

```
<!DOCTYPE>
<html>
<head>
<meta charSet = "utf-8" />
<meta name = "viewport" content = "width = device-width, initial-scale = 1, maximum-scale = 1"/>
<style type = "text/css">
canvas{
  border: 1px solid black;
}
</style>
</head>
```

```
<body>
<canvas id="canvas" width="500" height="500"></canvas>
<script type = "text/javascript">
var canvas = document.getElementById("canvas");
var context = canvas.getContext("2d");
context.beginPath();
context.fillStyle = "black";
context.fillRect(10, 10, 250 ,200);
context.closePath();
</script>
</body>
</html>
```

效果如图 6-7 所示。

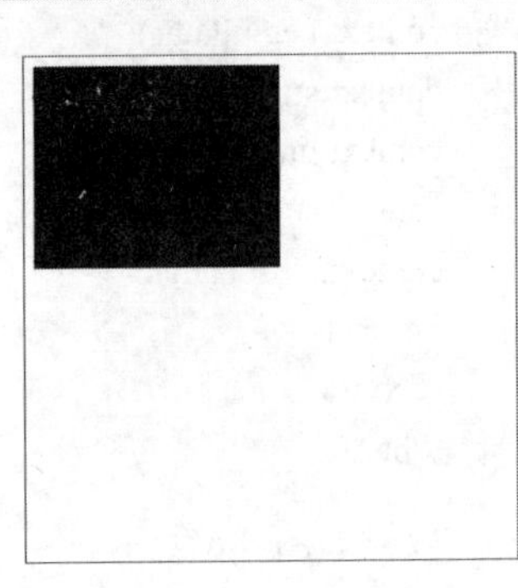

图 6-7

6.2.2 绘制圆形

要想绘制圆形，可以使用 Canvas 中的 arc()方法进行绘制，arc()方法需要传入如下参数。

- x：设定要绘制圆形的圆心的 *x* 轴坐标。
- y：设定要绘制圆形的圆心的 *y* 轴坐标。
- radius：设定圆形的半径。
- startAngle：设定开始角度。
- endAngle：设定结束角度。
- anticlockwise：设定是否沿顺时针方向进行绘制。

首先，使用 arc()方法绘制一个最简单的圆形。

【示例】

```
<!DOCTYPE>
<html>
<head>
<meta charSet = "utf-8" />
<meta name = "viewport" content = "width = device-width, initial-scale = 1, maximum-scale = 1"/>
<style type = "text/css">
canvas{
   border: 1px solid black;
}
</style>
</head>
<body>
<canvas id="canvas" width="500" height="500"></canvas>
<script type = "text/javascript">
var canvas = document.getElementById("canvas");
```

```
var context = canvas.getContext("2d");
context.beginPath();
context.fillStyle = "red";
context.arc(100, 100, 50, 0, Math.PI*2, true);
context.fill();
context.closePath();
</script>
</body>
</html>
```

效果如图 6-8 所示。

图 6-8

利用 arc()方法绘制圆形的时候，也就是进行轨迹的指定，最后调用一次 fill()方法完成图形的绘制。这和直线的绘制原理类似，和矩形的绘制方法不同。

下面看一下利用 arc()方法绘制圆形的具体细节。首先，前两个参数确定了圆心的位置，第三个参数确定了圆的半径，第四和第五个参数用来确定开始到结束绘制弧度的范围。在上面的例子中，开始绘制的弧度为 0，结束绘制的弧度为 Math.PI*2，也就是 360 度，最终表现的是一个完整的圆。最后一个参数设定圆是沿顺时针方向绘制还是逆时针方向绘制的。由于上面指定了绘制 360 度，因此不论是顺时针绘制还是逆时针绘制，最终效果都是整个圆形。

通过下面的例子来加深一下对 arc()方法后三个参数的理解。

【示例】

```
<!DOCTYPE>
<html>
<head>
<meta charSet = "utf-8" />
<meta name = "viewport" content = "width = device-width, initial-scale = 1, maximum-scale = 1"/>
<style type = "text/css">
canvas{
  border: 1px solid black;
}
</style>
</head>
<body>
<canvas id="canvas" width="500" height="500"></canvas>
<script type = "text/javascript">
var canvas = document.getElementById("canvas");
var context = canvas.getContext("2d");
context.beginPath();
context.fillStyle = "red";
context.arc(60, 60, 30, 0, Math.PI/12, true);
```

```
context.fill();
context.closePath();
context.beginPath();
context.arc(140, 60, 30, 0, Math.PI/6, true);
context.fill();
context.closePath();
context.beginPath();
context.arc(220, 60, 30, 0, Math.PI/4, true);
context.fill();
context.closePath();
context.beginPath();
context.arc(300, 60, 30, 0, Math.PI/2, true);
context.fill();
context.closePath();
context.beginPath();
context.arc(380, 60, 30, 0, Math.PI, true);
context.fill();
context.closePath();
context.beginPath();
context.arc(60, 140, 30, 0, Math.PI*1.2, true);
context.fill();
context.closePath();
context.beginPath();
context.arc(140, 140, 30, 0, Math.PI*1.5, true);
context.fill();
context.closePath();
context.beginPath();
context.arc(220, 140, 30, 0, Math.PI*1.8, true);
context.fill();
context.closePath();
</script>
</body>
</html>
```

效果如图 6-9 所示。

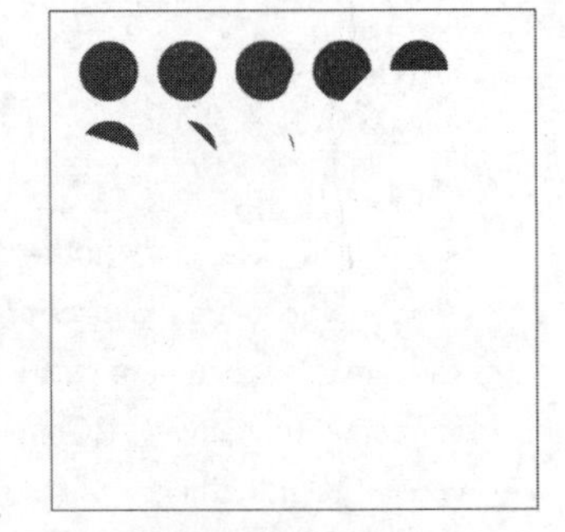

图 6-9

上面的例子使用相同大小的圆、开始弧度和不同的结束弧度绘制了一批圆形。从中可以看到，弧度范围的设定影响的是圆的部分。当终止弧度为 180 度时绘制的就是一个半圆。随着终止弧度的增大，绘制的圆形越来越小。

下面修改圆的绘制方向参数。

【示例】

```
<!DOCTYPE>
<html>
<head>
<meta charSet = "utf-8" />
<meta name = "viewport" content = "width = device-width, initial-scale = 1, maximum-scale = 1"/>
<style type = "text/css">
canvas{
  border: 1px solid black;
}
</style>
</head>
<body>
<canvas id="canvas" width="500" height="500"></canvas>
<script type = "text/javascript">
var canvas = document.getElementById("canvas");
var context = canvas.getContext("2d");
context.beginPath();
context.fillStyle = "red";
context.arc(60, 60, 30, 0, Math.PI/12, false);
context.fill();
context.closePath();
context.beginPath();
context.arc(140, 60, 30, 0, Math.PI/6, false);
context.fill();
context.closePath();
context.beginPath();
context.arc(220, 60, 30, 0, Math.PI/4, false);
context.fill();
context.closePath();
context.beginPath();
context.arc(300, 60, 30, 0, Math.PI/2, false);
context.fill();
context.closePath();
context.beginPath();
context.arc(380, 60, 30, 0, Math.PI, false);
context.fill();
context.closePath();
context.beginPath();
context.arc(60, 140, 30, 0, Math.PI*1.2, false);
context.fill();
context.closePath();
context.beginPath();
context.arc(140, 140, 30, 0, Math.PI*1.5, false);
```

```
context.fill();
context.closePath();
context.beginPath();
context.arc(220, 140, 30, 0, Math.PI*1.8, false);
context.fill();
context.closePath();
</script>
</body>
</html>
```

效果如图 6-10 所示。

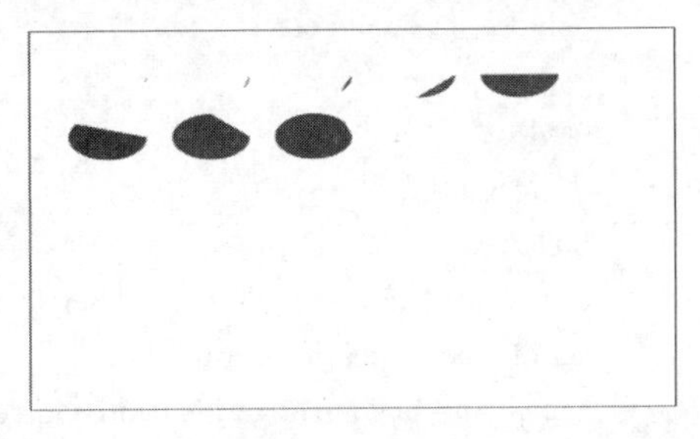

图 6-10

可以看到，这两个不同的方向绘制出来的圆形是互补的，这就是 arc()方法最后三个参数的效果，使用这三个参数可以绘制出不同部分的圆形。

同样的，如果只想绘制圆形的轮廓，使用 stroke()方法代替 fill()方法。修改上面的例子，将绘制的圆形变为绘制圆形轮廓。

【示例】

```
<!DOCTYPE>
<html>
<head>
<meta charSet = "utf-8" />
<meta name = "viewport" content = "width = device-width, initial-scale = 1, maximum-scale = 1"/>
<style type = "text/css">
canvas{
  border: 1px solid black;
}
</style>
</head>
<body>
<canvas id="canvas" width="500" height="500"></canvas>
<script type = "text/javascript">
var canvas = document.getElementById("canvas");
var context = canvas.getContext("2d");
context.beginPath();
context.fillStyle = "red";
context.arc(60, 60, 30, 0, Math.PI/12, false);
context.stroke();
context.closePath();
context.beginPath();
context.arc(140, 60, 30, 0, Math.PI/6, false);
context.stroke();
context.closePath();
```

```
context.beginPath();
context.arc(220, 60, 30, 0, Math.PI/4, false);
context.stroke();
context.closePath();
context.beginPath();
context.arc(300, 60, 30, 0, Math.PI/2, false);
context.stroke();
context.closePath();
context.beginPath();
context.arc(380, 60, 30, 0, Math.PI, false);
context.stroke();
context.closePath();
context.beginPath();
context.arc(60, 140, 30, 0, Math.PI*1.2, false);
context.stroke();
context.closePath();
context.beginPath();
context.arc(140, 140, 30, 0, Math.PI*1.5, false);
context.stroke();
context.closePath();
context.beginPath();
context.arc(220, 140, 30, 0, Math.PI*1.8, false);
context.stroke();
context.closePath();
</script>
</body>
</html>
```

效果如图 6-11 所示。

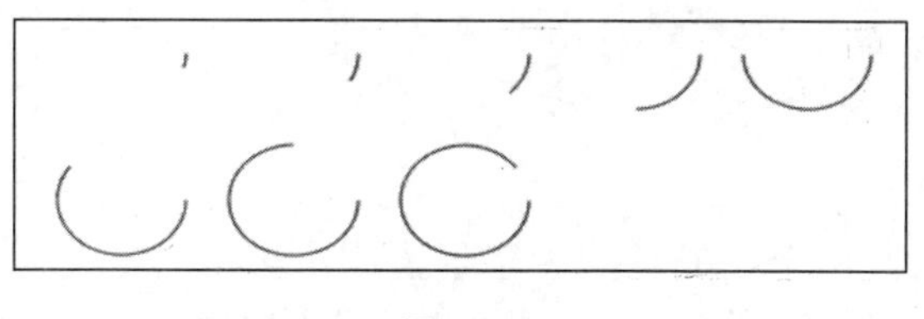

图 6-11

3. 绘制更复杂的曲线

任何一条曲线，不管它是什么形状的，在数学上都能表示出来，贝塞尔曲线就是这种数学上的表示方法。在 Canvas 中，借助贝塞尔曲线这一模型可以绘制出任何一种曲线。

贝塞尔曲线分为二次贝塞尔曲线和三次贝塞尔曲线，数学模型如下：

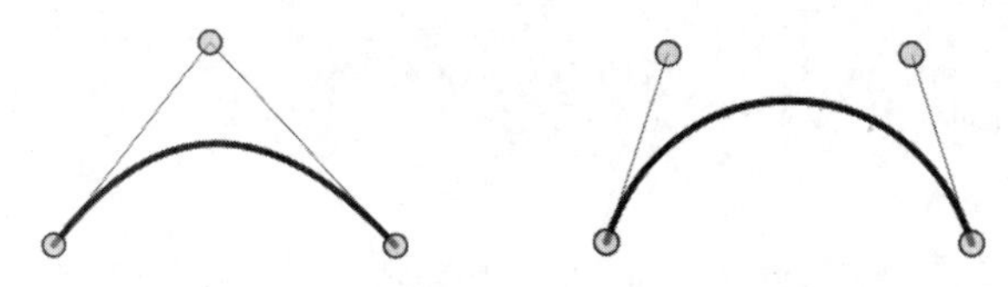

可以看到，二者的区别在于，二次贝塞尔曲线有一个控制点，而三次贝塞尔曲线有两个控制点。绘制贝塞尔曲线，也就是指定这些关键点的坐标。

在 Canvas 中，绘制二次贝塞尔曲线时使用 quadraticCurveTo 方法，传入的参数包括控制点的 *x* 轴坐标、*y* 轴坐标，以及终点的 *x* 轴坐标和 *y* 轴坐标。下面给出一个使用 quadraticCurveTo()方法绘制二次贝塞尔曲线的例子。

【示例】

```
<!DOCTYPE>
<html>
<head>
<meta charSet = "utf-8" />
<meta name = "viewport" content = "width = device-width, initial-scale = 1, maximum-scale = 1"/>
<style type = "text/css">
canvas{
  border: 1px solid black;
}
</style>
</head>
<body>
<canvas id="canvas" width="500" height="500"></canvas>
<script type = "text/javascript">
var canvas = document.getElementById("canvas");
var context = canvas.getContext("2d");
context.beginPath();
context.moveTo(50, 50);
context.quadraticCurveTo(100, 200, 400, 100);
context.stroke();
</script>
</body>
</html>
```

效果如图 6-12 所示。

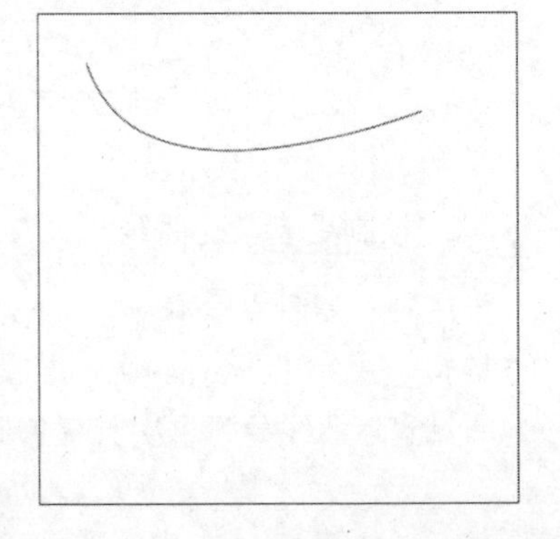

图 6-12

类似的，要想使用有两个控制点的贝塞尔曲线，调用 bezierCurve()方法即可，需要传入的参数分别是两个控制点的坐标和终止点的坐标。下面给出一个使用 bezierCurve()方法绘制贝塞尔曲线的例子。

【示例】

```
<!DOCTYPE>
<html>
<head>
<meta charSet = "utf-8" />
```

```
<meta name = "viewport" content = "width = device-width, initial-scale = 1, maximum-scale = 1"/>
<style type = "text/css">
canvas{
   border: 1px solid black;
}
</style>
</head>
<body>
<canvas id="canvas" width="500" height="500"></canvas>
<script type = "text/javascript">
var canvas = document.getElementById("canvas");
var context = canvas.getContext("2d");
context.beginPath();
context.moveTo(50, 50);
context.bezierCurveTo(300, 200,300, 120, 400, 50);
context.stroke();
</script>
</body>
</html>
```

效果如图 6-13 所示。

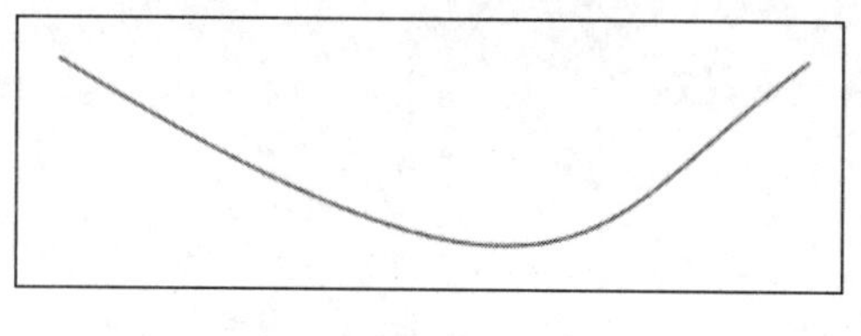

图 6-13

三次贝塞尔曲线比二次贝塞尔曲线的表现形式更丰富。在开发时，可以根据开发者的需求选择适合的方法来绘制曲线。

6.3 图形变换

通过前面的例子，已经掌握了使用 Canvas 绘图的基础以及基本图形、曲线的绘制。接下来介绍如何使用 Canvas 中的方法对这些基本图形进行变换。

Canvas 为开发者提供了很多方法，可以对图形进行各种变换。例如，将绘制好的图形平移、对图形的大小进行缩放、旋转图形等。使用这些方法，可以快速方便地将开发者在画布上绘制的规规矩矩的图形进行神奇的变化。

1. 平移

在 Canvas 中，要想平移元素，可以使用 translate()方法。translate()方法需要传入两个参数，分别为将原图形沿着 x 轴和 y 轴平移的距离。下面给出一个使用 translate()进行平移变换的例子。

【示例】

```
<!DOCTYPE>
<html>
<head>
<meta charSet = "utf-8" />
<meta name = "viewport" content = "width = device-width, initial-scale = 1, maximum-scale = 1"/>
<style type = "text/css">
canvas{
  border: 1px solid black;
}
</style>
</head>
<body>
<canvas id="canvas" width="500" height="500"></canvas>
<script type = "text/javascript">
var canvas = document.getElementById("canvas");
var context = canvas.getContext("2d");
context.beginPath();
context.fillStyle = "green";
context.fillRect(30, 30, 200, 150);
context.translate(100, 200);
context.fillRect(30, 30, 200, 150);
context.closePath();
</script>
</body>
</html>
```

效果如图 6-14 所示。

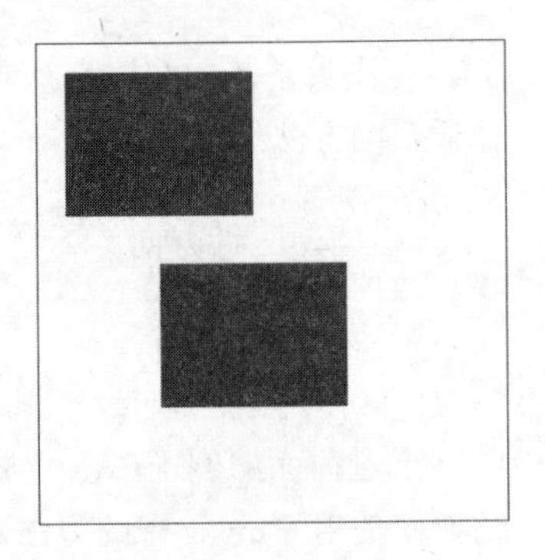

图 6-14

从上面的这段代码中可以看出 translate 方法以及其他相关 Canvas 图形变换方法的一般使用方法。当在 context 对象上调用 translate()方法时，绘制的参考点就从原来的(0, 0)坐标点位置移动到了 translate()方法设定的位置，然后才开始进行绘制。这就是调用 Canvas 中 translate()方法的原理。

也就是说，translate()方法不是针对某一个图形，而是改变了整个画布中的绘制规则。如果想在后面的绘制中消除 translate()方法的影响，让后面的图形不平移，需要再一次调用 translate()方法，让画布坐标轴的原点回到原来的位置。

【示例】

```
<!DOCTYPE>
<html>
<head>
<meta charSet = "utf-8" />
```

```
<meta name = "viewport" content = "width = device-width, initial-scale = 1, maximum-scale = 1"/>
<style type = "text/css">
canvas{
  border: 1px solid black;
}
</style>
</head>
<body>
<canvas id="canvas" width="500" height="500"></canvas>
<script type = "text/javascript">
var canvas = document.getElementById("canvas");
var context = canvas.getContext("2d");
context.beginPath();
context.fillStyle = "green";
context.translate(100, 200);
context.fillRect(30, 30, 200, 150);
context.translate(-100, -200);
context.fillRect(30, 30, 200, 150);
context.closePath();
</script>
</body>
</html>
```

上面的例子就使用了这个规则，让坐标轴又回到了最初的状态。Canvas 中其他的图形变换方法也是类似的原理。这就好比站在一个固定的位置在画纸上绘画，人是不能动的，想绘制形状变换的元素，就需要移动这张纸来实现。

2. 旋转

在 Canvas 中，使用 rotate()方法可以对图形进行旋转变换。rotate()方法的原理和 translate()方法是类似的，都是对画布进行操作。rotate()方法传入一个旋转的角度，正值表示向顺时针方向旋转，负值表示向逆时针方向旋转。下面给出一个使用 rotate()方法进行图形旋转的例子。

【示例】

```
<!DOCTYPE>
<html>
<head>
<meta charSet = "utf-8" />
<meta name = "viewport" content = "width = device-width, initial-scale = 1, maximum-scale = 1"/>
<style type = "text/css">
canvas{
  border: 1px solid black;
}
</style>
</head>
```

```
<body>
<canvas id="canvas" width="500" height="500"></canvas>
<script type = "text/javascript">
var canvas = document.getElementById("canvas");
var context = canvas.getContext("2d");
context.beginPath();
context.fillStyle = "green";
context.fillRect(30, 30, 200, 150);
context.rotate(Math.PI/10);
context.fillRect(230, 230, 200, 150);
context.closePath();
</script>
</body>
</html>
```

效果如图 6-15 所示。

图 6-15

3. 缩放变换

在 Canvas 中，可以使用 scale()方法进行缩放变换。scale()方法需要传入两个参数，分别是 x 轴的缩放程度和 y 轴的缩放程度。下面给出一个使用 scale()方法进行图形缩放变换的例子。

【示例】

```
<!DOCTYPE>
<html>
<head>
<meta charSet = "utf-8" />
<meta name = "viewport" content = "width = device-width, initial-scale = 1, maximum-scale = 1"/>
<style type = "text/css">
canvas{
   border: 1px solid black;
}
</style>
</head>
<body>
<canvas id="canvas" width="500" height="500"></canvas>
<script type = "text/javascript">
var canvas = document.getElementById("canvas");
var context = canvas.getContext("2d");
context.beginPath();
context.fillStyle = "green";
context.fillRect(30, 30, 200, 150);
context.scale(0.5, 0.5);
```

```
context.fillRect(230, 530, 200, 150);
context.closePath();
</script>
</body>
</html>
```

效果如图 6-16 所示。

和其他图形方法的原理一样，设定 scale()方法后，要想恢复到原来的形状，就需要使用 scale()方法逆向进行形状变换。

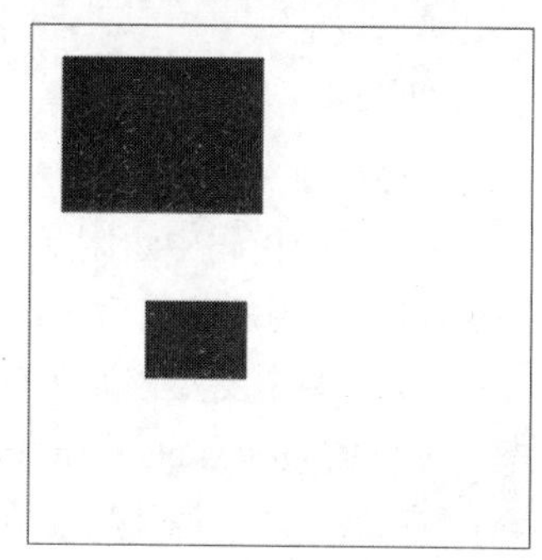

图 6-16

6.4 图形的组合

6.4.1 绘制两个图形

通过之前的介绍，已经清楚了图形的绘制以及图形的变换。下面在一个画布上绘制两个图形。

【示例】

```
<!DOCTYPE>
<html>
<head>
<meta charSet = "utf-8" />
<meta name = "viewport" content = "width = device-width, initial-scale = 1, maximum-scale = 1"/>
<style type = "text/css">
canvas{
  border: 1px solid black;
}
</style>
</head>
<body>
<canvas id="canvas" width="500" height="500"></canvas>
<script type = "text/javascript">
var canvas = document.getElementById("canvas");
var context = canvas.getContext("2d");
context.beginPath();
context.fillStyle = "green";
context.fillRect(30, 30, 200, 150);
```

```
context.fillStyle = "red";
context.arc(210, 180, 50, 0, Math.PI*2, true);
context.fill()
context.closePath();
</script>
</body>
</html>
```

效果如图 6-17 所示。

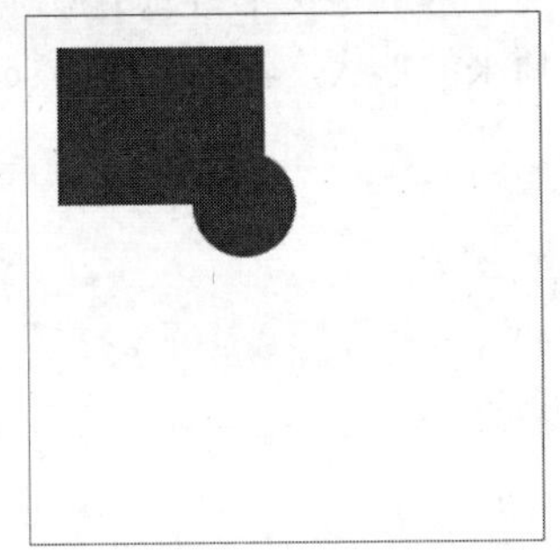

图 6-17

在上面的代码中绘制了一个矩形和一个圆形。当这两个图形出现重叠部分时，问题就产生了：这两个图形该如何重叠，谁在上谁在下。其实，关于两个图形该如何重叠在 Canvas 中是有相关方法的。

globalCompositeOperation 属性就是用来设置这种重叠方式的，它有许多种属性值，每种属性值都对应不同的重叠效果，可以根据需要选择适合的重叠效果。

6.4.2 新图形和原图形之间的关系

在上节的例子中，首先绘制的图形被称为原图形，后面绘制的图形被称为新图形。在 Canvas 关于重叠的关系中，有一部分就是围绕着新图形和原图形之间的关系进行的。

首先，可以设置一个图形在上、一个图形在下。在 Canvas 中，可以设置 globalCompositeOperation 属性为 destination-over 或者 source-over，分别表示新图形在上或者原图形在上。如图 6-18 所示的图像显示了二者之间的区别。

图 6-18

【示例】

```
<!DOCTYPE>
<html>
<head>
<meta charSet = "utf-8" />
<meta name = "viewport" content = "width = device-width, initial-scale = 1, maximum-scale = 1"/>
<style type = "text/css">
canvas{
   border: 1px solid black;
}
</style>
</head>
```

```
<body>
<canvas id="canvas" width="500" height="500"></canvas>
<script type = "text/javascript">
var canvas = document.getElementById("canvas");
var context = canvas.getContext("2d");
context.beginPath();
context.globalCompositeOperation = 'source-over';
context.fillStyle = "green";
context.fillRect(30, 30, 200, 150);
context.fillStyle = "red";
context.arc(210, 180, 50, 0, Math.PI*2, true);
context.fill()
context.closePath();
</script>
</body>
</html>
```

另外一组效果是 source-out 和 destination-out，这组效果如图 6-19 所示。

在这种效果中，原图形或者新图形的全部都会被消除，只留下另一个图形的剩余部分。

此外，destination-atop、source-atop、destination-in、source-in 属性也都是与原图形和新图形相关的，可以在浏览器中自行测试。

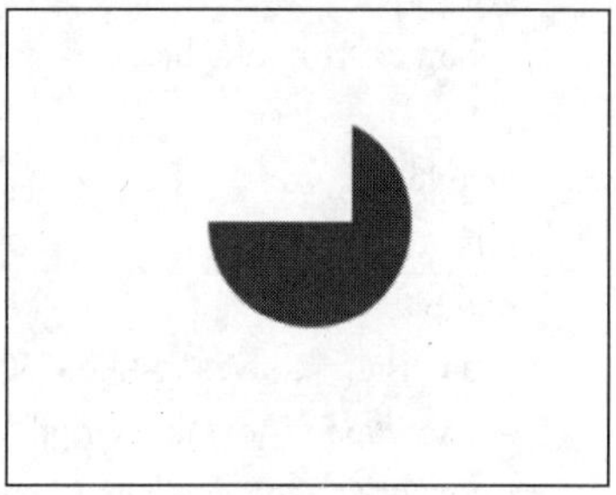

图 6-19

6.4.3 加色处理

接下来介绍的重叠效果是和多个图形重叠部分相关的设定。lighter 属性值可以将重叠部分做加色处理，如图 6-20 所示是 lighter 属性值的展现效果。

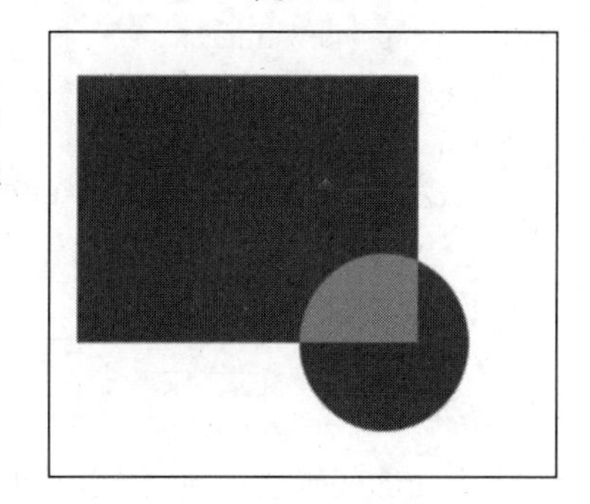

图 6-20

6.5 图像处理

前面介绍了 Canvas 中的图形绘制，在开发过程中，更多的可能是对已有图像的处理，Canvas 对图像处理也提供了丰富的方法。

6.5.1 加载图像

Canvas 中提供了一个 drawImage()方法，用来进行图像的绘制。drawImage()方法可以传入三个参数，第一个参数是这个图像对应的 img 对象，后两个参数定义了绘制这个图像时的位置。

如何定义一个 img 图像呢？一般的方法是在 JavaScript 中使用 Image()方法初始化一个图像对象，并通过这个初始化的 img 对象的 src 属性指定对应图像的目标文件。

下面给出一个使用 drawImage()方法绘制基本图像的例子。

【示例】

```
<!DOCTYPE>
<html>
<head>
<meta charSet = "utf-8" />
<meta name = "viewport" content = "width = device-width, initial-scale = 1, maximum-scale = 1"/>
<style type = "text/css">
canvas{
  border: 1px solid black;
}
</style>
</head>
<body>
<canvas id="canvas" width="500" height="500"></canvas>
<script type = "text/javascript">
var canvas = document.getElementById("canvas");
var context = canvas.getContext("2d");
var img = new Image();
img.src = "1.png";
img.onload = function () {
  context.drawImage(img, 100, 100);
}
</script>
</body>
</html>
```

上面的代码成功地绘制出了目标图像。注意，我们为 img 对象添加了一个 onload 方法。这是非常重要的，表示图像资源加载成功之后再进行图像绘制。如果不加 onload 事件，那么在调用 drawImage()方法时，可能并没有成功加载图像，以致绘制图像失败。最终的结果就是界面上并没有图像显示。

drawImage()方法还可以指定要绘制的图像的宽度和高度，可以为 drawImage()方法传入第 4 个和第 5 个参数，分别表示要绘制图像的宽度和高度。

【示例】

```
<!DOCTYPE>
<html>
```

```
<head>
<meta charSet = "utf-8" />
<meta name = "viewport" content = "width = device-width, initial-scale = 1, maximum-scale = 1"/>
<style type = "text/css">
canvas{
   border: 1px solid black;
}
</style>
</head>
<body>
<canvas id="canvas" width="500" height="500"></canvas>
<script type = "text/javascript">
var canvas = document.getElementById("canvas");
var context = canvas.getContext("2d");
var img = new Image();
img.src = "1.png";
img.onload = function () {
   context.drawImage(img, 100, 100, 100, 100);
}
</script>
</body>
</html>
```

上面的代码成功地绘制了一个图像，并且图像是 100 像素×100 像素的。

drawImage()方法还有第三种初始化方法，需要传入 9 个参数，相对复杂，但是功能强大。这种初始化方法允许开发者在画布的任意位置只绘制图像的一部分。

drawImage()方法需要传入如下参数。

- image：图像对象。
- sx、sy：源图像的复制起止位置。
- sWidth、sHeight：源图像的复制宽高。
- dx、dy：Canvas 画布上绘制图像的起止点坐标。
- dWidth、dHeight：Canvas 画布上绘制图像的大小。

sx、sy、sWidth、sHeight 这 4 个参数用来在图像上截取要绘制的部分。dx、dy、dWidth、dHeight 这 4 个参数用来指定在画布上绘制图像的位置和图像的大小。下面来看一个使用这种初始化方法绘制图像的例子。

【示例】

```
<!DOCTYPE>
<html>
<head>
<meta charSet = "utf-8" />
<meta name = "viewport" content = "width = device-width, initial-scale = 1, maximum-scale = 1"/>
```

```
<style type = "text/css">
canvas{
  border: 1px solid black;
}
</style>
</head>
<body>
<canvas id="canvas" width="500" height="500"></canvas>
<script type = "text/javascript">
var canvas = document.getElementById("canvas");
var context = canvas.getContext("2d");
var img = new Image();
img.src = "1.png";
img.onload = function(){
  context.drawImage(img, 0, 0, 300, 300, 20, 20, 100, 100);
}
</script>
</body>
</html>
```

效果如图 6-21 所示。

这种初始化的主要目的就是进行图像部分的绘制，十分灵活。

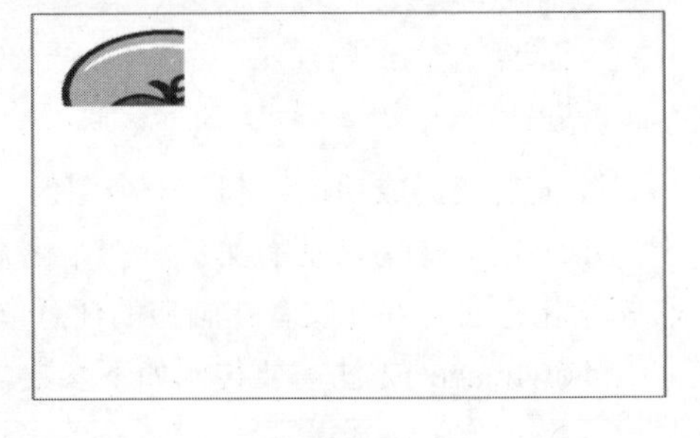

图 6-21

6.5.2 图像剪裁

Canvas 的图像剪裁原理是通过一些 Canvas 中的图形基本方法绘制出一个图像剪裁路径，然后，调用 Canvas API 中的 clip()方法进行剪裁。下面给出一个使用 clip()方法进行图像剪裁的例子。

【示例】

```
<!DOCTYPE>
<html>
<head>
<meta charSet = "utf-8" />
<meta name = "viewport" content = "width = device-width, initial-scale = 1, maximum-scale = 1"/>
<style type = "text/css">
</style>
</head>
<body>
<canvas id="canvas" width="500" height="500"></canvas>
<script type = "text/javascript">
var canvas = document.getElementById("canvas");
var context = canvas.getContext("2d");
```

```
var img = new Image();
img.src = "1.jpg";
img.onload = function(){
  context.drawImage(img, 0, 0, 300, 300);
}
context.beginPath();
context.arc(100, 100, 75, 0, Math.PI*2, true);
context.closePath();
context.clip();
</script>
</body>
</html>
```

在上面的代码中，首先使用之前介绍的图像引入方法引入图像；接下来使用正常的 Canvas 路径编辑生成一个 Canvas 路径，从 beginPath()到 closePath()，使用 arc()方法绘制了一个圆形区域；最后调用 clip()方法进行剪辑。图 6-22 所示是剪辑前和剪辑后的图像展示效果。

图 6-22

利用 Canvas 中的 clip()函数，结合基本的路径绘制，可以剪裁出任意形状的图像。

6.5.3 像素处理

之前介绍的图像处理技巧都是宏观上的，即对整个图像进行处理。Canvas 还有更强大的功能，就是对图像的处理可以微观到像素处理。例如，生成原图像的反色图像、黑白图像等都可以使用 Canvas 中的 API 进行操作。

首先，绘制一个原图像，接着调用 getImageData()方法获取 Canvas 上对应位置的像素，getImageData()方法会返回全部像素，然后就可以进行像素操作了。最后，使用 putImageData()方法将处理后的图像输出到 Canvas 中，就完成了像素处理和绘制的过程。下面给出一个例子。

【示例】

```
<!DOCTYPE>
<html>
<head>
<meta charSet = "utf-8" />
```

```
<meta name = "viewport" content = "width = device-width, initial-scale = 1, maximum-scale = 1"/>
<style type = "text/css">
</style>
</head>
<body>
<canvas id="canvas" width="500" height="500"></canvas>
<script type = "text/javascript">
var canvas = document.getElementById("canvas");
var context = canvas.getContext("2d");
var img = new Image();
img.src = "1.jpg";
img.onload = function(){
  context.drawImage(img, 0, 0, 300, 300);
}
var pixel = context.getImageData(0, 0, 300, 300);
n = pixel.data.length;
for (var i = 0; i < n; i += 4){
      pixel.data[i + 0] = 255 - pixel.data[i + 0];
      pixel.data[i + 1] = 255 - pixel.data[i + 1];
      pixel.data[i + 2] = 255 - pixel.data[i + 2];
}
context.putImageData(pixel, 300, 300);
</script>
</body>
</html>
```

上面的代码首先获取了界面上的图像像素信息，然后遍历每一个像素点进行操作（这里是反色的例子，用 255 减去原像素点的数值），最后使用 putImageData()进行输出。

第 7 章

CSS 选择器

本章内容要点：

- 基本选择器
- class 选择器
- 元素选择器

CSS 提供了丰富的样式设定方法，通过这些方法可以为元素添加各种各样的样式效果甚至动画效果。然而，在这之前最重要的是，如何获取想要设定样式的元素。CSS 中的选择器就是这样的作用，使用 CSS 选择器可以获取任何 DOM 中想获取的节点。选择器相当于通往 CSS 的大门，灵活掌握了选择器的使用才能开始对元素 CSS 样式进行设定。

7.1 基本选择器

7.1.1 id 选择器

id 选择器，顾名思义，就是根据元素的 id 属性值获取元素。在 HTML 中，每一个元素节点都可以指定 id 属性，然后就可以通过 CSS 中的 id 选择器获取这个元素了。

在 CSS 中，在“#”后面加上选取元素的 id 属性值来表示选取对应的元素。下面使用 id 选择器来获取某一个元素并为其设定一些 CSS 样式。

【示例】

```
<!DOCTYPE>
<html>
```

```
<head>
<meta charSet="utf-8" />
<meta name="viewport" content="width=device-width, initial-scale=1, maximum-scale=1"/>
<style type="text/css">
  #test{
    width: 100px;
    height: 100px;
    background: green;
    border: 1px solid black;
  }
</style>
</head>
<body>
<div id="test"></div>
</body>
</html>
```

在上面的例子中，使用#test 获取 id 值设定为 test 的元素，并为其设定了一些 CSS 属性。

提 示

id 属性和元素节点的标签名是什么没有关系的。不论是什么样的标签元素，设定了 id 值后都会进行统一处理。

在很多情况下，元素的 id 属性是为了在 JavaScript 脚本中获取元素，而很少在 CSS 中获取元素。一般情况下，在 CSS 中获取元素都使用 class 选择器。

7.1.2 class 选择器

和 id 选择器类似，class 选择器根据元素的 class 属性值获取元素。CSS 中的 class 选择器使用.加上元素的 class 属性值获取对应的元素，下面给出一个比较基本的例子。

【示例】

```
<!DOCTYPE>
<html>
<head>
<meta charSet="utf-8" />
<meta name="viewport" content="width=device-width, initial-scale=1, maximum-scale=1"/>
<style type="text/css">
  .test{
    width: 100px;
    height: 100px;
    background: green;
    border: 1px solid black;
  }
</style>
</head>
<body>
```

```
<div class="test"></div>
</body>
</html>
```

在上面的例子中，使用.test 获取到 class 属性值为 test 的 div 元素，并为其设定了 CSS 样式。

在 HTML 中，id 属性与 class 属性的区别在于，在一个 HTML 文档中同一个 id 属性值应该是唯一的，但可以有多个元素的 class 属性值是相同的。id 属性表示某一个元素是独一无二的，而 class 属性表示某一个元素属于某一类。在一个 HTML 文档中，虽然定义多个 id 属性值相同的元素，程序也不会报错，但是这会导致很多问题，因此建议不要这么做。

class 选择器是最常用、最重要的 CSS 选择器，一般情况下，定义某个元素的样式全靠 class 选择器，因为 class 选择器相对来说比较灵活。在一个 HTML 文档中，可以有多个元素设定相同的 class 属性值，同一个元素也可以设定多个不同的 class 属性值，这为定义不同元素的 CSS 样式提供了很大的便利。下面列举一些在开发中经常遇到的情景，以体会 class 选择器的灵活使用技巧。

（1）几个不同的元素，具有一些公共样式，但是又有差别。

现在考虑一个问题：需要在界面上定义多个 div 元素，这些元素的大小都是一样的，只有颜色不一样。第一种写法可能是下面这样的。

【示例】

```
<!DOCTYPE>
<html>
<head>
<meta charSet="utf-8" />
<meta name="viewport" content="width=device-width, initial-scale=1, maximum-scale=1"/>
<style type="text/css">
  .red{
      display: inline-block;
      width: 100px;
      height: 100px;
      margin-right: 20px;
      background: red;
  }
  .green{
      display: inline-block;
      width: 100px;
      height: 100px;
      margin-right: 20px;
      background: green;
  }
  .pink{
      display: inline-block;
      width: 100px;
      height: 100px;
      margin-right: 20px;
```

```
        background: pink;
    }
    .black{
        display: inline-block;
        width: 100px;
        height: 100px;
        margin-right: 20px;
        background: black;
    }
    .blue{
        display: inline-block;
        width: 100px;
        height: 100px;
        margin-right: 20px;
        background: blue;
    }
</style>
</head>
<body>
<div class="red"></div>
<div class="green"></div>
<div class="pink"></div>
<div class="black"></div>
<div class="blue"></div>
</body>
</html>
```

在上面的代码中，为每一个 div 元素设定了一个 class 属性，并通过 CSS 中的类选择器获取这些元素，分别为它们设定 CSS 样式，这种做法可以完成之前的需求。

这样的代码有很多冗余的地方，因为每个元素都有一些相同的 CSS 属性。其实，完全可以将这些冗余的代码删掉，只要为每个 div 元素添加一个相同的 class 即可，请看下面的例子。

【示例】

```
<!DOCTYPE>
<html>
<head>
<meta charSet="utf-8" />
<meta name="viewport" content="width=device-width, initial-scale=1, maximum-scale=1"/>
<style type="text/css">
    .normal{
        display: inline-block;
        width: 100px;
        height: 100px;
        margin-right: 20px;
    }
```

```
        .red{
            background: red;
        }
        .green{
            background: green;
        }
        .pink{
            background: pink;
        }
        .black{
            background: black;
        }
        .blue{
            background: blue;
        }
    </style>
    </head>
    <body>
    <div class="normal red"></div>
    <div class="normal green"></div>
    <div class="normal pink"></div>
    <div class="normal black"></div>
    <div class="normal blue"></div>
    </body>
    </html>
```

上面的代码为每个元素都添加了一个 normal 类，用来定义元素公共的样式，极大地精简了代码。在开发过程中，为了完成这样的需求而给元素指定多个 class 类是很常见的。

（2）用 class 选择器覆盖的方法设定元素样式

考虑这样一个问题：如果一个元素被设定了两个 class 属性值，而这两个 class 属性值的某些 CSS 样式定义重复了，那么最终的样式是什么样的呢？来看下面的例子。

【示例】

```
<!DOCTYPE>
<html>
<head>
<meta charSet="utf-8" />
<meta name="viewport" content="width=device-width, initial-scale=1, maximum-scale=1"/>
<style type="text/css">
    .red{
        display: inline-block;
        width: 100px;
        height: 100px;
        margin-right: 20px;
        background: red;
```

```
    }
    .blue{
      background: blue;
    }
</style>
</head>
<body>
<div class="red blue"></div>
</body>
</html>
```

上面的例子为一个 div 元素添加了两个 class 属性，这两个属性在对背景色的设定上出现了冲突。打开浏览器查看效果，发现元素的背景颜色被设定成了蓝色。

其实，class 属性出现冲突时，元素样式的设定标准是按照这些选择器在 CSS 中声明的顺序进行覆盖的。也就是说，在上面的例子中，blue 选择器声明在 red 选择器之后，因此在相同的属性设定（background）部分中 blue 的属性值覆盖了 red 的属性值，导致最后的结果是元素的背景色被设定成了蓝色。

利用这个特性也可以帮助开发者在开发的过程中节约一定的代码量，优化代码。比如，现在要求界面上有多个 div 完全相同，但有一个 div 元素处于某种特别的状态，背景颜色和其他不同。可以利用上一个场景中讲到的方法，代码如下。

【示例】

```
<!DOCTYPE>
<html>
<head>
<meta charSet="utf-8" />
<meta name="viewport" content="width=device-width, initial-scale=1, maximum-scale=1"/>
<style type="text/css">
  .normal{
    display: inline-block;
    width: 100px;
    height: 100px;
    margin-right: 20px;
  }
  .green{
    background: green;
  }
  .blue{
    background: blue;
  }
</style>
</head>
<body>
<div class="normal green"></div>
```

```
<div class="normal green"></div>
<div class="normal green"></div>
<div class="normal blue"></div>
<div class="normal green"></div>
</body>
</html>
```

这种方式可以完成需求，但是可以发现 HTML 中多个元素定义了同样的 class。如果使用刚才讲到的方式，就可以省略这些不必要的类名了。

【示例】

```
<!DOCTYPE>
<html>
<head>
<meta charSet="utf-8" />
<meta name="viewport" content="width=device-width, initial-scale=1, maximum-scale=1"/>
<style type="text/css">
  .normal{
    display: inline-block;
    width: 100px;
    height: 100px;
    margin-right: 20px;
    background: green;
  }
  .active{
    background: blue;
  }
</style>
</head>
<body>
<div class="normal"></div>
<div class="normal"></div>
<div class="normal"></div>
<div class="normal active"></div>
<div class="normal"></div>
</body>
</html>
```

通过改写，不仅让 HTML 代码变得更加简洁，还减少了类的冗余定义，同时也让 CSS 代码的含义更加明确了。

7.1.3　元素选择器

元素选择器指的是直接通过元素标签的名称选择元素，这样选择一般会选择到多个元素。元素选择器不用添加任何前缀，在 CSS 代码中直接使用标签名即可。

【示例】

```
<!DOCTYPE>
<html>
<head>
<meta charSet="utf-8" />
<meta name="viewport" content="width=device-width, initial-scale=1, maximum-scale=1"/>
<style type="text/css">
  div{
    width: 100px;
    height: 100px;
    display: inline-block;
    background: black;
  }
  p{
    width: 200px;
    height: 200px;
    background: green;
  }
</style>
</head>
<body>
<div></div>
<div></div>
<p></p>
</body>
</html>
```

在上面的代码中，通过元素选择器为整个 HTML 文档中所有的 div 元素和 p 元素添加了不同的样式。

单独的标签选择器很少被用到，但是在与其他选择器进行组合的时候会出现很强大的功能。下面将要介绍的内容就是如何灵活组合上面讲到的几种选择器。

7.2 基本选择器综合使用

7.2.1 选择器的嵌套

基本选择器之间可以进行嵌套使用，以获取开发者想要的元素。这种嵌套的含义是，为已经可以选择出元素的选择器再加一层或几层限制，从而选取到范围更小的元素。

【示例】

```
<!DOCTYPE>
<html>
```

```
<head>
<meta charSet="utf-8" />
<meta name="viewport" content="width=device-width, initial-scale=1, maximum-scale=1"/>
<style type="text/css">
</style>
</head>
<body>
<div class="main">
  <p>main</p>
  <p>main</p>
  <p>main</p>
</div>
<div class="footer">
  <p>footer</p>
  <p>footer</p>
  <p>footer</p>
</div>
</body>
</html>
```

在上面这段代码中，有两个div元素，它们内部都有一些p元素。思考一下，如何分别为这些p元素设定不同的样式呢？也就是说，main元素中的p元素样式统一，footer元素中的p元素样式统一，并且二者之间的样式不同。

在CSS中，可以使用多个选择器嵌套的形式来获取元素。具体来说，比如.test p选择器表示的就是选择class名为test内部的所有p元素。当然，也可以使用div p表示选择div元素内部的所有p元素。利用这个方法改写上面的代码，实现功能。

【示例】

```
<!DOCTYPE>
<html>
<head>
<meta charSet="utf-8" />
<meta name="viewport" content="width=device-width, initial-scale=1, maximum-scale=1"/>
<style type="text/css">
.main p{
  width: 50px;
  height: 50px;
  background: green;
  display: inline-block;
}
.footer p{
  width: 100px;
  height: 100px;
  background: red;
```

```
    display: inline-block;
  }
</style>
</head>
<body>
<div class="main">
    <p>main</p>
    <p>main</p>
    <p>main</p>
</div>
<div class="footer">
    <p>footer</p>
    <p>footer</p>
    <p>footer</p>
</div>
</body>
</html>
```

打开浏览器查看效果，如图 7-1 所示。

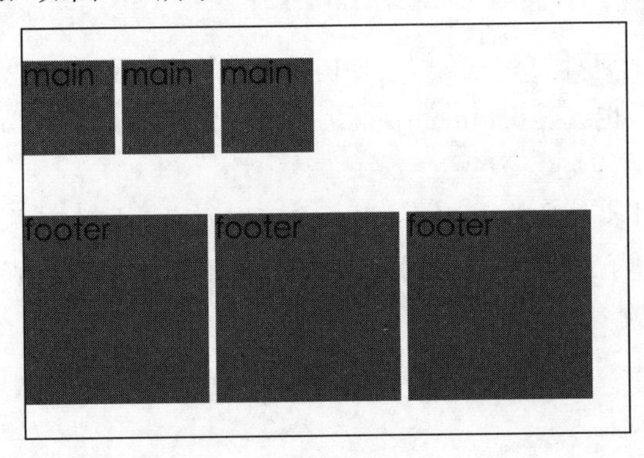

图 7-1

通过这种选择器嵌套的方式成功地为不同元素内部的特定元素设定了不同的样式。

考虑下面这种相对复杂的 HTML 结构。

【示例】

```
<!DOCTYPE>
<html>
<head>
<meta charSet="utf-8" />
<meta name="viewport" content="width=device-width, initial-scale=1, maximum-scale=1"/>
<style type="text/css">
</style>
</head>
<body>
<div class="main">
```

```
    <p>main</p>
    <p>main</p>
    <p>main</p>
    <div class="content">
      <p>content</p>
    </div>
  </div>
  <div class="footer">
    <p>footer</p>
    <p>footer</p>
    <p>footer</p>
    <div class="content">
      <p>content</p>
    </div>
  </div>
  </body>
  </html>
```

与之前的代码不同的是，这次的主 div 元素内部的结构相对复杂了。以第一个为例，除了三个 p 标签元素外，内部还添加了一个类名为 content 的 p 标签，这个 p 标签暂时可以认为是显示主要文章内容的部分。现在的需求是，要给外层的三个 p 标签设定不同的样式，但是不能改变 content 部分的 p 标签样式。

如果使用之前的方式设定样式，不但会使得三个标签的样式被设定，而且 content 部分的 p 标签也一样被设定了不同的样式。当然，可以通过 CSS 覆盖来恢复 content 部分 p 元素的样式，但是效率很低，增加了一些无用代码量的开销。

CSS 中还有一种元素嵌套的方法，element > element。比如，.test > p 表示的就是选择父元素类名为 test 的所有 p 元素。注意这个选择器和之前讲到的选择器的区别。之前介绍的选择器选择的是某个元素内部所有符合要求的元素，不管它们之间是不是直接的父子关系。这个选择器选取的只能是直接的子元素，而不包括其他更底层的子元素。以上面的场景为例，.main p 选取的是 main 元素下的所有 p 元素，而.main > p 选取的是 main 元素下外层的几个 p 元素，不包括 content 的 p 元素。

下面补全代码，实现功能。

【示例】

```
  <!DOCTYPE>
  <html>
  <head>
  <meta charSet="utf-8" />
  <meta name="viewport" content="width=device-width, initial-scale=1, maximum-scale=1"/>
  <style type="text/css">
  .main > p{
    width: 50px;
    height: 50px;
    background: green;
```

```
    display: inline-block;
}
.footer > p{
    width: 100px;
    height: 100px;
    background: red;
    display: inline-block;
}
</style>
</head>
<body>
<div class="main">
    <p>main</p>
    <p>main</p>
    <p>main</p>
    <div class="content">
        <p>content</p>
    </div>
</div>
<div class="footer">
    <p>footer</p>
    <p>footer</p>
    <p>footer</p>
    <div class="content">
        <p>content</p>
    </div>
</div>
</body>
</html>
```

上面的代码就实现了我们想要的功能。在进行 CSS 样式编写的时候，如果 HTML 结构相对复杂，一定要清楚地认识到自己想要获取的元素的关系，这样才能正确使用 CSS 中的选择器获取想要的元素。

除了上面介绍的两种选择器之外，CSS 还有一个选择器可以选择紧跟在某个元素后面的元素的选择器。例如，.test + p 表示的是选择类名为 test 的元素后面紧跟着的所有 p 元素。为了形象地理解这个选择器，来看一下下面的例子。

【示例】

```
<!DOCTYPE>
<html>
<head>
<meta charSet="utf-8" />
<meta name="viewport" content="width=device-width, initial-scale=1, maximum-scale=1"/>
<style type="text/css">
```

```
.main + p{
  width: 50px;
  height: 50px;
  background: green;
  display: inline-block;
}
.footer + p{
  width: 100px;
  height: 100px;
  background: red;
  display: inline-block;
}
</style>
</head>
<body>
<div class="main">
  <p>main</p>
  <p>main</p>
  <p>main</p>
  <div class="content">
    <p>content</p>
  </div>
</div>
<p>after</p>
<div class="footer">
  <p>footer</p>
  <p>footer</p>
  <p>footer</p>
  <div class="content">
    <p>content</p>
  </div>
</div>
<p>after</p>
</body>
</html>
```

使用该选择器可以获取 div 元素后面紧跟着的 p 元素，而没有选择 div 元素内部的 p 元素，成功完成了之前的需求。

7.2.2　基本选择器优先级问题

之前介绍了三种最基本的选择器，分别是 id 选择器、class 选择器、元素选择器。考虑这样一种情况，如果这三种选择器设定了不同的样式，而且指向了 HTML 文档中的同一个元素，那么这个元素的表现形式是什么样的呢？

在 CSS 中，这三种基本选择器是有优先级顺序的。它们的优先级顺序为：id 选择器>class 选择器>元素选择器。也就是说，如果这三种选择器同时为某一个元素设定样式，那么冲突的部分按照上面的顺序依次决定。下面给出一个例子。

【示例】

```
<!DOCTYPE>
<html>
<head>
<meta charSet="utf-8" />
<meta name="viewport" content="width=device-width, initial-scale=1, maximum-scale=1"/>
<style type="text/css">
div{
  width: 100px;
  height: 100px;
  background: red;
}
.container{
  border: 1px solid black;
  background: black;
}
#main{
  background: green;
}
</style>
</head>
<body>
<div id="main" class="container"></div>
</body>
</html>
```

上面的代码中，选择器 div、.container、#main 都指向了同一个元素，并且这三个选择器都为元素设定了不同的 background 属性。打开浏览器查看效果，就会发现元素最终的颜色为绿色。也就是说，在这三个选择器同时作用于某一个元素的时候，id 选择器优先。如果 id 选择器中没有指定的属性，就可以按照其他选择器指定的属性进行设定了。

考虑下面的一种情境，使用这种选择器的优先级就很方便：当页面中有一些 span 标签时，想让某一个 span 标签和其他的 span 标签与众不同，就可以只为这个 span 标签添加一个 class 名，其他 span 标签使用统一的样式即可。

7.2.3 同时设定多个元素样式

在 CSS 中，可以同时为多个选择器设定相同的样式，只要在这些选择器之间使用逗号分隔开就可以了。下面的例子同时设定了多个选择器的样式。

【示例】

```
<!DOCTYPE>
<html>
```

```
<head>
<meta charSet="utf-8" />
<meta name="viewport" content="width=device-width, initial-scale=1, maximum-scale=1"/>
<style type="text/css">
.container, p{
        width: 100px;
        height: 100px;
        border: 1px solid black;
}
</style>
</head>
<body>
<div class="container"></div>
<p></p>
</body>
</html>
```

7.3　伪类选择器

在 CSS 中，还有这样一种选择器，它们通过为基本选择器添加:后缀来实现选择器中一些更高级的功能。

7.3.1　状态选择器

在一个 HTML 文档中可能会出现一些表单 input 输入框、超链接 a 标签等。这种类似的标签都会存在状态。例如，一个 input 输入框最开始可能处于普通状态，当用户单击这个 input 输入框之后，输入框变成了获取焦点的状态。超链接 a 标签也是如此，单击 a 标签后，a 标签变成已跳转状态等。CSS 中有一类选择器就是这样的作用，它们可以为元素的不同状态设定不同的样式，比如 a 标签在单击后是什么样式或者一个 input 标签在选中后是什么样式等。

1. :link

:link 选择器用在 a 标签中，a:link 选中的就是当前页面中所有未访问的 a 标签，也就是初始状态的标签。通过 a:link，可以为这些元素设定样式。

【示例】

```
<!DOCTYPE>
<html>
<head>
<meta charSet="utf-8" />
<meta name="viewport" content="width=device-width, initial-scale=1, maximum-scale=1"/>
<style type="text/css">
a:link{
```

```
    color: red;
}
</style>
</head>
<body>
<a href="www.baidu.com">跳转</a>
<a href="www.baidu.com">跳转</a>
<a href="www.baidu.com">跳转</a>
</body>
</html>
```

打开浏览器可以看到，所有 a 标签最初的样式都是红色的，这是因为在 CSS 代码中使用 a:link 为所有未被单击的 a 标签设定了统一的字体颜色。

2. :hover

:hover 表示一个元素在被鼠标滑过时的状态。任何元素都可以使用:hover 设定鼠标滑过时的状态。注意，这个选择器在移动端 H5 开发时基本不会用到，因为手机屏幕上不存在鼠标滑过这个状态，即使是用户单击了某个元素，也不会触发滑过状态设定的 CSS 样式。

下面接着上面的例子为标签在鼠标滑过时的样式进行设定。

【示例】

```
<!DOCTYPE>
<html>
<head>
<meta charSet="utf-8" />
<meta name="viewport" content="width=device-width, initial-scale=1, maximum-scale=1"/>
<style type="text/css">
a:link{
    color: red;
}
a:hover{
    color: green;
}
</style>
</head>
<body>
<a href="#">跳转</a>
<a href="www.baidu.com">跳转</a>
<a href="www.baidu.com">跳转</a>
</body>
</html>
```

打开浏览器，当鼠标滑过超链接时这些超链接的颜色变成了 a:hover 选择器中设置成的绿色。当鼠标滑出超链接时，超链接又变回原来的颜色。

3. :visited

:visited 选择器也是专门应用于 a 标签的，用来指定那些已经被访问过的超链接标签。在上面的例子中，当单击某一个链接后再返回，刷新页面，就会发现刚才单击过的 a 标签的颜色发生了变化，这其实就是浏览器为单击过的 a 标签设定的默认样式。这里，可以使用:visited 选中这些被访问过的元素并修改它们的样式。

【示例】

```
<!DOCTYPE>
<html>
<head>
<meta charSet="utf-8" />
<meta name="viewport" content="width=device-width, initial-scale=1, maximum-scale=1"/>
<style type="text/css">
a:link{
  color: red;
}
a:hover{
  color: green;
}
a:visited{
  color: yellow;
}
</style>
</head>
<body>
<a href="#">跳转</a>
<a href="www.baidu.com">跳转</a>
<a href="www.baidu.com">跳转</a>
</body>
</html>
```

打开浏览器，可以发现选中某一个 a 标签后再刷新界面，这些被访问过的标签的颜色变成了黄色，也就是之前通过:visited 设置的颜色。

4. :active

:active 选择器也是专门针对 a 标签的，当某个元素处于活动状态时，选择器就会选中这个元素。什么叫作处于活动状态呢？简单地说，就是用鼠标单击这个元素并且还没释放，这个元素就可以被:active 选择器选中。

【示例】

```
<!DOCTYPE>
<html>
<head>
```

```
<meta charSet="utf-8" />
<meta name="viewport" content="width=device-width, initial-scale=1, maximum-scale=1"/>
<style type="text/css">
a:link{
  color: red;
}
a:hover{
  color: green;
}
a:visited{
  color: yellow;
}
a:active{
  color: pink;
}
</style>
</head>
<body>
<a href="#">跳转</a>
<a href="www.baidu.com">跳转</a>
<a href="www.baidu.com">跳转</a>
</body>
</html>
```

单击某一个超链接按钮时，元素的颜色变成粉色，这就是:active 选择器的作用。

上面 4 个选择器都和 a 标签息息相关，这里再总结一下它们选择的元素。

- :hover：选择鼠标滑过的超链接元素。
- :active：选择鼠标单击中的超链接元素。
- :link：选择未被访问的超链接元素。
- :visited：选择已经被访问过的超链接元素。

5. :focus

:focus 也是一个基于元素状态选择的选择器，但是和之前的不同，:focus 选择器专门应用于 input 元素，表示的是某个 input 元素被选中的情况。比如，页面上有一些 input 表单，当单击某一个 input 元素使之能够进行文本输入时就表示这个元素是被激活的状态。下面的例子为激活的 input 元素设置和其他普通 input 元素不同的样式。

【示例】

```
<!DOCTYPE>
<html>
<head>
<meta charSet="utf-8" />
<meta name="viewport" content="width=device-width, initial-scale=1, maximum-scale=1"/>
```

```
<style type="text/css">
input{
    width: 100px;
    height: 25px;
}
input:focus{
    width: 150px;
    height: 25px;
}
</style>
</head>
<body>
<form>
    <input type="text" placeholder="用户名"/>
    <input type="password" placeholder="密码">
</form>
</body>
</html>
```

当单击一个input标签时，这个input标签变为激活状态，因此样式会变宽，这就是:focus选择器的功能。

结合CSS动画效果，使用选择器还可以实现一些更好的效果，请看下面的例子。

【示例】

```
<!DOCTYPE>
<html>
<head>
<meta charSet="utf-8" />
<meta name="viewport" content="width=device-width, initial-scale=1, maximum-scale=1"/>
<style type="text/css">
input{
    width: 250px;
    height: 25px;
    padding-left: 20px;
}
input:focus{
    transition: all .5s;
    padding-left: 80px;
}
</style>
</head>
<body>
<form>
    <input type="text" placeholder="用户名"/>
    <input type="password" placeholder="密码">
```

```
</form>
</body>
</html>
```

打开浏览器，查看一下效果。短短几行代码就可以完成一个很强的交互效果。

6. :enabled 和:disabled

:enabled 选择器和:disabled 选择器都适用于 input 元素，分别用来选取启用的和禁用的 input 元素。禁用的 input 标签对应的是被设置了 disabled 属性的 input 元素。如果没有设置 disabled 属性，那么这个 input 标签就是启用的。

【示例】

```
<!DOCTYPE>
<html>
<head>
<meta charSet="utf-8" />
<meta name="viewport" content="width=device-width, initial-scale=1, maximum-scale=1"/>
<style type="text/css">
        input:enabled{
                width: 200px;
                height: 30px;
                background: white;
        }
        input:disabled{
                width: 300px;
                height: 30px;
                background: red;
        }
</style>
</head>
<body>
        <input type="text" placeholder="启用"/>
        <input type="text" placeholder="禁用" disabled/>
</body>
</html>
```

在上面的代码中，为启用的 input 元素设定背景颜色白色、禁用的 input 元素设定背景颜色红色。

7.3.2 :before 和:after

:before 和:after 这两个伪类选择器非常常用，在一般的网页上经常会见到这两个伪类。这两个伪类的使用非常灵活，可以实现很多复杂的效果或者解决许多 CSS 问题。

:before 表示在一个元素之前添加一个元素，而:after 表示在一个元素之后添加一个元素，并且可以通过 CSS 为这些元素设定样式。下面是一个最基本的用法。

【示例】

```
<!DOCTYPE>
<html>
<head>
<meta charSet="utf-8" />
<meta name="viewport" content="width=device-width, initial-scale=1, maximum-scale=1"/>
<style type="text/css">
	.main{
		width: 200px;
		height: 200px;
		background: green;
	}
	.main:before{
		width: 10px;
		height: 10px;
		display: block;
		background: blue;
		content: '';
	}
	.main:after{
		width: 10px;
		height: 10px;
		display: block;
		background: red;
		content: '';
	}
</style>
</head>
<body>
<form>
	<div class="main"></div>
</form>
</body>
</html>
```

通过上面的方式就可以为 main 元素添加一个前面和一个后面的伪类，并为它们定义一些基本样式。注意，content 属性表示设置:after 或者:before 伪类的内容，这个属性必须要指定。如果指定的是一个文本，这段文本内容就会当作 HTML 文本显示在这个伪类中。即便不想在伪类元素内部显示元素，也需要指定一个空的字符串，否则伪类元素不会被显示。

打开浏览器控制台，为 main 元素添加了 after 和 before 伪类后的结构如图 7-2 所示。

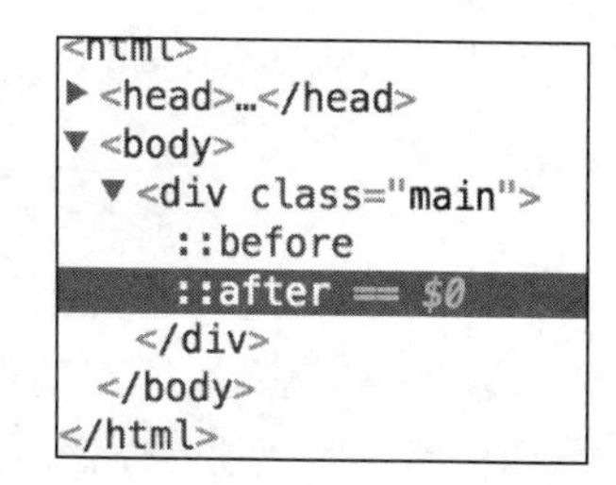

图 7-2

可以为 before 和 after 元素设定各种各样的属性来满足需求，包括定位、颜色、形状等。

考虑这样一个需求：我们需要制作一个展示框，展示框的右上角要有一个关闭按钮。

刚看这个需求可能觉着没什么难度，只要用三个 div 元素即可完成。如果使用伪类，只需要一个 div 元素即可。

【示例】

```
<!DOCTYPE>
<html>
<head>
<meta charSet="utf-8" />
<meta name="viewport" content="width=device-width, initial-scale=1, maximum-scale=1"/>
<style type="text/css">
        .main{
                width: 300px;
                height: 100px;
                background: rgba(0, 0, 0, .5);
                margin-top: 100px;
        }
        .main:before{
                width: 50px;
                height: 18px;
                display: block;
                background: black;
                content: '关闭';
                line-height: 18px;
                font-size: 14px;
                color: white;
                text-align: center;
                position: relative;
                left: 250px;
                top: -18px;
        }
</style>
</head>
<body>
        <div class="main"></div>
</body>
</html>
```

打开浏览器，效果如图 7-3 所示。

这里的关键就在于对伪类样式的设定。不要把:after 和:before 伪类想得太复杂，其实这两个伪类也是元素，只不过它们和主体元素绑定在一起，形成了一个整体。上面对伪类元素样式的设定包括颜色、位置、字体等，按照需求进行设定就可以让伪类元素和其他元素一样进行效果展现了。

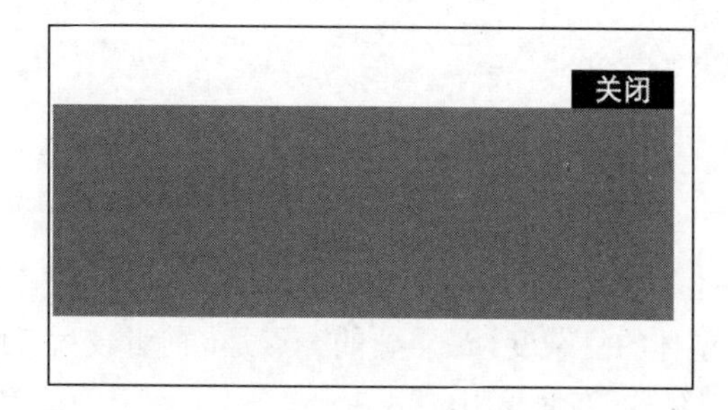

图 7-3

如果不使用伪类而使用普通的方法，代码可能是下面这样的。

【示例】

```
<!DOCTYPE>
<html>
<head>
<meta charSet="utf-8" />
<meta name="viewport" content="width=device-width, initial-scale=1, maximum-scale=1"/>
<style type="text/css">
	.main{
		width: 300px;
	}
	.content{
		width: 300px;
		height: 100px;
		background: rgba(0, 0, 0, .5);
		position: relative;
	}
	.close{
		position: relative;
		width: 50px;
		height: 18px;
		display: block;
		background: black;
		line-height: 18px;
		font-size: 14px;
		color: white;
		text-align: center;
		left: 250px;
	}
</style>
</head>
<body>
	<div class="main">
		<div class="close">关闭</div>
```

```
        <div class="content"></div>
    </div>
</body>
</html>
```

可以看到，二者的 HTML 代码结构的清晰程度相差很大，并且后者会使用更多的 CSS 代码和更多的类定义，提升了代码整体的复杂度。最重要的一点是，前者较后者而言，代码的维护性更高，而且整个元素被当成了一个整体，方便复用。

7.4 位置选择器

有一类伪类选择器，它们可以选择一批元素中的某一个元素。这类选择器可以非常方便地让开发者选择同种元素中想要的那一个或几个。

7.4.1 .:first-child

:first-child 选择器选择的是某个父元素的第一个子元素，比如下面的例子：

```
<div class="main">
    <p>内容</p>
    <p>内容</p>
    <p>内容</p>
</div>
```

p:first-child 所选取的就是第一个 p 元素。注意，:first-child 会选择所有满足是父元素第一个子元素并且符合主选择器要求的元素。

```
<div class="main">
    <p>内容</p>
    <p>内容</p>
    <p>内容</p>
</div>
<div class="footer">
    <p>内容</p>
    <p>内容</p>
    <p>内容</p>
</div>
```

在上面的 HTML 结构中，p:first-child 选取的就是 main 元素中的第一个 p 子元素和 footer 元素中的第一个 p 子元素。通过下面的例子，再深入理解一下这个选择器的使用方法。

【示例】

```
<!DOCTYPE>
<html>
<head>
```

```
<meta charSet="utf-8" />
<meta name="viewport" content="width=device-width, initial-scale=1, maximum-scale=1"/>
<style type="text/css">
        .select:first-child{
                color: red;
        }
</style>
</head>
<body>
        <div class="select">我是 body 元素的第一个类名为 select 的子元素，我会被选择</div>
        <div class="select">
                <p class="select">我也是第一个子元素，我会被选择</p>
                <p class="select">我不是第一个子元素，所以我不会被选择</p>
        </div>
</body>
</html>
```

在上面的代码中，所有会被选中的元素都具备两个特征：

- 它的类名为 select。
- 它是某个父元素的第一个子元素。

7.4.2 :last-child

与:first-child 选择器相对应，:last-child 选择器用来选取某个父元素的最后一个元素。

【示例】

```
<!DOCTYPE>
<html>
<head>
<meta charSet="utf-8" />
<meta name="viewport" content="width=device-width, initial-scale=1, maximum-scale=1"/>
<style type="text/css">
        .select:first-child{
                color: red;
        }
</style>
</head>
<body>
        <div class="select">我是第一个子元素，我不会被选择</div>
        <div class="select">
                <p class="select">我不是最后一个子元素，我不会被选择</p>
                <p class="select">我不是最后一个子元素，我不会被选择</p>
                <p class="select">我是最后一个子元素，我会被选择</p>
        </div>
        <div class="select">我是最后一个类名为 select 的子元素，我会被选择</div>
```

```
</body>
</html>
```

7.4.3 :nth-child(n)

上节的两个选择器只能选取属于父元素的第一个元素或者最后一个元素，CSS 中也有一种选择器可以选择任意一个元素，即:nth-child(n)。传入一个数值，就会选取到对应位置的元素。注意，这里传入的是几选择的就是第几个元素，而不像索引那样，span:nth-child(2)选择器所选择的元素是在父元素中为第二个元素的 span 元素。

【示例】

```
<!DOCTYPE>
<html>
<head>
<meta charSet="utf-8" />
<meta name="viewport" content="width=device-width, initial-scale=1, maximum-scale=1"/>
<style type="text/css">
        p:nth-child(2){
                color: red;
        }
        p:nth-child(3){
                color: green
        }
</style>
</head>
<body>
        <div class="main">
                <p>第一个元素</p>
                <p>第二个元素</p>
                <p>第三个元素</p>
                <p>第四个元素</p>
                <p>第五个元素</p>
        </div>
        <div class="apart">
                <p>第一个元素</p>
                <p>第二个元素</p>
                <p>第三个元素</p>
                <p>第四个元素</p>
                <p>第五个元素</p>
        </div>
</body>
</html>
```

在上面的代码中，将每个作为其父元素的第二个元素的 p 元素染成红色，再将每个作为其父元素的第三个元素的 p 元素染成绿色。

这种选择器经常会用在一系列相同的结构中，要求子元素之间虽有不同却有规律的展现形式。如果不使用这个选择器，就需要为每个元素指定不同的类和样式，会增加 HTML 代码和 CSS 代码的复杂度。

相对应的还有:nth-last-child(n)选择器。:nth-last-child 选择器和:nth-child 选择器相反，用来从后往前选取第 n 个元素。

7.4.4 :nth-of-type(n)

:nth-child(n)用来选择属于父元素的第 n 个子元素。:nth-of-type(n)选择器和:nth-child(n)选择器类似，:nth-of-type(n)选择器选取的是父元素中第 n 个符合主选择器条件的元素。比如，span:nth-of-type(2)选取的是属于父元素第二个 span 元素的 span 元素。

为了加以区别，来看下面的例子。

【示例】

```
<div class="main">
    <p></p>
    <span></span>
    <span></span>
</div>
```

在上面的 HTML 结构中，如果使用 span:nth-child(2)选择器，那么选取的就是第一个 span 元素；如果使用 span:nth-of-type(2)选择器，那么选取的就是第二个 span 元素。

与此对应的还有:nth-last-of-type(n)选择器，会从后向前选取，选取方式和:nth-of-type(n)选择器一样。

7.5 属性选择器

CSS 中有一类选择器，可以根据 HTML 中的元素标签是否设定了某一个属性来选择元素，它们使用[]表示，涉及元素的属性。

7.5.1 [attribute]

最基本的属性选择器是[attribute]，选择的是带有 attribute 属性的元素。在下面的例子中，在所有的 input 标签中选取带有 placeholder 属性的那一个。

【示例】

```
<!DOCTYPE>
<html>
<head>
<meta charSet="utf-8" />
<meta name="viewport" content="width=device-width, initial-scale=1, maximum-scale=1"/>
<style type="text/css">
```

```
            input[placeholder]{
                  background: red;
            }
</style>
</head>
<body>
      <input type="text"/>
      <input type="text" placeholder="带有 placeholder 的 input 标签"/>
</body>
</html>
```

在上面的代码中，使用 input[placeholder]选择器获取带有 placeholder 属性的 input 元素，并设置其背景颜色为红色。

7.5.2 [attribute=value]

更常见的是根据属性值的情况选择元素。[attribute=value]选择器选取的是 attribute 属性为 value 值的元素。在下面的例子中，使用选择器为不同类别的 input 标签指定不同的样式。

【示例】

```
<!DOCTYPE>
<html>
<head>
<meta charSet="utf-8" />
<meta name="viewport" content="width=device-width, initial-scale=1, maximum-scale=1"/>
<style type="text/css">
            input[type＝text]{
                  background: green;
            }
            input[type＝email]{
                  background: white;
            }
            input[type＝password]{
                  background: red;
            }
</style>
</head>
<body>
      <input type="text" placeholder="text 类型输入框"/>
      <input type="email" placeholder="email 类型输入框"/>
      <input type="password" placeholder="password 类型输入框"/>
</body>
</html>
```

在上面的代码中，根据 input 标签的 type 属性值为不同的 input 元素设定不同的背景颜色。

7.5.3 [attribute~=value]

更加复杂的情况是在 CSS 中的[attribute~=value]选择器，可以选取属性值中包含某一字段，例如，有下面的 HTML 结构：

```
<div class="test"></div>
<div class="test2"></div>
<div class="test3"></div>
```

那么，div[class~=test]选择器就会选择这段 HTML 结构中的全部 div 元素，因为它们的 class 属性值中都包含“test”。

其实，开发者还可以为元素自己定义一些属性，以满足开发者的需求，这就使得选择器的功能非常强大了。看一下下面的例子。

【示例】

```
<!DOCTYPE>
<html>
<head>
<meta charSet="utf-8" />
<meta name="viewport" content="width=device-width, initial-scale=1, maximum-scale=1"/>
<style type="text/css">
div[divname~=animal]{
	color: red;
}
div[divname~=fruite]{
	color: green;
}
div[divname~=fish]{
	color: yellow;
}
</style>
</head>
<body>
	<div divname="animal-bird">鸟</div>
	<div divname="fruite-apple">苹果</div>
	<div divname="fruite-orange">橙子</div>
	<div divname="animal-horse">马</div>
	<div divname="fish-shark">鲨鱼</div>
</body>
</html>
```

其实，很多前端框架会利用这个特性来实现一些高级的效果。

7.6 其他选择器

CSS 中还有一些比较常用的选择器，下面对*选择器（选择所有元素）进行介绍。

*选择器可以用来选择整个 HTML 文档中的所有元素，这个选择器经常用在去除浏览器默认样式上。例如，浏览器经常会有一些默认的边距设定，并且不同浏览器的内边距和外边距不同，这时，往往会在 CSS 代码开头添加如下代码：

```
*{
    margin: 0;
    padding: 0;
}
```

这样就可以将所有元素的内边距和外边距都初始化为 0，清除浏览器的默认样式。

第8章

元素定位

本章内容要点：

- position 属性的使用
- float 浮动布局

设置 CSS 样式时，常用的属性之一就是 position，元素在页面中放在哪里、各个元素之间位置关系都需要使用 position 这个属性来设置。

position 属性包含多个值，每个值都会有不同的定位标准。本章介绍 position 元素的属性及使用。

8.1 static

将 position 设置为 static，和不设置 position 属性值的效果是一样的，static 其实就是默认值。下面我们来看一下不设置 position 时元素默认的排列方式是什么样的。

【示例】

```
<!DOCTYPE>
<html>
<head>
<meta charSet="utf-8" />
<meta name="viewport" content="width=device-width, initial-scale=1, maximum-scale=1"/>
<style type="text/css">
   *{
```

```
        margin: 0;
        padding: 0;
    }
    .a{
        width: 600px;
        height: 200px;
        background: green;
    }
    .b{
        width: 600px;
        height: 200px;
        background: red;
    }
    .c{
        background: yellow;
    }
    .d{
        background: pink;
    }
</style>
</head>
<body>
    <div class="a"></div>
    <div class="b"></div>
    <span class="c">测试 1</span>
    <span class="d">测试 2</span>
</body>
</html>
```

从上面代码显示的效果（见图 8-1）可以看出，在不设定 position 属性时元素是如何排布的。同时可以发现不同的标签有不同的排列方法，这跟 CSS 中元素的展示效果有关。

图 8-1

CSS中有两类元素，一类是div、p、ul等标签定义的元素，是块级元素；另一类是span、input等标签定义的元素，是行内元素。如果不指定块级元素的position属性，那么每一个块级元素默认需要占用一行的位置，不论大小，在HTML中位于其后的元素自动移到下一行。对于行内元素而言，元素会在一行内接着排布，按照在HTML结构中的顺序排布。以上就是默认情况下元素自由排布时的原则，和HTML的结构还是有很大关系的。

8.2 relative

relative表示按照元素本身的位置进行定位。当为元素指定了relative定位后，就可以使用top、bottom、right、left来进行元素位置的设定了。

根据元素本身的位置进行定位的含义为，原本不设定position属性时元素有一个位置，设定relative后，为其指定的top、bottom等属性值都是相对初始位置定位的，可以理解为相对初始位置移动。下面的示例是在上面例子的基础上使用了relative进行定位。

【示例】

```
<!DOCTYPE>
<html>
<head>
<meta charSet="utf-8" />
<meta name="viewport" content="width=device-width, initial-scale=1, maximum-scale=1"/>
<style type="text/css">
  *{
    margin: 0;
    padding: 0;
  }
  .a{
    width: 100px;
    height: 50px;
    background: green;
    position: relative;
    left: 20px;
  }
  .b{
    width: 100px;
    height: 50px;
    background: red;
    position: relative;
    top: 20px;
  }
  .c{
    background: yellow;
    position: relative;
```

```
        bottom: 20px
    }
    .d{
        background: pink;
        position: relative;
        right: 20px;
    }
    .e{
        width: 100px;
        height: 50px;
        background: green;
        position: relative;
        top: 40px;
    }
</style>
</head>
<body>
    <div class="a"></div>
    <div class="b"></div>
    <span class="c">测试 1</span>
    <span class="d">测试 2</span>
    <div class="e"></div>
</body>
</html>
```

最终效果如图 8-2 所示。

图 8-2

对比这两次的样式，加入 relative 后，其实就是相对于 static 的定位平移一定的像素。

8.3　absolute

absolute 属性值是 position 中比较常用、比较复杂的属性，如果一个元素被设定为 absolute 定位，那么它会相对于离它最近的被设定了 position 属性的祖先元素定位。注意，不包括设定了 static 定位的元素。为了更形象地了解 absolute 定位的意义，先看下面的例子。

【示例】

```
<!DOCTYPE>
<html>
<head>
<meta charSet="utf-8" />
<meta name="viewport" content="width=device-width, initial-scale=1, maximum-scale=1"/>
<style type="text/css">
  *{
    margin: 0;
    padding: 0;
  }
  .container{
     background: rgba(0, 0, 0, .6);
     width: 300px;
     height: 500px;
     position: relative;
  }
  .son{
     width: 50px;
     height: 50px;
     background: red;
     position: absolute;
     top: 100px;
     left: 100px;
  }
</style>
</head>
<body>
  <div class="container">
     <div class="son"></div>
  </div>
</body>
</html>
```

上面的代码效果如图 8-3 所示。

在上面的例子中，container 元素设定了 relative 定位。它离 son 元素最近，是符合 absolute 依据条件的元素，因此设置了 absolute 定位的 son 元素依据 container 元素进行定位。接下来为 son 元素设定 left 和 top 的值均为 100px，表示距离 container 元素的左侧和上侧距离分别为 100px。这就是绝对定位达到的效果。

如果某个元素设定了绝对定位，并且向上层搜索并没有发现设定 position 定位的元素，那么这个元素就是以 body 标签为参照进行定位的。

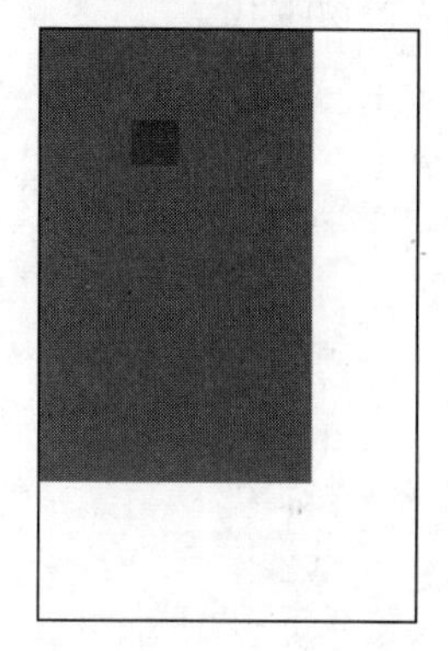

图 8-3

有了绝对定位，开发者就可以很轻松地处理复杂的定位效果了，只要注意父子元素之间的关系，就可以很轻松地将元素放到页面上应有的位置。

8.4 fixed

fixed 定位在 PC 端使用更为频繁。fixed 和 absolute 定位类似，但是定位依据只有一个：依照窗口进行定位。我们经常会在网站中看到一个元素固定在页面中的某一个位置，不管我们如何滚动页面，那个元素位置都保持不变，这种效果就是使用 fixed 完成的。下面的例子将展现使用 fixed 定位的效果。

【示例】

```
<!DOCTYPE>
<html>
<head>
<meta charSet="utf-8" />
<meta name="viewport" content="width=device-width, initial-scale=1, maximum-scale=1"/>
<style type="text/css">
   *{
      margin: 0;
      padding: 0;
   }
   .a{
      width: 100%;
      height: 500px;
      background: rgba(0, 0, 0, .6);
   }
   .b{
      width: 100%;
      height: 500px;
      background: rgba(123, 222, 201, .6);
   }
   .fixed{
      width: 50px;
      height: 50px;
      background: red;
      position: fixed;
      top: 100px;
      left: 100px;
   }
</style>
</head>
<body>
```

```
    <div class="fixed"></div>
    <div class="a"></div>
    <div class="b"></div>
</body>
</html>
```

效果如图 8-4 所示。

为了让效果演示得更清晰，使用两种不同的颜色为背景。当滑动滚动条时，虽然背景的位置在不断变化，但是设置了 fixed 定位的元素位置始终保持不变，因为它是相对于屏幕进行定位的，与界面其他元素的位置无关。

图 8-4

8.5　float 浮动布局

CSS 中有一种浮动布局方式，可以通过设定一个元素的 float 属性实现。float 布局最开始用来形成文字环绕的定位效果。

代码：

```
<!DOCTYPE>
<html>
<head>
<meta charSet="utf-8" />
<meta name="viewport" content="width=device-width, initial-scale=1, maximum-scale=1"/>
<style type="text/css">
  *{
    margin: 0;
    padding: 0;
  }
  img{
    width: 200px;
    height: 80px;
    float: right;
  }
</style>
</head>
```

```
<body>
  <div class="container">
    <p>
      <img src="a.jpg">
```

这是一个经常会被用到的 position 属性值。如果为某个元素设定了 absolute，则该元素脱离原来的文档流。形象一些说，比如 a 元素被定义了 position:absolute，那么这个元素就不会与这个页面中的其他元素发生位置上的关系，而是凌驾于整个页面之上的漂浮状态。页面中的其他元素的位置变化、大小变化等，都不会影响 a 元素的位置，相当于一个局外人。下述代码形成的文字环绕效果如图 8-5 所示。

```
    </p>
  </div>
</body>
</html>
```

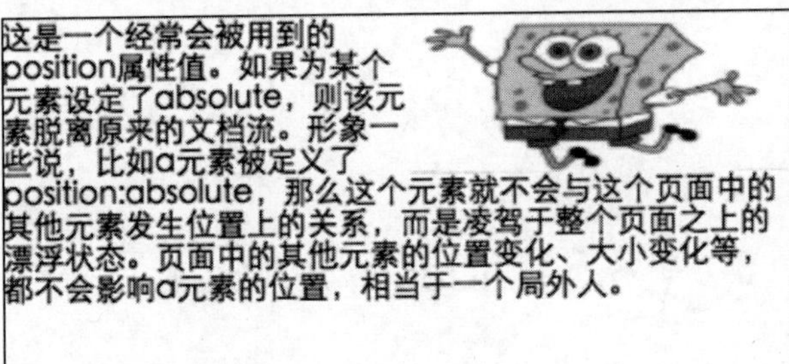

图 8-5

上面的例子是 float 定位被设计出来的初衷。在 CSS 中，其实所有的元素都可以设置 float，从而出现一些 float 属性使用不当的情况。

浮动布局有一个特点——设置了 float 属性的元素会脱离整个页面，感官上的效果就是父元素不会“感受”到这个子元素的存在。

比如，需要在父元素中定义一个元素，让这个元素位于右侧，一个很好的解决办法就是使用 float:right 让元素向右浮动。参看下面的例子。

【示例】

```
<!DOCTYPE>
<html>
<head>
<meta charSet="utf-8" />
<meta name="viewport" content="width=device-width, initial-scale=1, maximum-scale=1"/>
<style type="text/css">
  *{
    margin: 0;
    padding: 0;
  }
  .container{
```

```
        width: 100%;
        height: auto;
        padding-bottom: 20px;
        background: rgba(0, 0, 0, .6);
    }
    .wrap{
        width: 30px;
        height: 100px;
        background: rgba(111, 223, 14, .6);
        float: right;
    }
</style>
</head>
<body>
    <div class="container">
        <div class="wrap"></div>
    </div>
</body>
</html>
```

效果如图 8-6 所示。

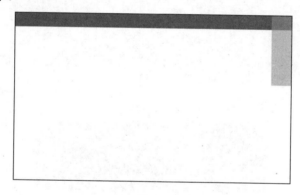

图 8-6

从上面的例子中发现，父元素除了 20 像素的 padding-bottom 之外，根本没有将子元素包含进来。这就是刚才说的设置了浮动的子元素是不会被父元素“感受”到的，因为它已经脱离了文本流。这种情况不解决，会对开发者的样式书写造成很大的影响。

解决这种问题的方法很多，下面介绍一种简单的。

【示例】

```
<!DOCTYPE>
<html>
<head>
<meta charSet="utf-8" />
<meta name="viewport" content="width=device-width, initial-scale=1, maximum-scale=1"/>
<style type="text/css">
```

```
    *{
        margin: 0;
        padding: 0;
    }
    .container{
        width: 100%;
        height: auto;
        padding-bottom: 20px;
        background: rgba(0, 0, 0, .6);
        overflow: auto;
    }
    .wrap{
        width: 30px;
        height: 100px;
        background: rgba(111, 223, 14, .6);
        float: right;
    }
</style>
</head>
<body>
    <div class="container">
        <div class="wrap"></div>
    </div>
</body>
</html>
```

效果如图 8-7 所示。

图 8-7

这里只为父元素添加了 overflow: hidden 便解决了上面的问题，这类方法被称为“清除浮动”。

建议尽量少使用 float 定位，如果使用了 float 定位，就一定要清除浮动，以减少浮动对页面布局的影响。

第 9 章

移动元素单位

本章内容要点：

- ❋ 图像采样单位 px
- ❋ 图像采样单位 em

本章介绍的移动元素单位是使用 Web 技术开发移动端应用极其重要的技术。使用 Web 技术开发移动端应用最核心的问题就是适配。移动设备屏幕大小千差万别，而 Web 开发最初只是用在大屏幕的 PC 上。如何将 Web 开发巧妙地从大屏电脑转换到小巧的移动设备非常重要。解决办法是使用移动端元素单位。本章介绍了多种不同于传统 Web 开发中常用单位的移动端单位，灵活地使用这些单位可以让 Web 开发的应用适用于任何尺寸的设备。

9.1 px

px 表示像素，是图像的基本采样单位，不是一个固定的物理量。在 CSS 中，px 是一个相对长度，是相对于电脑显示器的分辨率。也就是说，当给一个元素设定了一个固定的 px 时，它在不同分辨率显示器上的实际物理大小是不同的，但是 px 在分辨率确定的显示器上有固定的物理大小。

这里对屏幕分辨率进行一下介绍，以便大家更好地了解 px。当屏幕分辨率低时，屏幕上显示的像素少，但尺寸比较大。当屏幕分辨率高时，屏幕上显示的像素多，但尺寸比较小。比如说，屏幕分辨率为 640×480 时，屏幕上的水平方向显示像素个数为 640 个、垂直方向显示像素个数为 480 个。想形象地体会这个变化，可以在 Windows 电脑中手动设定一下桌面的属性。

屏幕的物理大小、屏幕分辨率、px 之间的逻辑关系可以这样理解：一般的电脑屏幕物理大小是固定的，屏幕的分辨率是可以修改的，分辨率的改变使得一定 px 的物体实际物理大小发生变化。

CSS 规定，当浏览器在解析 px 时，为了保证样式在各类型屏幕所看到的物理大小相似会进行一个换算，这个换算主要是根据当前屏幕的分辨率进行的。最后的结果是，在不同的屏幕看固定 px 大小的网页元素时，给人们的感觉是它们的实际物理大小是相似的。

px 是 Web 开发中使用非常广泛的 CSS 单位。在 PC 端，基本都是通过 px 进行大小设定的。显然，这在移动端会出现问题。移动端屏幕较小，而且不同移动设备的尺寸千差万别。刚才说过，px 经过浏览器解析后显示的物理大小在不同设备上相似，因此如果使用 px 作为单位并且不进行兼容化，那么样式方面很容易出现问题。

为了让页面在不同的移动端设备中适配，可以通过一些 CSS 技巧或 JavaScript 脚本文件修改样式。其中的原则是能使用 CSS 技巧的就一定要使用 CSS，尽量避免使用 JavaScript 调整界面样式，平时一定要多积累 CSS 技巧。下面举几个移动端样式解决方案的例子，供读者参考。

9.1.1 需求描述一

移动端设备，要求画出一个 div，宽度为屏幕宽度，高度为宽度的四分之一。

（1）JavaScript 方法解析：该需求可以使用 JavaScript 进行解决，方法比较简单，因为宽度要求是屏幕宽度，高度为宽度的四分之一，我们只需要通过 JavaScript 获取设备宽度，并且计算出高度，再使用 JavaScript 设置其 CSS 样式即可。

【示例】

```
<!DOCTYPE>
<html>
<head>
<meta charSet="utf-8" />
<meta name="viewport" content="width=device-width, initial-scale=1, maximum-scale=1"/>
<style type="text/css">
    *{
        padding: 0;
        margin: 0;
        }
        .container{
            width: 100%;
            background-color: rgba(0, 0, 0, .6);
        }
    </style>
    </head>
    <body>
        <div class="container" id="container"></div>
    <script>
        window.onload = function(){
            var container = document.getElementById("container");
            var conW = document.body.clientWidth;
            var conH = conW / 4;
            container.style.width = conW;
```

```
            container.style.height = conH;
        }
    </script>
    </body>
</html>
```

首先通过 document.body.clientWidth 获取设备的宽度，再通过 element.style.width 进行元素的宽度设置，即可完成需求。

使用 JavaScript 进行样式的修改本身就是不规范的，加强了样式和 JavaScript 逻辑代码的耦合性，原则上能不使用 JavaScript 代码就不使用。下面来看一下如何用 CSS 来解决这个需求。

（2）CSS 方法解析：在 CSS 中，不能用 JavaScript 的那种思维进行思考，而需要使用一些 CSS 中的技巧。学过 CSS 的都知道，padding 属性是用来设定元素内边距的，但是 padding 的作用不仅限于此。当设置一个元素的 padding 为百分比时，该元素会基于父元素的宽度百分比设置内边距。下面就利用 padding 的这个特性来实现之前的需求。

【示例】

```
<!DOCTYPE>
<html>
<head>
<meta charSet="utf-8" />
<meta name="viewport" content="width=device-width, initial-scale=1, maximum-scale=1"/>
<style type="text/css">
    *{
    padding: 0;
        margin: 0;
    }
   .container{
        width: 100%;
    }
   .outer{
        width: 100%;
        padding-top: 25%;
        position: relative;
        background: rgba(0, 0, 0, .6);
    }
   .wrap{
        position: absolute;
        top: 0;
        left: 0;
        right: 0;
        bottom: 0;
    }
</style>
</head>
```

```
<body>
    <div class="container">
        <div class="outer">
            <div class="wrap">
            </div>
        </div>
    </div>
<script>
</script>
</body>
</html>
```

上面的代码仅仅使用 CSS 就解决了问题。首先为 container 设定宽度为 100%，然后在 container 里面添加一个名为 outer 的 div，这个 div 为其设定 padding-top 为 25%，这样在没有设定元素高度的情况下，outer 元素的大小就是 padding-top，也就是宽度的四分之一。接下来，在 outer 中用一个元素将外面的 outer 撑起来，形成一个正常的区域，只要设置上下左右的定位都为 0 即可完成需求区域的设定。

9.1.2 需求描述二

在上面的需求基础上再在左侧加一个图片，图片部分的宽高根据屏幕的大小自适应，注意图片的宽高比要控制为 2:3（图片素材的宽高比不一定为 2:3）。

解析：这里又添加了图片，主要也是解决宽高比，并且要求图片能随着屏幕的宽高发生变化。该需求也可以使用 JavaScript 和 CSS 两种方法实现。JavaScript 的思路与上面的相同，就是通过 JavaScript 进行硬设置。如果使用 CSS，就需要开发者使用一点数学方面的技巧了。

（1）JavaScript 方法解析：因为图片需要适配，所以可以根据需求设置一个内边距值。在通过 JavaScript 设置图片宽高时，只要将高度设置成（外层高度－内边距值/2）即可，这样就可以固定图片的上下边距、调节图片大小了。

【示例】

```
<!DOCTYPE>
<html>
<head>
<meta charSet="utf-8" />
<meta name="viewport" content="width=device-width, initial-scale=1, maximum-scale=1"/>
<style type="text/css">
    *{
        padding: 0;
        margin: 0;
    }
    .container{
        width: 100%;
        background: rgba(0, 0, 0, .6);
```

```
        }
        .img{
            padding: 10px;
    }
        img{
            width: 100%;
            height: 100%;
        }
</style>
</head>
<body>
    <div class="container" id="container">
        <div class="img" id="img">
            <img src="a.jpg">
        </div>
    </div>
<script>
    window.onload = function(){
        var container = document.getElementById("container");
        var img = document.getElementById("img");
        var conW = document.body.clientWidth;
        var conH = conW / 4;
        var imgH = conH - 20;
        var imgW = imgH * 3 / 2
        container.style.width = conW;
        container.style.height = conH;
        img.style.width = imgW;
        img.style.height = imgH;
    }
</script>
</body>
</html>
```

从上面的代码可以发现，虽然使用 JavaScript 解决了问题，但是 JavaScript 代码越来越多，并且很多都是没有逻辑的，只是为了设置样式而已。另外，使用 JavaScript 会出现一些问题，比如上面的代码中只设置一次元素大小，就是在页面加载完成后。如果用户翻转手机，或者分屏后，页面发生大小变化时，页面不会刷新，因此元素的大小不会发生变化，就会出现 bug。我们在用 Chrome 浏览器进行调试的时候就会发现这一点，当切换调试设备时，如果不手动刷新页面，元素的大小是不会发生变化的，而会出现页面样式变乱的情况。

（2）CSS 方法解析：外层容器的宽高比是 4:1，内层图片的宽高比是 3:2。现在假定图片的高度和屏幕的高度相等（因为除去内边距，二者的高度确实是相等的），通过上面的分析可以得到一个数学关系（外层容器的宽高分别为 ow、oh，图片宽高分别为 iw、ih）：

```
ow / oh = 4 / 1;
```

iw / ih = 3 / 2;

ih = oh.

因为页面的宽度是确定的（100%），所以可以得出 iw = 3/8ow。这样，只要开发者设定图片的宽度为 37.5%、高度为 100%，就可以实现图片大小适配，并且固定宽高比了。

【示例】

```
<!DOCTYPE>
<html>
<head>
<meta charSet="utf-8" />
<meta name="viewport" content="width=device-width, initial-scale=1, maximum-scale=1"/>
<style type="text/css">
    *{
        padding: 0;
        margin: 0;
    }
    .container{
        width: 100%;
    }
    .outer{
        width: 100%;
        padding-top: 25%;
        position: relative;
        background: rgba(0, 0, 0, .6);
    }
    .wrap{
        position: absolute;
        top: 0;
        left: 0;
        right: 0;
        bottom: 0;
    }
    .img{
        padding: 10px;
        height: 100%;
        width: 37.5%;
        box-sizing: border-box;
    }
    img{
        width: 100%;
        height: 100%;
    }
</style>
</head>
```

```
<body>
    <div class="container">
        <div class="outer">
          <div class="wrap">
                <div class="img">
                  <img src="a.jpg">
            </div>
          </div>
        </div>
      </div>
<script>
</script>
</body>
</html>
```

在上面的代码中使用了 CSS 中的 box-sizing 属性，这个属性可以修改计算与模型宽高的模式，默认计算方法包括元素实际宽高、内边距、外边距、边框等。这里设定为 border-box，则元素的宽度不包括内边距和外边距。通过这种方式，可以设置内部的 img 宽高为 100%，填满外层容器，而且会留下设定内边距的空间。

所以，想熟练使用 px 来解决适配，最好使用 CSS 方法。使用 CSS 方法就需要开发者在 CSS 领域中多积累、多学习，以驾驭没有定式的 CSS 技巧。

9.2　em

与 px 相比，em 是一个相对单位。这里的相对，指的是相对于父元素字体的大小。最开始的情况下，如果其他元素都没有设定 font-size 属性值，就按照浏览器默认的 body 元素的 font-size 值进行计算。浏览器默认的 font-size 为 16px，如果给一个元素设置为 2em，那么该元素实际的像素值就是 32px，也就是说元素实际像素值等于父元素 font-size 乘以元素 em 值。

通过在 Chrome 浏览器中调试下面的例子来看一下 em 的工作原理。

【示例】

```
<!DOCTYPE>
<html>
<head>
<meta charSet="utf-8" />
<meta name="viewport" content="width=device-width, initial-scale=1, maximum-scale=1"/>
<style type="text/css">
  *{
    padding: 0;
    margin: 0;
  }
  body{
```

```
        font-size: 10px;
    }
    .container{
        width: 100%;
        height: 100%;
        background: rgba(0, 0, 0, .6);
        font-size: 24px;
    }
    .wrap{
        height: 10em;
        width: 10em;
        background: rgba(222, 222, 222, .6);
    }
</style>
</head>
<body>
    <div class="container">
        <div class="wrap"></div>
    </div>
</body>
</html>
```

在 Chrome 浏览器中打开网页，主要观察 wrap 这个 div 的变化。首先调整 container 的 font-size，我们会发现，container 的 font-size 调整后，wrap 元素大小也发生了变化。这其实就是浏览器根据 font-size 的值和确定的 em 值计算实际 px 值的过程，三者之间满足上面所说的关系。接下来，注释掉在 container 中设定的 font-size 的值，转而修改 body 中设定的 font-size 值。我们会发现，wrap 元素的大小又随着 body 中的 font-size 值变化了，然而在 container 中设定 font-size 值后，外层 body 中的 font-size 属性值无论如何调整都不会影响到 wrap 元素的大小。这表明，某个元素的 em 值是相对于外围元素中离它最近的那个设置了 font-size 值的元素进行计算的。

9.3 rem

rem 是一种比较新的单位，和 em 一样是一个相对单位，相对的是根元素字体大小。使用 rem 为单位，可以很轻松地做好适配。移动端设备的手机大小不同，这个时候的思路是使用 rem。当屏幕大小变化时，根据屏幕大小改变根元素字体大小，即可实现不同屏幕下的元素大小自适应更改。这里的根元素指的就是 HTML 标签中设定的 font-size。

rem 和 px 的换算关系很简单，比如设定了 HTML 的 font-size 为 20px，其中的一个元素宽度设置成了 2rem，那么这个元素的实际大小换算成 px 就是 20px×2=40px。开发者需要做的一件很重要的事就是根据屏幕大小动态改变 HTML 根元素中的 font-size 属性值。

目前，淘宝的手机网页就使用 rem 的方法进行移动端适配。可以到网站上尝试一下 rem 是如何编写 HTML5 页面的：https://m.taobao.com。

接下来，沿用最开始的需求，使用 rem 的方案进行解决。

9.3.1　需求描述一

移动端设备，要求画出一个 div，宽度为屏幕宽度，高度为宽度的四分之一。

解析：通过 rem 的原理来实现这个需求。首先需要找到一个比较合适的根元素 font-size 值和屏幕宽度之间的比例，这里选择 10。也就是说，屏幕宽度如果是 375px，那么根元素 font-size 值就是 37.5px。从下面的数学关系推导中就可以看出 rem 到底是如何工作的了。

假设屏幕的宽度为 w，容器的宽度为 cw，容器的高度为 ch，根元素的 font-size 值为 rf，那么：

w = cw;

ch = 1/4cw;

rf = 1/10w.

从上面的公式可以推导出：ch = 1/4rf。rem 的值就是这个 ch 和 rf 的比例系数，因此 2.5 就是最终要设定的容器高度的 rem 值。

【示例】

```
<!DOCTYPE>
<html>
<head>
<meta charSet="utf-8" />
<meta name="viewport" content="width=device-width, initial-scale=1, maximum-scale=1"/>
<style type="text/css">
  *{
    padding: 0;
    margin: 0;
  }
  .container{
    width: 100%;
    height: 2.5rem;
    background: rgba(0, 0, 0, .6);
    font-size: 1rem;
    text-align: center;
    line-height: 2.5rem;
  }
</style>
</head>
<body>
  <div class="container">rem 测试</div>
<script>
  window.onload = function(){
    var w = document.body.clientWidth / 10;
    var root = document.getElementsByTagName("html")[0];
```

```
        root.style.fontSize = w;
    }
</script>
</body>
</html>
```

在 JavaScript 代码中，根据屏幕的宽度设定根元素的 font-size 值，从而实现动态改变。

9.3.2 需求描述二

在上面的需求基础上再在左侧加一个图片，图片部分的宽高根据屏幕的大小自适应，注意图片的宽高比要控制为 2:3（图片素材的宽高比不一定为 2:3）。

解析：利用类似的方法可以很方便地使用 rem 单位完成需求，我们需要做的只是计算出一个合适的 rem 值。

【示例】

```
<!DOCTYPE>
<html>
<head>
<meta charSet="utf-8" />
<meta name="viewport" content="width=device-width, initial-scale=1, maximum-scale=1"/>
<style type="text/css">
    *{
        padding: 0;
        margin: 0;
    }
    .container{
        width: 100%;
        height: 2.5rem;
        background: rgba(0, 0, 0, .6);
    }
    .img{
        width: 3rem;
        height: 2rem;
        padding: 0.25rem;
    }
    img{
        width: 100%;
        height: 100%;
    }
</style>
</head>
<body>
    <div class="container">
        <div class="img">
```

```
            <img src="a.jpg" />
        </div>
    </div>
<script>
    window.onload = function(){
        var w = document.body.clientWidth / 10;
        var root = document.getElementsByTagName("html")[0];
        root.style.fontSize = w;
    }
</script>
</body>
</html>
```

整个容器的高度为 2.5rem，所以可以设定图片高度为 2rem、padding 为 0.25rem、宽高比为 3:2，从而将宽度设定为 3rem，这样就完成了我们的需求。和最开始使用 px 相比，这种方法不但不需要各种技巧，而且代码更加整洁、HTML 结构更加清晰，比较而言是很好的解决方式。

该方法的优点很明显，只需要设定一个值就可以动态影响整个页面的所有值。因此关注点就是如何设定好这个值和屏幕的关系，以及计算这个值和页面内其他元素之间的关系。虽然计算的步骤相对麻烦，但是有规律可循，不需要将大量精力浪费在思考 CSS 技巧上。

第 10 章

盒 模 型

本章内容要点：

- 盒模型及其属性
- 盒模型展现元素的方法

Web 页面中的每一个元素都是一个盒模型，CSS 中使用盒模型来描述一个元素。盒模型包含4个边界，分别是外边距边界、边框边界、内边距边界、内容边界，如图 10-1 所示。

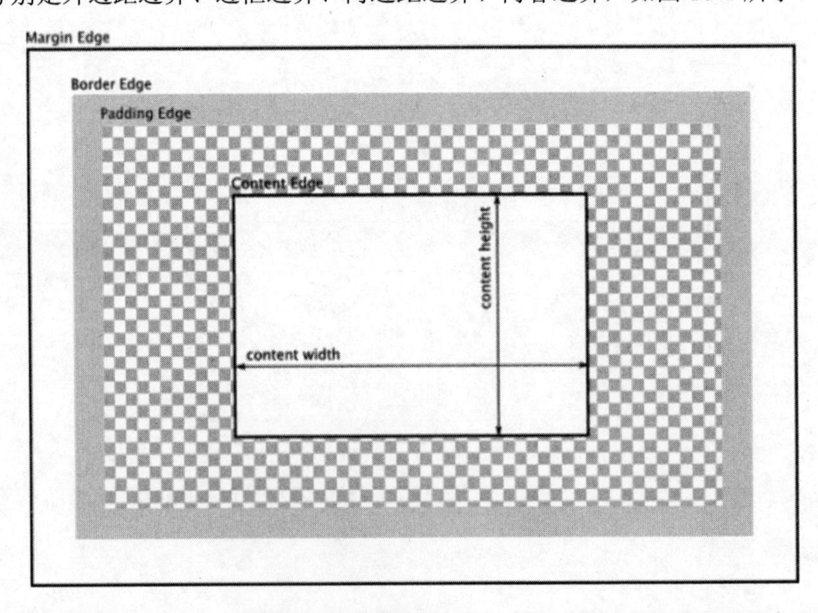

图 10-1

通过设定一个盒模型的各个属性，可以将元素以不同的形式展现出来。本章将从 4 个边界入手，介绍如何通过盒模型展现元素。

10.1 内　　容

内容是盒模型的核心，也是展现主要内容的地方。其中，最常用的属性就是 width 和 height。width 和 height 用来定义内容区域的宽和高，二者的使用方法相同。它们的值可以是一个具体的数值，也可以是一个百分数。

当 width/height 的值为一个具体的数值时，可以为其指定单位，如 px、em、rem 等，从而设定出盒模型中内容区域的大小。

当 width/height 的值是一个百分比数值时，它的值就是基于父元素宽高的百分比计算出的值。比如已经设定了父元素的宽度为 200px，那么设定子元素宽度为 20%后，其实际宽度为 40px。

与此类似，有一种叫 min-width 的属性在移动设备中很常用。因为移动设备经常会出现手机屏幕小于开发者预期，或者移动设备宽度读取出现未知错误的情况，这时就需要开发者设置一个 min-width。它指定了一个元素的最小宽度。通过设置该属性值，开发者可以给元素规定一个最小值，从而达到安全，或者满足一些需求的作用。在移动端开发的过程中，正确的做法是，对每一个元素都要根据市面上常见的最小宽度屏幕换算出一个元素的最小宽度，并通过 min-width 进行设定。

除此之外，还有许多常用的和内容相关的属性，下面列举一些实用属性。

10.1.1 text-align

text-align 用来设定在这个元素中的文本水平对齐的方式。它的属性值包括 left、right、center、justify，分别对应左对齐、右对齐、居中和两端对齐。举例来说，如果设置了左对齐，文字就会在处在盒模型紧靠内容区域左侧的位置。

注 意

父元素中的 text-align 只对其内部的文本生效，对于 div 等不生效。如果其子元素没有设定 text-align，那么子元素的 text-align 会自动继承父元素的 text-align，请看下面的例子。

【示例】

```
<!DOCTYPE>
<html>
<head>
<meta charSet="utf-8" />
<meta name="viewport" content="width=device-width, initial-scale=1, maximum-scale=1"/>
<style type="text/css">
  *{
    padding: 0;
    margin: 0;
  }
  .container{
    width: 100%;
```

```
        height: 200px;
        background: rgba(0 ,0, 0, .6);
        text-align: center;
    }
    .son{
        width: 100px;
        height: 60px;
        background: rgba(13,123,13,.6);
    }
</style>
</head>
<body>
    <div class="container">
        <div class="son">内容</div>
    </div>
<script>
</script>
</body>
</html>
```

效果如图 10-2 所示。

图 10-2

上面的例子为父元素设定了 text-align:center，但是发现子元素中的文本内容也水平居中了。同时也要注意子元素 div 并没有因为父元素设定了 text-align:center 而居中。

10.1.2 line-height

line-height 属性用来设定行高，“行高”是指一行文字的高度，具体来说是指两行文字间基线之间的距离。基线是在英文字母中用到的一个概念，我们刚学英语的时使用的那个英语本子每行有 4 条线，其中底部第二条线就是基线。

当一个元素没有设定 height 时，支撑起元素高度的就是 line-height。比如，开发者在没有为 div 设定高度和内容时，其高度为 0。当开发者在其中输入一些文本时，其高度就产生了，这就是 line-height 的作用。

关于 line-height，最常用的就是文本的垂直居中，请看下面的例子。

【示例】

```
<!DOCTYPE>
<html>
<head>
<meta charSet="utf-8" />
<meta name="viewport" content="width=device-width, initial-scale=1, maximum-scale=1"/>
<style type="text/css">
  *{
    padding: 0;
    margin: 0;
  }
  .container{
    width: 100%;
    height: 200px;
    background: rgba(0 ,0, 0, .6);
    text-align: center;
  }
  .son{
    width: 100px;
    height: 60px;
    background: rgba(13,123,13,.6);
    line-height: 60px;
  }
</style>
</head>
<body>
  <div class="container">
    <div class="son">内容</div>
  </div>
<script>
</script>
</body>
</html>
```

效果如图 10-3 所示。

在上面的例子基础上，为包含文字的元素添加 line-height 属性值，令其等于该元素的 height 值，实现文字的垂直居中。

图 10-3

10.1.3 字体

字体有一系列的属性，用来使内容区域的字体样式更加丰富。

1．font-size

font-size 用于设定字体大小，单位为 px。浏览器对字体的大小也有一些限制，比如谷歌浏览器不支持型号小于 12px 以下的字体。font-size 除了可以设置字体大小外，有时还是页面部分元素尺寸的参考值。

2. font-family

font-family 用来设置文字的样式、属于什么字体。

3．color

color 属性用来定义文字的颜色。

4．font-weight

font-weight 属性用来定义文字的粗细，既可以指定一个数值，也可以使用 bold 等字符串进行设定。

5. font-style

font-style 属性用来定义字体的风格，目前支持 normal、italic、oblique，分别表示正常字体样式、斜体字体样式、倾斜字体样式。

6. font-variant

font-variant 属性用于英文字母，将英文的小写字母转换成大写字母，但是这些转换后的大写字母会变小。

可以使用 font 属性，后面指定一系列的值，定义文字的样式。font 属性相当于一个组合属性。

10.1.4 截断

移动端设备由于屏幕大小问题，经常会出现文字内容超出区域范围或不能完全显示，而且开发者也不希望分多行显示的情况，这时开发者需要使用截断进行处理。截断处理的文字，超出区域的部分会自动隐藏并使用...来代替。下面是使用截断的例子。

【示例】

```
<!DOCTYPE>
<html>
<head>
<meta charSet="utf-8" />
<meta name="viewport" content="width=device-width, initial-scale=1, maximum-scale=1"/>
<style type="text/css">
  *{
    padding: 0;
    margin: 0;
  }
  .container{
    width: 100%;
    height: 200px;
    background: rgba(0 ,0, 0, .6);
  }
  .son{
    width: 300px;
    background: rgba(123,11,233,.6);
    text-overflow: ellipsis;
    white-space:nowrap;
    overflow:hidden;
    color: white;
  }
</style>
</head>
<body>
  <div class="container">
    <p class="son">内容内容内容内容内容内容内容内容内容内容内容内容内容内容内容内容内容内容内容内容</p>
  </div>
<script>
</script>
</body>
</html>
```

效果如图 10-4 所示。

首先，white-space 属性用来设定如何处理元素中的空白符。将 white-space 设定为 nowrap 表示文本不会换行，一直沿着一行显示。overflow 用于设定元素如何处理溢出内容，因为之前设定了文字一行显示，因此肯定会超出区域，设置 overflow 为 hidden，则超出的文本将会被隐藏。text-overflow 表示当文本溢出时要进行什么操作，将其设定成 ellipsis，表示用省略号来代替被修剪的部分；也可以指定一个字符串，这样就会由字符串来代替被修剪的部分。

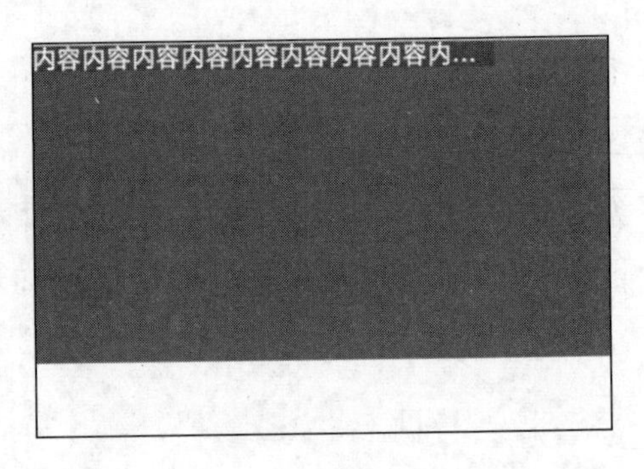

图 10-4

使用截断功能还可以实现一些其他的效果，比如下面的例子就实现了鼠标移入时显示截断内容、鼠标移出时隐藏截断内容。

【示例】

```
<!DOCTYPE>
<html>
<head>
<meta charSet="utf-8" />
<meta name="viewport" content="width=device-width, initial-scale=1, maximum-scale=1"/>
<style type="text/css">
  *{
    padding: 0;
    margin: 0;
  }
  .container{
    width: 100%;
    height: 200px;
    background: rgba(0 ,0, 0, .6);
  }
  .son{
    width: 300px;
    background: rgba(123,11,233,.6);
    text-overflow: ellipsis;
    white-space:nowrap;
    overflow:hidden;
    color: white;
  }
  .son:hover{
    overflow: visible;
  }
</style>
</head>
<body>
  <div class="container">
    <p class="son">内容内容内容内容内容内容内容内容内容内容内容内容内</p>
```

```
  </div>
<script>
</script>
</body>
</html>
```

这里，将鼠标移出时的 overflow 值设定为 visible，表示超出内容区域可见。

10.2 内边距边界

内边距边界即 padding，通俗地说就是留白的部分。开发者不希望内容部分的文字、图形等贴着边显示，这时就需要指定 padding 了。padding 也分上、下、左、右 4 种，分别对应 padding-top、padding-right、padding-bottom、padding-left。既可以分别设置，也可以都设置在 padding 中。如果要在 padding 中设置上、下、左、右 4 个方向的边距，要按顺序设置，依次为上、右、下、左。下面的例子将展示设置 padding 和不设置 padding 的区别。

【示例】

```
<!DOCTYPE>
<html>
<head>
<meta charSet="utf-8" />
<meta name="viewport" content="width=device-width, initial-scale=1, maximum-scale=1"/>
<style type="text/css">
  *{
    padding: 0;
    margin: 0;
  }
  .container{
    width: 100%;
    height: 200px;
    background: rgba(0 ,0, 0, .6);
  }
  .container-nopadding{
    width: 100%;
    height: 200px;
    background: rgba(0 ,0, 0, .6);
    padding: 10px;
    margin-top: 10px;
  }
  img{
    width: 100px;
    height: 66px;
```

```
    }
  </style>
  </head>
  <body>
    <div class="container">
      <img src="a.jpg">
    </div>
    <div class="container-nopadding">
      <img src="a.jpg">
    </div>
  <script>
  </script>
  </body>
  </html>
```

效果如图 10-5 所示。这需要一个过程。

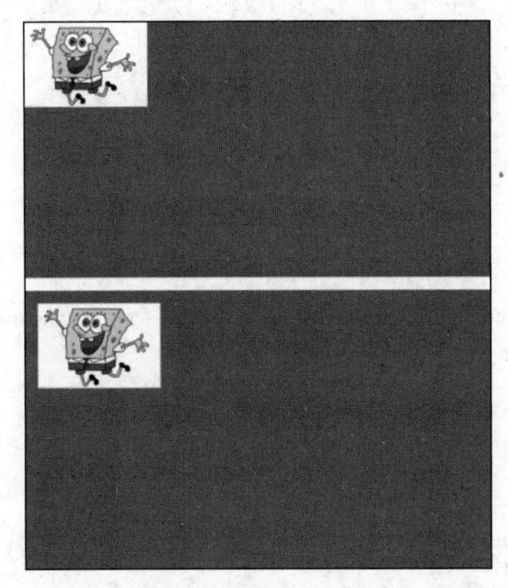

图 10-5

padding 也可以设置成百分比值。如果设置成百分比值，那么它参照的是父元素的宽度。

10.3 边框边界

边框边界是一个元素外面的一层边框，用来包围元素内容和留白部分。在 CSS 中，使用 border 来设置元素的边框。

要想完整地设定一个边框，边框颜色、边框像素值、边框种类这三个属性值不能少，分别对应的属性是 border-color、border-width、border-style。如果缺少一个，边框就不会显示。边框的像素值越大，边框越粗。border-style 有很多种，最常用的是 solid（实线边框）。

同样，这三个属性也可以放在一起写，即 border，只要按顺序定义 border 即可。下面是设定元素边框的一个例子。

【示例】

```
<!DOCTYPE>
<html>
<head>
<meta charSet="utf-8" />
<meta name="viewport" content="width=device-width, initial-scale=1, maximum-scale=1"/>
<style type="text/css">
  *{
    padding: 0;
    margin: 0;
  }
  .container{
    width: 100%;
    height: 200px;
    background: white;
  }
  .border{
    width: 80px;
    height: 80px;
    border: 3px solid rgb(0, 0, 0);
    margin: 10px;
  }
</style>
</head>
<body>
  <div class="container">
    <div class="border"></div>
  </div>
<script>
</script>
</body>
</html>
```

效果如图 10-6 所示。

经常会看到一些边框的棱角处有一定的弧度。想实现这个效果并不难，CSS 中有一个 border-radius 属性，专门用来设置边框棱角的这个弧度，这个弧度被称为圆角。

圆角需要设定的是一个像素值。图 10-7 展示了圆角像素值大小和展示效果的关系，注意，原图形是宽、高均为 80px 的正方形。

从上面的例子中可以看出，随着 border-radius 值的增大，元素的棱角处越来越圆润，当增大到一定程度后维持圆形不再变化。其实，当 border-radius 的值为宽高的一半时，原来的正方形就变成了圆形。

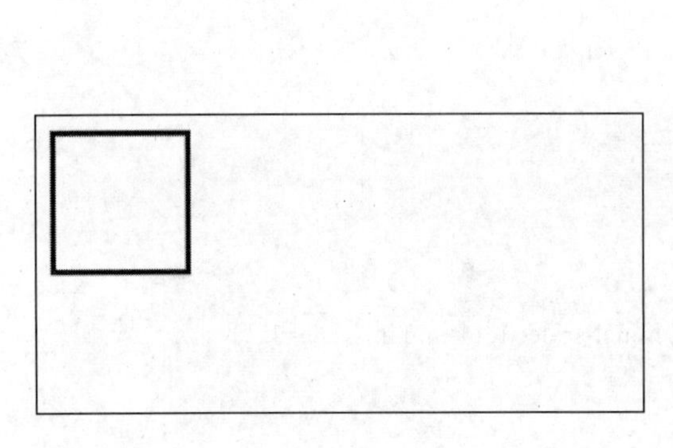

图 10-6

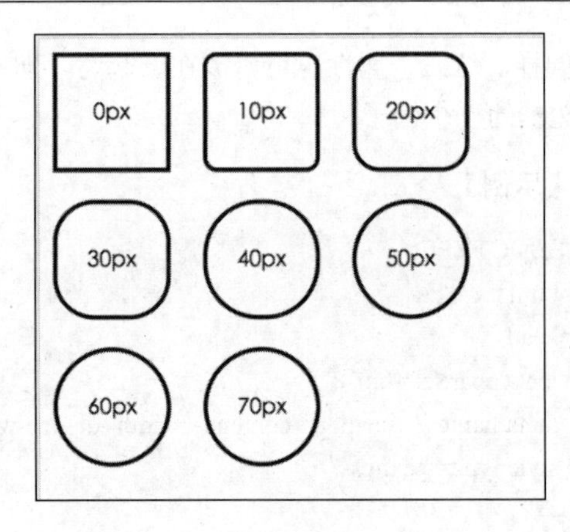

图 10-7

border-radius 其实也是一个复合属性，包括 border-top-left-radius、border-bottom-left-radius、border-top-right-radius、border-bottom-right-radius，分别用来设定左上角、左下角、右上角、右下角的圆角。当开发者深入了解这些属性时，就会发现，其实每个圆角都可以设定两个值，如图 10-8 所示。

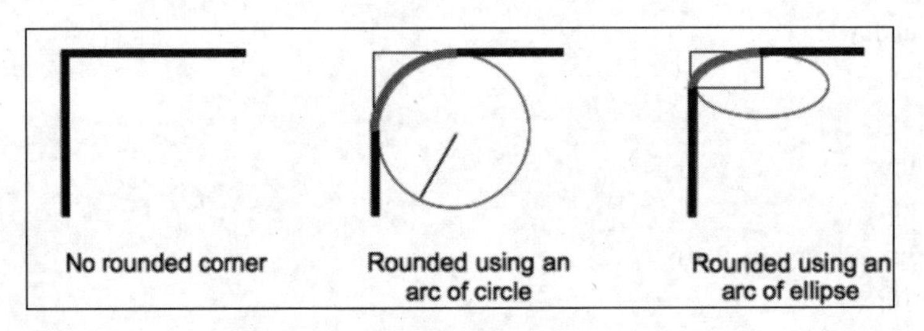

图 10-8

每个角的圆角都可以设定长的部分和宽的部分，二者可以设定不同的值。之前都是将长和宽设定成相同的值，而且这个值就是圆角处圆形的圆心。

利用这个知识，开发者既可以设定出各种各样的圆角，也可以利用圆角制作各种各样的形状。

除了 border 的基础用法，开发者还可以使用 border 制作各种各样的图形。下面我们进行一个实验，将元素的宽、高设置为 0，并分别设置出不同方向的边框。

【示例】

```
<!DOCTYPE>
<html>
<head>
<meta charSet="utf-8" />
<meta name="viewport" content="width=device-width, initial-scale=1, maximum-scale=1"/>
<style type="text/css">
  *{
    padding: 0;
    margin: 0;
  }
  .container{
```

```
        width: 100%;
        height: 200px;
        background: white;
    }
    .border{
        width: 0;
        height: 0;
        border-top: solid 100px red;
        border-left: solid 100px green;
        border-bottom: solid 100px black;
        border-right: solid 100px pink;
    }
</style>
</head>
<body>
    <div class="container">
        <div class="border"></div>
    </div>
<script>
</script>
</body>
</html>
```

效果如图 10-9 所示。

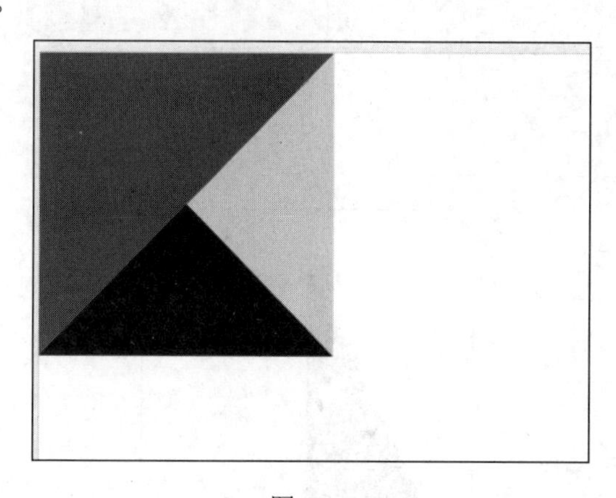

图 10-9

从上面的例子可以看到，其实每一个边框在内部没有内容宽高时都是一个三角形。利用这个方法，开发者可以绘制出三角形的图案，只要留取一个方向的 border 即可：

```
<!DOCTYPE>
<html>
<head>
<meta charSet="utf-8" />
<meta name="viewport" content="width=device-width, initial-scale=1, maximum-scale=1"/>
<style type="text/css">
```

```
    *{
        padding: 0;
        margin: 0;
    }
    .container{
        width: 100%;
        height: 200px;
        background: white;
    }
    .border{
        width: 0;
        height: 0;
        border-top: solid 100px transparent;
        border-left: solid 100px transparent;
        border-bottom: solid 200px black;
    }
</style>
</head>
<body>
    <div class="container">
        <div class="border"></div>
    </div>
<script>
</script>
</body>
</html>
```

效果如图 10-10 所示。

图 10-10

上面的代码将不需要的边框部分的颜色设定为 transparent，从而显示开发者需要的三角形。通过控制各个边框的像素，开发者可以十分方便地绘制出各种形状的三角形。

10.4 外边距边界

外边距也就是元素与外围的距离，主要用来控制元素和元素之间的间距。margin 属性在一个声明中设置所有外边距属性，可以有 1～4 个值，分别为 margin-top、margin-right、margin-left、margin-bottom。

如果要使用 margin 进行设定，对应的顺序为上、右、下、左。刚才说到，margin 可以设定 1～4 个值，下面来看一下设定不同个数的值是什么效果。

（1）margin:10px 5px 15px 20px;

- 上边距是 10px。
- 右边距是 5px。
- 下边距是 15px。
- 左边距是 20px。

（2）margin:10px 5px 15px;

- 上边距是 10px。
- 右边距和左边距是 5px。
- 下边距是 15px。

（3）margin:10px 5px;

- 上边距和下边距是 10px。
- 右边距和左边距是 5px。

margin 的设定非常灵活，既可以是正数，也可以是负数，还可以是百分数。因为 margin 对元素间位置的调节非常灵活，所以经常用来代替 position 属性对元素进行定位。

第11章 Flex布局——FlexBox

Flex 布局是 W3C 于 2009 年提出的一种新的布局方式。传统的 CSS 布局方式经常会出现一些很难控制的问题，比如垂直居中、多列布局的自适应问题等。Flex 布局方式可以很方便地实现这些功能，而且不容易出现布局错误。

最重要的是，在移动端 Web 开发过程中，采用 Flex 布局模式进行开发的效率是非常高的。Flex 布局更适合 H5 应用开发。

Flex，顾名思义，就是非常灵活的一种布局方式。一般的 Flex 布局中都会有一个整体元素，称为 FlexBox。这个容器元素内部包含着的其他元素可以很灵活地适应整个容器的变化，而不会出现布局上的紊乱。注意，在 FlexBox 元素中，元素的某些属性会失效，包括 float、clear 及 vertical-align 属性。

弹性容器指的是使用 Flex 布局整体的父元素。这个父元素的所有子元素都属于这个 Flex 容器的成员，被称为弹性项目。要想让一个容器成为弹性容器，必须设置这个元素的 display 属性为 flex 或者 inline-flex。flex 和 inline-flex 都能将一个元素设定为弹性容器，区别是使用 flex 属性值时这个元素就是一个块级元素的弹性容器，使用 inline-flex 属性值时这个元素就是一个保持 inline 属性的弹性容器。

弹性容器和弹性项目都可以通过设定一些属性达到开发者想要的布局效果，那么一个弹性容器的内部是什么样的呢？

每一个弹性容器都有一个水平轴和一个纵轴线，弹性容器中的弹性项目要根据这两条轴线的方向进行排列。具体按照哪个轴线排列，可以用弹性容器的 flex-direction 属性进行设定。

flex-direction 属性有 4 个属性值：row，row-reverse，column，column-reverse。它们分别表示沿水平轴线从左向右排序，沿水平轴线从右向左排序，沿竖直轴从上到下排列，以及沿竖直轴从下到上排列。

下面给出一个 Flex 布局的例子，对每个子元素都进行了编号，可以从中体会一下弹性容器不同的 flex-direction 属性值是如何影响弹性项目布局效果的。

【示例】

```
<!DOCTYPE>
<html>
<head>
<meta charSet="utf-8" />
<meta name="viewport" content="width=device-width, initial-scale=1, maximum-scale=1"/>
<style type="text/css">
.container{
   display:flex;
   display:-webkit-flex;
   border: 2px solid black;
   padding: 20px;
   margin: 20px;
}
.item{
   background: green;
   width: 100px;
   height: 100px;
   margin: 10px;
   font-weight: bold;
}
.row{
   flex-direction: row;
}
.row-reverse{
   flex-direction: row-reverse;
}
.column{
   flex-direction: column;
}
.column-reverse{
   flex-direction: column-reverse;
}
</style>
</head>
<body>
<div class="container row">
   <div class="item">1</div>
   <div class="item">2</div>
   <div class="item">3</div>
   <div class="item">4</div>
```

```
</div>
<div class="container row-reverse">
  <div class="item">1</div>
  <div class="item">2</div>
  <div class="item">3</div>
  <div class="item">4</div>
</div>
<div class="container column">
  <div class="item">1</div>
  <div class="item">2</div>
  <div class="item">3</div>
  <div class="item">4</div>
</div>
<div class="container column-reverse">
  <div class="item">1</div>
  <div class="item">2</div>
  <div class="item">3</div>
  <div class="item">4</div>
</div>
</body>
</html>
```

打开浏览器，可以直接观察到 flex-direction 属性对于元素布局的影响。使用 row 属性值时，元素会从左侧开始布局；使用 row-reverse 属性值时，元素会从右侧开始布局。使用 column 和 column-reverse 时结果类似，只是变成竖直方向的布局了。

现在，缩小网页的屏幕，来看一下会发生什么效果。当缩小网页屏幕到一定范围后，所有弹性项目都会发生等比例的收缩，从而保证元素的排列布局没有任何紊乱，这就是 Flex 布局最惊人的地方，如何控制弹性项目收缩的程度将在下面的例子中继续介绍。这个特性也是为什么弹性项目广泛应用于移动端的原因，它可以很好地适应各种分辨率的手机屏幕。

另外一个需要注意的是，当为父元素设定 display 属性时，针对-webkit 内核的浏览器需要使用-webkit-flex 或者-webkit-inline-flex 属性值来进行兼容。

在上面的例子中，不管开发者怎么在宽度上缩小父容器，其弹性项目都会以牺牲自身原本的大小来适应父元素的宽度，并排列在一行上。但是有的时候开发者并不想改变元素形状，而是当父元素宽度变小的时候，子元素可以自动换行。Flex 布局也提供了满足这个需求的方法，可以通过为父元素设定 flex-wrap 属性来实现。

flex-wrap 属性有三个属性值。nowrap 属性值是默认属性值，表示不进行换行。wrap 和 wrap-reverse 属性值可以实现元素的自动换行，并且会保持形状不变。当父元素收缩时，子元素会保证自己的宽度，一行放不下的情况下会选择换行。其中，wrap 是正向换行，wrap-reverse 是反向换行。

【示例】

```
<!DOCTYPE>
<html>
```

```
<head>
<meta charSet="utf-8" />
<meta name="viewport" content="width=device-width, initial-scale=1, maximum-scale=1"/>
<style type="text/css">
.container{
   display:flex;
   display:-webkit-flex;
   border: 2px solid black;
   padding: 20px;
   margin: 20px;
   flex-direction: row;
}
.item{
   background: green;
   width: 100px;
   height: 100px;
   margin: 10px;
   font-weight: bold;
}
.nowrap{
   flex-wrap: nowrap;
}
.wrap{
   flex-wrap: wrap;
}
.wrap-reverse{
   flex-wrap: wrap-reverse;
}
</style>
</head>
<body>
<div class="container nowrap">
   <div class="item">1</div>
   <div class="item">2</div>
   <div class="item">3</div>
   <div class="item">4</div>
   <div class="item">5</div>
   <div class="item">6</div>
   <div class="item">7</div>
</div>
<div class="container wrap">
   <div class="item">1</div>
   <div class="item">2</div>
   <div class="item">3</div>
   <div class="item">4</div>
```

```
    <div class="item">5</div>
    <div class="item">6</div>
    <div class="item">7</div>
  </div>
  <div class="container wrap-reverse">
    <div class="item">1</div>
    <div class="item">2</div>
    <div class="item">3</div>
    <div class="item">4</div>
    <div class="item">5</div>
    <div class="item">6</div>
    <div class="item">7</div>
  </div>
  </body>
  </html>
```

（1）flex-wrap 为 no-wrap 时的效果如图 11-1 所示。

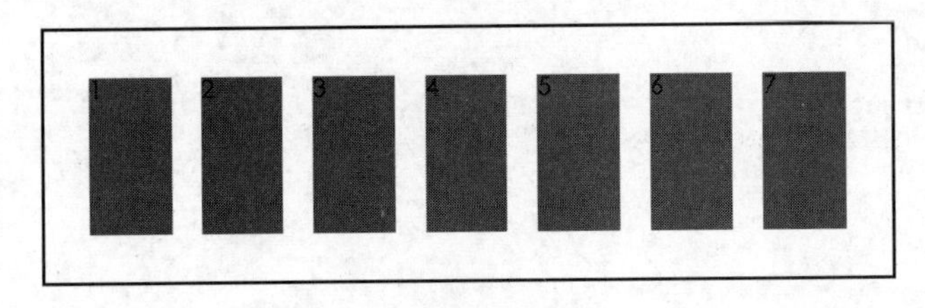

图 11-1

（2）flex-wrap 为 wrap 时的效果如图 11-2 所示。

（3）flex-wrap 为 wrap-reverse 时的效果如图 11-3 所示。

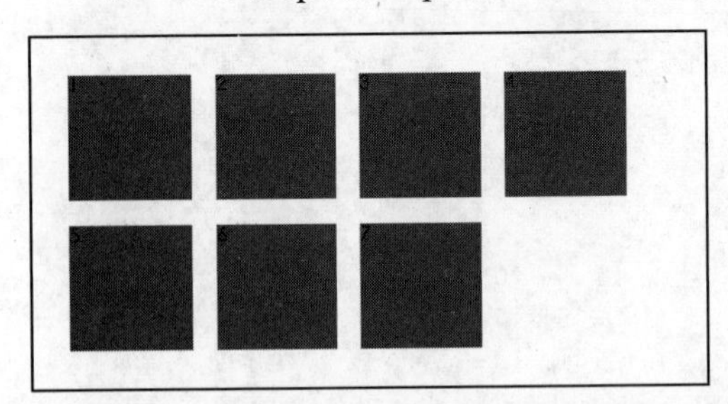

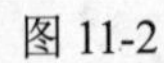

图 11-2

图 11-3

可以看到，如果弹性容器设置为允许子元素换行，那么这些子元素会保证自己的大小不发生变化。

当元素在一行内显示时，如何规范地规定元素的排列方式呢？在 Flex 布局中可以为父元素设定 justify-content 属性。这个属性有五个选项值，可以用来设定元素不同的对齐方式，类似于 Word 中文字的对齐方式。

- flex-start：设定为左对齐。
- flex-end：设定为右对齐。

- center：设定为居中对齐。
- space-between：设定为两端对齐。
- space-around：设定每个元素两侧的距离都相等。

为了直观地看一下 justify-content 属性值的作用，特给出下面的例子。

【示例】

```
<!DOCTYPE>
<html>
<head>
<meta charSet="utf-8" />
<meta name="viewport" content="width=device-width, initial-scale=1, maximum-scale=1"/>
<style type="text/css">
.container{
    display:flex;
    display:-webkit-flex;
    border: 2px solid black;
    padding: 20px;
    margin: 20px;
    flex-direction: row;
    flex-wrap: nowrap;
}
.item1{
    background: green;
    width: 200px;
    height: 100px;
    margin: 10px;
    font-weight: bold;
}
.item2{
    background: green;
    width: 300px;
    height: 100px;
    margin: 10px;
    font-weight: bold;
}
.item3{
    background: green;
    width: 100px;
    height: 100px;
    margin: 10px;
    font-weight: bold;
}
.flex-start{
    justify-content: flex-start;
```

```
}
.flex-end{
  justify-content: flex-end;
}
.space-between{
  justify-content: space-between;
}
.space-around{
  justify-content: space-around;
}
.center{
  justify-content: center;
}

</style>
</head>
<body>
<div class="container flex-start">
  <div class="item1">1</div>
  <div class="item2">2</div>
  <div class="item3">3</div>
</div>
<div class="container flex-end">
  <div class="item1">1</div>
  <div class="item2">2</div>
  <div class="item3">3</div>
</div>
<div class="container center">
  <div class="item1">1</div>
  <div class="item2">2</div>
  <div class="item3">3</div>
</div>
<div class="container space-between">
  <div class="item1">1</div>
  <div class="item2">2</div>
  <div class="item3">3</div>
</div>
<div class="container space-around">
  <div class="item1">1</div>
  <div class="item2">2</div>
  <div class="item3">3</div>
</div>
</body>
</html>
```

（1）设定为 flex-start 时效果如图 11-4 所示。

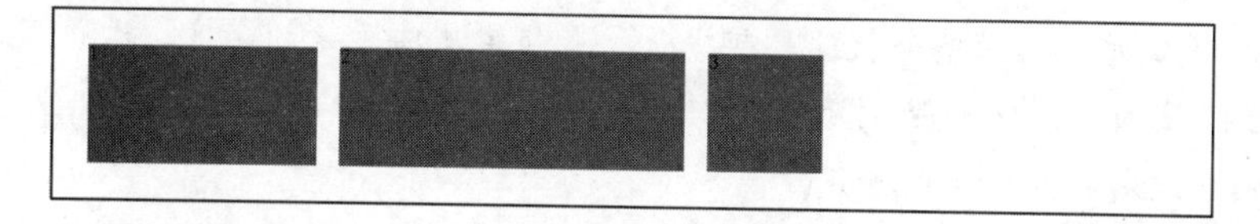

图 11-4

（2）设定为 flex-end 时效果如图 11-5 所示。

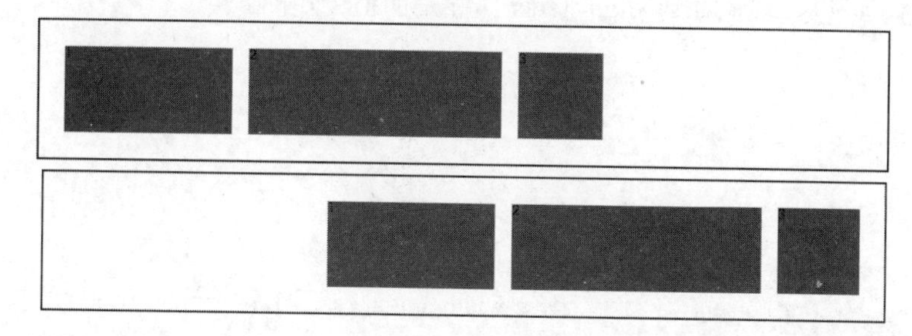

图 11-5

（3）设定为 center 时效果如图 11-6 所示。

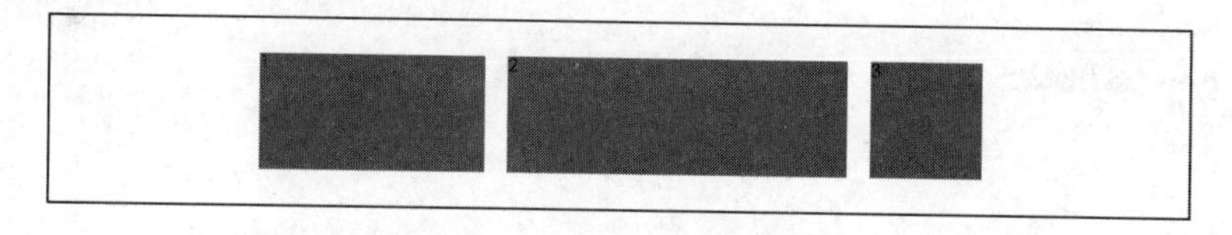

图 11-6

（4）设定为 space-between 时效果如图 11-7 所示。

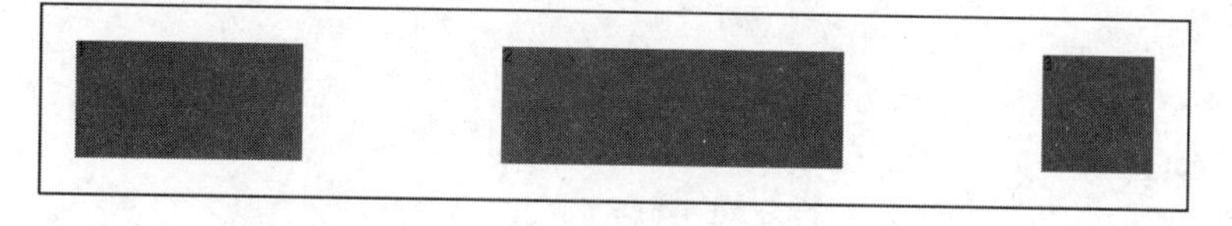

图 11-7

（5）设定为 space-around 时效果如图 11-8 所示。

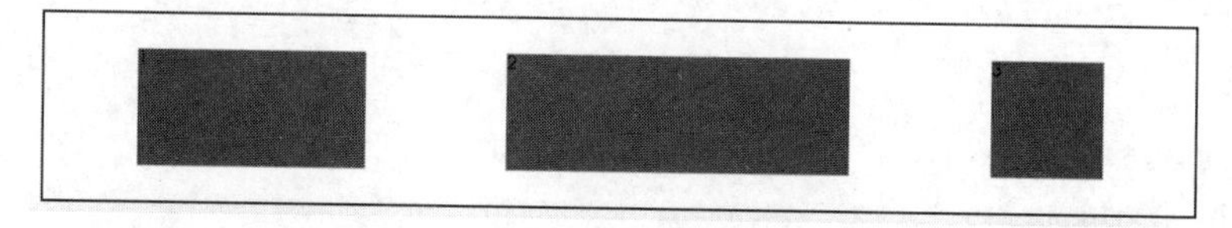

图 11-8

从上面的例子可以看出，使用 justify-content 属性可以很方便地设定弹性项目在弹性容器中的对齐方式。

在之前的例子中都是以水平方向为例的，这些例子中的元素高度都是相同的。如果元素的高度不同，那么在纵向方向上也需要设定一些对齐方式。Flex 布局中也为开发者提供了在另一个方向上对齐的设定，这个属性就是 align-items。align-items 有 5 个选项值，分别是：

- stretch 设定元素占满整个长度，前提是没有指定这些元素的高度，这是默认值。
- flex-start 设定元素在起点对齐。
- flex-end 设定元素在终点对齐。
- center 设定元素按照中线对齐。
- baseline 设定元素按照每个元素中第一行文本的基线对齐。

从下面的例子可以直观地看到 align-items 属性是如何工作的。

【示例】

```
<!DOCTYPE>
<html>
<head>
<meta charSet="utf-8" />
<meta name="viewport" content="width=device-width, initial-scale=1, maximum-scale=1"/>
<style type="text/css">
.container{
   display:flex;
   display:-webkit-flex;
   border: 2px solid black;
   padding: 20px;
   margin: 20px;
   flex-direction: row;
   flex-wrap: nowrap;
   justify-content: center;
}
.item1{
   padding-top: 10px;
   background: green;
   width: 200px;
   height: 100px;
   margin: 10px;
   font-weight: bold;
}
.item2{
   padding-top: 50px;
   background: green;
   width: 300px;
   height: 200px;
   margin: 10px;
   font-weight: bold;
}
.item3{
   background: green;
```

```
    width: 100px;
    height: 50px;
    margin: 10px;
    font-weight: bold;
  }
  .item4{
    padding-top: 100px;
    background: green;
    width: 100px;
    height: 150px;
    margin: 10px;
    font-weight: bold;
  }
  .flex-start{
    align-items: flex-start;
  }
  .flex-end{
    align-items: flex-end;
  }
  .center{
    align-items: center;
  }
  .stretch{
    align-items: stretch;
  }
  .baseline{
    align-items: baseline;
  }
  </style>
  </head>
  <body>
  <div class="container flex-start">
    <div class="item1">1</div>
    <div class="item2">2</div>
    <div class="item3">3</div>
    <div class="item4">4</div>
  </div>
  <div class="container flex-end">
    <div class="item1">1</div>
    <div class="item2">2</div>
    <div class="item3">3</div>
    <div class="item4">4</div>
  </div>
  <div class="container center">
    <div class="item1">1</div>
```

```
    <div class="item2">2</div>
    <div class="item3">3</div>
    <div class="item4">4</div>
  </div>
  <div class="container baseline">
    <div class="item1">1</div>
    <div class="item2">2</div>
    <div class="item3">3</div>
    <div class="item4">4</div>
  </div>
  <div class="container stretch">
    <div class="item1">1</div>
    <div class="item2">2</div>
    <div class="item3">3</div>
    <div class="item4">4</div>
  </div>
  </body>
  </html>
```

在这个例子中，有几处修改需要注意。首先，开发者为不同的 item 元素添加了不同的 padding-top 值，这是为了能够看出 baseline 的作用（按照第一行文字的基线对齐）。其次，修改了不同 item 元素的高度，从而能够看出使用 align-items 属性后元素展现的变化情况。

（1）设置为 flex-start 时效果如图 11-9 所示。

图 11-9

（2）设置为 flex-end 时效果如图 11-10 所示。

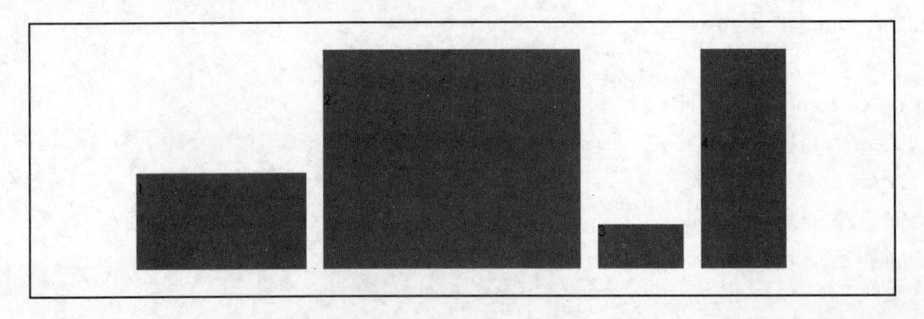

图 11-10

（3）设置为 center 时效果如图 11-11 所示。

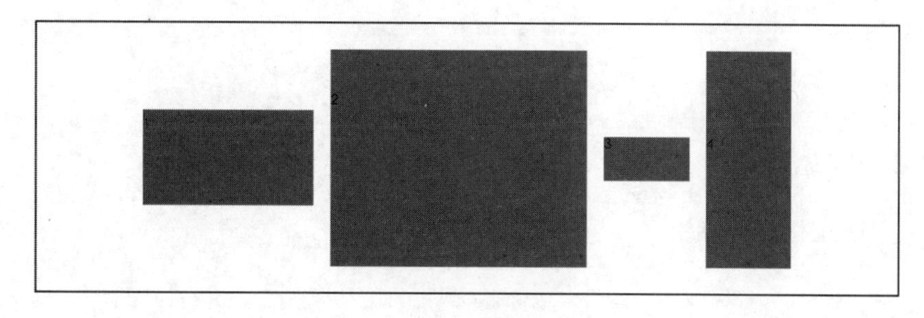

图 11-11

（4）设置为 baseline 时效果如图 11-12 所示。

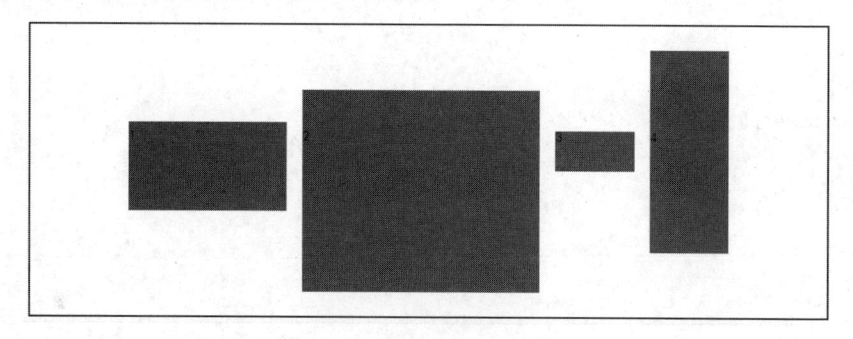

图 11-12

（5）设置为默认值时效果如图 11-13 所示。

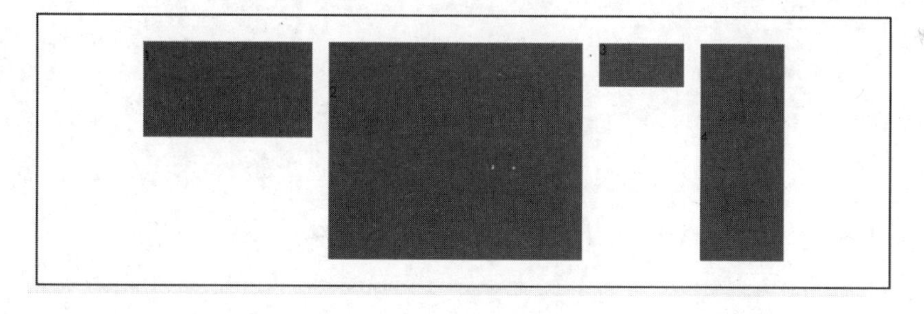

图 11-13

通过这个示例就可以很清晰地明确 align-items 是如何影响元素对齐方式的了。注意，当设定为 stretch 时，由于为元素设定了高度，因此最后的表现形式看起来和设定为 flex-start 的情况差不多。如果没有设定高度，那么每个元素的高度都会等于 100%。

当有多个元素并且设置了元素可以换行时，可能会出现在弹性容器内部中包含了很多行元素。以水平为例，这么多行的元素，每一行都有一个主轴，而这些主轴也可以设置对齐方式。这个属性是 align-content，可以理解为把每一行元素看成是一个元素，然后在纵轴方向按照不同的方式排列，类似于之前的 align-items，只不过这里排列的单位是轴线。

align-content 属性包含的属性值和 justify-content 属性包含的属性值完全相同，可以通过下面的例子来体会一下 align-content 属性是如何对轴线进行排列的。

【示例】

```
<!DOCTYPE>
<html>
<head>
<meta charSet="utf-8" />
<meta name="viewport" content="width=device-width, initial-scale=1, maximum-scale=1"/>
<style type="text/css">
.container{
   display:flex;
   display:-webkit-flex;
   border: 2px solid black;
   padding: 20px;
   margin: 20px;
   flex-direction: row;
   flex-wrap: wrap;
   justify-content: center;
   height: 300px;
}
.item1{
   background: green;
   width: 200px;
   height: 30px;
   margin: 10px;
   font-weight: bold;
}
.item2{
   background: green;
   width: 300px;
   height: 30px;
   margin: 10px;
   font-weight: bold;
}
.item3{
   background: green;
   width: 100px;
   height: 30px;
   margin: 10px;
   font-weight: bold;
}
.item4{
   background: green;
   width: 100px;
   height: 30px;
   margin: 10px;
```

```
    font-weight: bold;
  }
  .item5{
    background: green;
    width: 200px;
    height: 30px;
    margin: 10px;
    font-weight: bold;
  }
  .item6{
    background: green;
    width: 300px;
    height: 30px;
    margin: 10px;
    font-weight: bold;
  }
  .item7{
    background: green;
    width: 80px;
    height: 30px;
    margin: 10px;
    font-weight: bold;
  }
  .item8{
    background: green;
    width: 50px;
    height: 30px;
    margin: 10px;
    font-weight: bold;
  }
  .item9{
    background: green;
    width: 120px;
    height: 30px;
    margin: 10px;
    font-weight: bold;
  }
  .item10{
    background: green;
    width: 200px;
    height: 30px;
    margin: 10px;
    font-weight: bold;
  }
  .flex-start{
```

```
    align-content: flex-start;
  }
  .flex-end{
    align-content: flex-end;
  }
  .center{
    align-content: center;
  }
  .stretch{
    align-content: stretch;
  }
  .space-around{
    align-content: space-around;
  }
  .space-between{
    align-content: space-between;
  }
  </style>
  </head>
  <body>
  <div class="container flex-start">
    <div class="item1">1</div>
    <div class="item2">2</div>
    <div class="item3">3</div>
    <div class="item4">4</div>
    <div class="item5">5</div>
    <div class="item6">6</div>
    <div class="item7">7</div>
    <div class="item8">8</div>
    <div class="item9">9</div>
    <div class="item10">10</div>
  </div>
  <div class="container flex-end">
    <div class="item1">1</div>
    <div class="item2">2</div>
    <div class="item3">3</div>
    <div class="item4">4</div>
    <div class="item5">5</div>
    <div class="item6">6</div>
    <div class="item7">7</div>
    <div class="item8">8</div>
    <div class="item9">9</div>
    <div class="item10">10</div>
  </div>
  <div class="container center">
```

```
    <div class="item1">1</div>
    <div class="item2">2</div>
    <div class="item3">3</div>
    <div class="item4">4</div>
    <div class="item5">5</div>
    <div class="item6">6</div>
    <div class="item7">7</div>
    <div class="item8">8</div>
    <div class="item9">9</div>
    <div class="item10">10</div>
  </div>
  <div class="container strench">
    <div class="item1">1</div>
    <div class="item2">2</div>
    <div class="item3">3</div>
    <div class="item4">4</div>
    <div class="item5">5</div>
    <div class="item6">6</div>
    <div class="item7">7</div>
    <div class="item8">8</div>
    <div class="item9">9</div>
    <div class="item10">10</div>
  </div>
  <div class="container space-between">
    <div class="item1">1</div>
    <div class="item2">2</div>
    <div class="item3">3</div>
    <div class="item4">4</div>
    <div class="item5">5</div>
    <div class="item6">6</div>
    <div class="item7">7</div>
    <div class="item8">8</div>
    <div class="item9">9</div>
    <div class="item10">10</div>
  </div>
  <div class="container space-around">
    <div class="item1">1</div>
    <div class="item2">2</div>
    <div class="item3">3</div>
    <div class="item4">4</div>
    <div class="item5">5</div>
    <div class="item6">6</div>
    <div class="item7">7</div>
    <div class="item8">8</div>
    <div class="item9">9</div>
```

```
    <div class="item10">10</div>
  </div>
  </body>
  </html>
```

（1）属性值为 flex-start 时效果如图 11-14 所示。

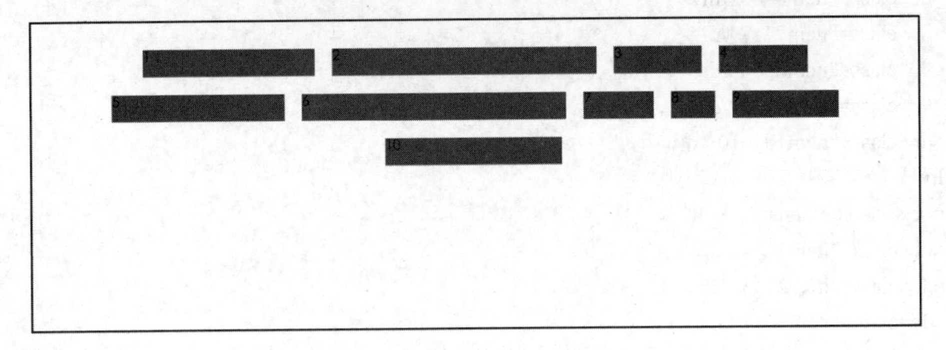

图 11-14

（2）属性值为 flex-end 时效果如图 11-15 所示。

图 11-15

（3）属性值为 center 时效果如图 11-16 所示。

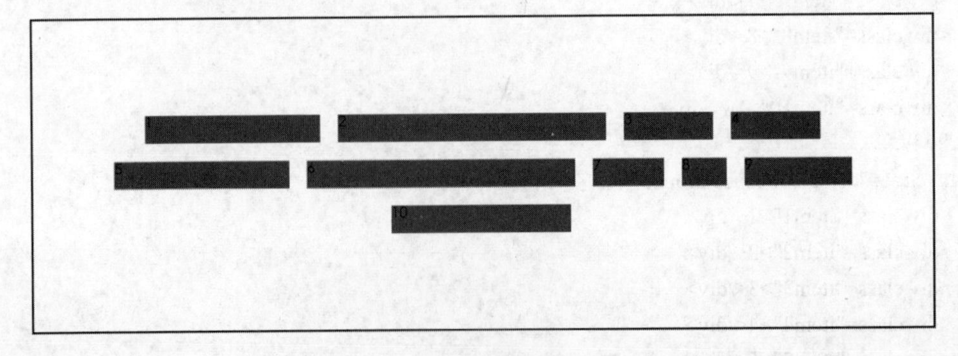

图 11-16

（4）属性值为 strench 时效果如图 11-17 所示。

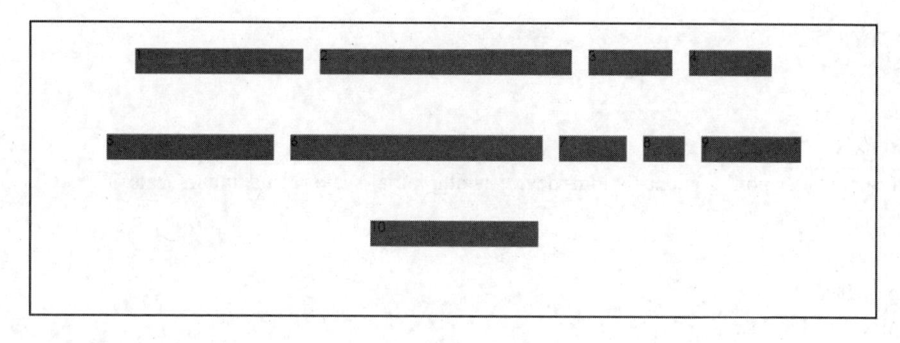

图 11-17

（15）属性值为 space-around 时效果如图 11-18 所示。

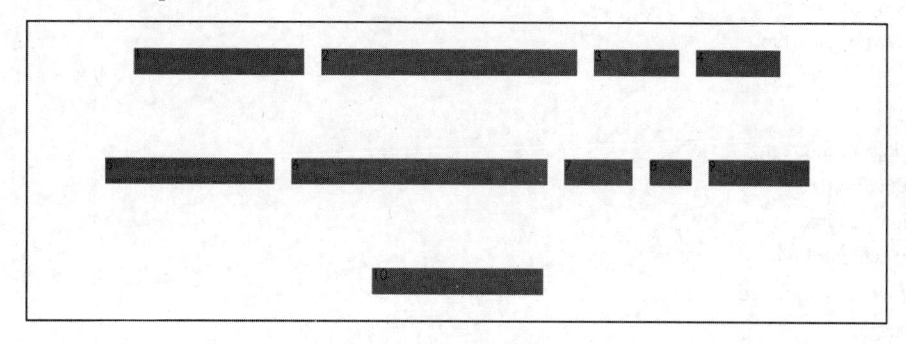

图 11-18

（6）属性值为 space-between 时效果如图 11-19 所示。

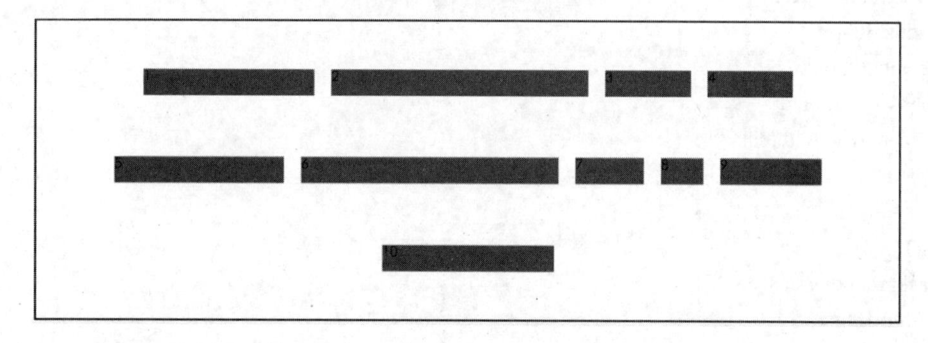

图 11-19

至此就介绍完所有可以在弹性容器中设置的所有属性了，这些属性都是在父元素中设定的，通过为父元素设定这些属性，可以改变其中子元素的排布方式。

子元素也可以设定一些属性，用来控制每一个子元素在弹性布局中个性化的展现效果。

第一个要介绍的属性是 order 属性，用来设定元素的排列顺序。它的原理和 CSS 中的 z-index 类似，每一个元素都可以设定 z-index 属性，被设置的值越低，在排列的时候就越会排在前面。如果没有给元素设定 order 属性值，就默认认为 0。如果多个元素的 order 属性值是相同的，那么这些元素的排列方式会按照 HTML 结构中元素定义的顺序进行排列。

【示例】

```
<!DOCTYPE>
<html>
<head>
<meta charSet="utf-8" />
<meta name="viewport" content="width=device-width, initial-scale=1, maximum-scale=1"/>
<style type="text/css">
.container{
  display:flex;
  display:-webkit-flex;
  border: 2px solid black;
  margin: 20px;
  flex-direction: row;
  flex-wrap: nowrap;
}
.item1{
  background: green;
  width: 200px;
  height: 200px;
  font-weight: bold;
  border: 1px solid red;
  order: 5;
}
.item2{
  background: green;
  width: 300px;
  height: 200px;
  font-weight: bold;
  border: 1px solid red;
  order: 4;
}
.item3{
  background: green;
  width: 100px;
  height: 200px;
  font-weight: bold;
  border: 1px solid red;
  order: 2;
}
.item4{
  background: green;
  width: 100px;
  height: 200px;
  font-weight: bold;
```

```
        border: 1px solid red;
        order: 1;
    }
    .item5{
        background: green;
        width: 300px;
        height: 200px;
        font-weight: bold;
        border: 1px solid red;
    }
    .flex-start{
        align-items: flex-start;
    }
    .flex-end{
        align-items: flex-end;
    }
    .center{
        align-items: center;
    }
    .stretch{
        align-items: stretch;
    }
    .baseline{
        align-items: baseline;
    }

</style>
</head>
<body>
<div class="container">
    <div class="item1">1</div>
    <div class="item2">2</div>
    <div class="item3">3</div>
    <div class="item4">4</div>
    <div class="item5">5</div>
</div>
</body>
</html>
```

效果如图 11-20 所示。

这里除了第五个元素以外都设定了 order 值。如果没有设定 order 属性值，元素就会按照正常的顺序 12345 进行排列。上面设定了 order 属性之后会根据从小到大的情况依次进行排列。由于第五个元素没有设定 order 属性值，因此其使用的是默认值 0，排在第一个。

纵向排列的元素使用 order 属性的结果和横向是相同的。

图 11-20

下面要介绍的几个属性是十分重要的。在这之前考虑下面一个经常会在移动端 H5 开发出现的问题。

由于 H5 的开发，需要适应许多不同大小的屏幕。有时，要求界面中的一些元素是可以根据屏幕的宽度变化自适应改变大小的。如何很好地编写这种自适应代码呢？传统的 CSS 中有很多方法，比如响应式布局、之前介绍的特殊 CSS 元素单位等。在 Flex 布局中，可以通过为元素设定一些属性轻松地解决这种自适应布局问题。最重要的是，它比其他方法更加灵活。

（1）第一个和自适应相关的属性是 flex-grow 属性。这个属性的作用是，以水平排列的元素为例，当空间变大时，容器内的元素可以按照设定的比例分割多出的空间。通过下面的例子来形象地理解一下这个属性。

【示例】

```
<!DOCTYPE>
<html>
<head>
<meta charSet="utf-8" />
<meta name="viewport" content="width=device-width, initial-scale=1, maximum-scale=1"/>
<style type="text/css">
.container{
   display:flex;
   display:-webkit-flex;
   border: 2px solid black;
   margin: 20px;
   flex-direction: row;
   flex-wrap: nowrap;
}
.item1{
   background: green;
   width: 100px;
   height: 200px;
   font-weight: bold;
   border: 1px solid red;
}
.item2{
   background: green;
```

```
    width: 200px;
    height: 200px;
    font-weight: bold;
    border: 1px solid red;
}
.item3{
    background: green;
    width: 50px;
    height: 200px;
    font-weight: bold;
    border: 1px solid red;
}
.item4{
    background: green;
    width: 50px;
    height: 200px;
    font-weight: bold;
    border: 1px solid red;
}
.item5{
    background: green;
    width: 100px;
    height: 200px;
    font-weight: bold;
    border: 1px solid red;
}
</style>
</head>
<body>
<div class="container">
    <div class="item1">1</div>
    <div class="item2">2</div>
    <div class="item3">3</div>
    <div class="item4">4</div>
    <div class="item5">5</div>
</div>
</body>
</html>
```

上面的代码效果图如图 11-21 所示。

目前这五个弹性子元素的宽度之和还不能填满整个弹性父元素。当没有为任何元素设定 flex-grow 属性值时，它们的默认值都是 0，表示不对剩余没有被填满的父元素空间进行分割。

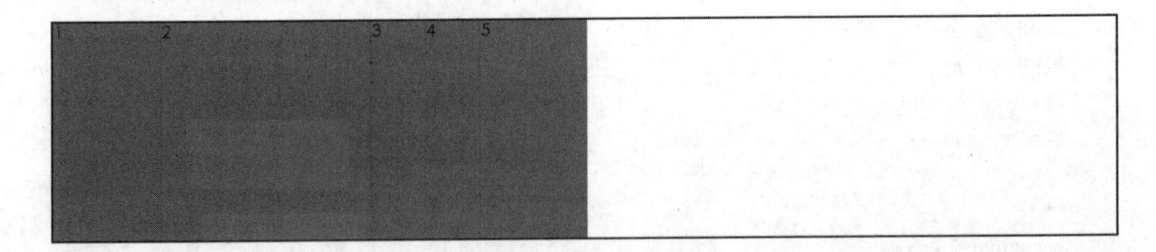

图 11-21

下面修改 item1 的 CSS 代码，为其添加 flex-grow 属性：

```
.item1{
  background: green;
  width: 100px;
  height: 200px;
  font-weight: bold;
  border: 1px solid red;
  flex-grow: 1;
}
```

再次刷新网页，效果如图 11-22 所示。

图 11-22

当将 flex-grow 属性设置为 1 后，第一个元素的宽度分割了所有剩余的父元素空间。接下来修改 item2 的代码：

```
.item2{
  background: green;
  width: 200px;
  height: 200px;
  font-weight: bold;
  border: 1px solid red;
  flex-grow: 2;
}
```

再次刷新网页，效果如图 11-23 所示。

这次，第一个元素和第二个元素共同分割了剩余空间。其实，第一个元素和第二个元素是按照 1:2 的比例进行弹性父元素剩余空间划分的。也就是说，是按照每个元素的 flex-grow 属性值对剩余空间进行划分的。默认值为 0，表示不参与父元素剩余空间的划分。

图 11-23

这是弹性布局中重要的属性之一。正是因为这个属性的存在，它才被称为弹性布局。有了这个属性，可以很轻松、灵活地进行自适应布局。在一行元素中，如果某些元素的宽度是固定的，就设定其 flex-grow 属性值为 0；如果需要其宽度根据手机屏幕分辨率自适应变化，就根据需要设定 flex-grow 值，以此指定某一块元素分割多少父元素的剩余空间。

（2）有灵活的子元素放大属性，当然也有灵活的子元素缩小属性。flow-shrink 属性就可以设置元素的缩小比例。假设开始元素都可以按照既定的宽度正常显示在一个屏幕上，当屏幕变小时，元素收缩的比例就会按照 flow-shrink 指定的值进行收缩。如果想让一个元素不论屏幕如何收缩宽度都不发生变化，就可以将 flow-shrink 属性值指定为 0（这个值也是 flow-shrink 属性的默认值）。

【示例】

```
<!DOCTYPE>
<html>
<head>
<meta charSet="utf-8" />
<meta name="viewport" content="width=device-width, initial-scale=1, maximum-scale=1"/>
<style type="text/css">
.container{
   display:flex;
   display:-webkit-flex;
   border: 2px solid black;
   margin: 20px;
   flex-direction: row;
   flex-wrap: nowrap;
}
.item1{
   background: green;
   width: 200px;
   height: 200px;
   font-weight: bold;
   border: 1px solid red;
   flex-shrink: 1;
}
.item2{
   background: green;
   width: 300px;
```

```
    height: 200px;
    font-weight: bold;
    border: 1px solid red;
    flex-shrink: 0;
  }
  .item3{
    background: green;
    width: 100px;
    height: 200px;
    font-weight: bold;
    border: 1px solid red;
    flex-shrink: 1;
  }
  .item4{
    background: green;
    width: 100px;
    height: 200px;
    font-weight: bold;
    border: 1px solid red;
    flex-shrink: 1;
  }
  .item5{
    background: green;
    width: 300px;
    height: 200px;
    font-weight: bold;
    border: 1px solid red;
    flex-shrink: 3;
  }
  </style>
  </head>
  <body>
  <div class="container">
    <div class="item1">1</div>
    <div class="item2">2</div>
    <div class="item3">3</div>
    <div class="item4">4</div>
    <div class="item5">5</div>
  </div>
  </body>
  </html>
```

在上面的例子中，为五个 item 元素设定的 flex-shrink 属性比值为 1:0:1:1:3。打开浏览器，查看最开始的效果，如图 11-24 所示。

图 11-24

现在，手动缩小浏览器界面的宽度，观察各个元素宽度的变化。下面选取一个静态位置的效果，如图 11-25 所示。

图 11-25

可以看到，2 号元素的 flex-shrink 属性值设为 0，因此不论屏幕如何收缩，2 号元素的宽度都保持不变；5 号元素的 flex-shrink 属性值为 3，是其他元素的 3 倍，因此 5 号元素收缩的幅度最大。

（3）还有一个需要介绍的属性是 flex-basis 属性。这个属性设定元素在浏览器中最开始占据的空间，一般都会设置成和元素 width 和 height 属性值相同的像素大小。

（4）最后一个需要介绍的属性是 align-self 属性。之前讲到，可以为父元素定义多个属性来设置内部元素的对齐方式。align-self 属性可以用来设置某一个元素个性化的对齐方式，可以覆盖父元素对其设定的对齐方式。它的取值如下：

- auto：默认对齐方式，根据父元素的对齐方式对齐。
- flex-start：在轴线开始处对齐。
- flex-end：在轴线结束处对齐。
- center：在轴线中间对齐。
- baseline：文字基线对齐。

弹性布局中还有一类特殊的属性，这些属性是其他多个属性的组合，与 font 属性或者 border 属性类似。

flex 属性是 flex-grow、flex-shrink 和 flex-basis 的简写，默认值为 0 1 auto，后两个属性是可选的。

有了 flex 布局，就可以让开发者轻松构建出能够自适应屏幕大小的应用了。

第 12 章

使用 CSS3 新特性

本章内容要点：

- transform 属性及方法

随着 CSS 的发展，在 CSS3 中，出现了许多新特性。这些特性让开发者可以更好地解决样式问题。不仅如此，这些新特性还能帮助开发者实现以前不敢想象的纯 CSS 效果。

12.1 transform 属性

transform 在英文中的含义是“改变，使…变形；转换”。CSS3 中定义了 transform 属性，在 transform 属性中包含一系列的 CSS 方法，这些方法的作用正如 transform 这个单词的含义一样——操作元素进行各种各样的变化。这些方法包括对元素进行平移（translate）、对元素进行缩放（scale）、对元素进行旋转（rotate）等。

之前的 CSS 中，开发者关心的更多可能是元素之间的排版、定位等，transform 的出现让开发者可以很方便地处理单个元素各种各样的样式。

transform 可以控制二维或者三维的元素，在本书中我们主要介绍 transform 是如何进行二维元素转换的。

下面就对 transform 属性的各个形变方法进行介绍。

12.2　translate 方法

translate 方法是用来操作元素移动的，因此这个方法可以为其传入两个参数 x 和 y（x 表示平移的距离，y 表示垂直方向移动的距离）。下面给出一个使用 translate 的例子。

【示例】

```
<!DOCTYPE>
<html>
<head>
<meta charSet="utf-8" />
<meta name="viewport" content="width=device-width, initial-scale=1, maximum-scale=1"/>
<style type="text/css">
  *{
    margin: 0;
    padding: 0;
  }
  .normal{
    width: 200px;
    height: 80px;
    background: red;
  }
  .translate{
    margin-top: 10px;
    transform: translate(20px, 20px);
  }
</style>
</head>
<body>
  <div class="normal"></div>
  <div class="normal translate"></div>
</body>
</html>
```

效果如图 12-1 所示。

可以看到，正常情况下下面的矩形应该和上面的矩形是对齐的，之间仅有 10 像素的边距；但是在为第二个矩形设定 translate 属性并为其指定 x 方向和 y 方向移动 20 像素后，下面的矩形发生了移动，分别向右和向下移动了 20 像素的距离。

如果传入负数值会出现什么变化呢？来看下面的例子。

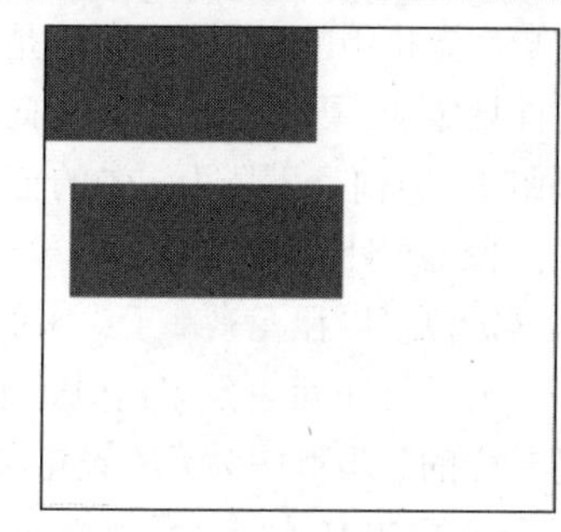

图 12-1

【示例】

```
<!DOCTYPE>
<html>
<head>
<meta charSet="utf-8" />
<meta name="viewport" content="width=device-width, initial-scale=1, maximum-scale=1"/>
<style type="text/css">
  *{
    margin: 0;
    padding: 0;
  }
  .normal{
    width: 200px;
    height: 80px;
    background: red;
  }
  .translate{
    margin-top: 10px;
    background: green;
    transform: translate(-20px, -20px);
  }
</style>
</head>
<body>
  <div class="normal"></div>
  <div class="normal translate"></div>
</body>
</html>
```

效果如图 12-2 所示。

可以看到，当设置为负数时图像会向着相反的方向移动。

总结一下，使用 translate 进行元素的平移变换时，右侧代表 x 方向的正方向，下侧代表 y 方向的正方向，这与在定位中的设定相同。这是因为浏览器的坐标就是这样规定的，因此任何关于方向的设定永远都是右侧为 x 轴的正方向、下侧为 y 轴的正方向。

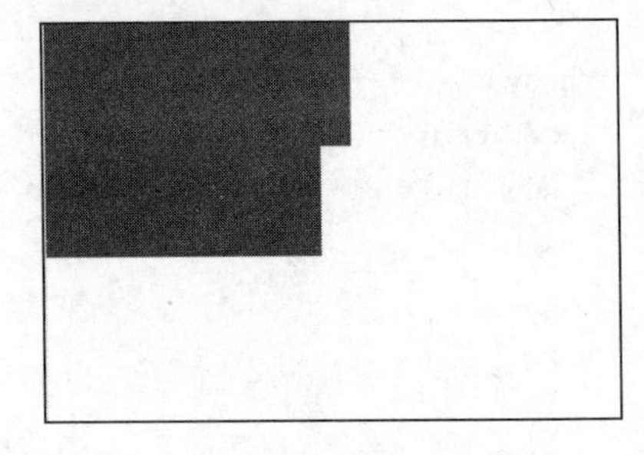

图 12-2

回想一下，在元素定位一节中，有一种 relative（相对定位）定位方式。使用 relative 方法进行元素定位可以让元素基于原来的位置进行变换。

对比一下可以发现，对一个元素使用 translate，其实与对该元素使用 relative 方法产生的效果是一样的。本例中为元素设定了 translate(-20px, -20px)，表示元素相对于原来的位置向左、向上分别平移了 20 像素，等价于使用 relative 方法的如下代码：

```
    .translate{
        margin-top: 10px;
        background: green;
position: relative;
top: -20px;
left: -20px;
    }
```

当没有为元素设定任何效果时，元素自然而然地会处在一个位置，而当为元素设置 translate 属性值时，元素会相对于自身原来的位置进行平移变换。同样，当为元素设置 relative 定位时，元素也是根据自己原来的位置进行平移变换。二者在视觉上面达到的预期效果是相同的。

如果为元素设定了 relative 属性，还会对其内部其他元素的定位产生影响。因为当定位为 absolute 时，其定位的基准是相对于离它最近的第一个设置了 position 属性的祖先元素进行定位的。如果为元素设置了 translate，那么这个元素的子元素会怎么表现自己呢？比如，要使元素单纯地进行移动，而不想改变内部元素的定位，仍然想让内部元素参照与最外层的元素进行定位时，我们能否通过使用 translate 来避免 position 对子元素的影响呢？可以看下面的例子。

【示例】

```
<!DOCTYPE>
<html>
<head>
<meta charSet="utf-8" />
<meta name="viewport" content="width=device-width, initial-scale=1, maximum-scale=1"/>
<style type="text/css">
    *{
        margin: 0;
        padding: 0;
    }
    .main{
        position: relative;
        background: rgba(0, 0, 0, .6);
        width: 300px;
        height: 500px;
        margin: 20px;
    }
    .normal{
        width: 200px;
        height: 80px;
        position: relative;
        left: 100px;
        background: green;
    }
    .translate{
        width: 200px;
```

```
        height: 80px;
        margin-top: 20px;
        transform: tranlate(100px,0);
        background: green;
    }
    .son{
        position: absolute;
        top: 0px;
        left: 0px;
        width: 50px;
        height: 50px;
        background: red;
    }
</style>
</head>
<body>
    <div class="main">
        <div class="normal">
            <div class="son"></div>
        </div>
        <div class="translate">
            <div class="son"></div>
        </div>
    </div>
</body>
</html>
```

效果如图 12-3 所示。

图 12-3

在这个例子中，在屏幕中间绘制了一个父元素，并为这个元素设定 relative 的 position 属性。父元素内部有一个绿色的 div，而绿色 div 内部还有一个红色的小 div。可以看到，无论是使用 relative 还是使用 transform，最后的结果都是一样的：都会被其内部的子元素当作最近的设置了 position 的元素。

综上，我们可以发现，translate 和 relative 无论是在表现形式还是对其他元素的影响方面都是一样的。比较 relative 来学习 translate，就可以更容易地进行理解了。

如果将 translate 设置成百分比会是什么样的效果呢？

【示例】

```
<!DOCTYPE>
<html>
<head>
<meta charSet="utf-8" />
```

```
<meta name="viewport" content="width=device-width, initial-scale=1, maximum-scale=1"/>
<style type="text/css">
  *{
    margin: 0;
    padding: 0;
  }
  .main{
    position: relative;
    background: rgba(0, 0, 0, .6);
    width: 300px;
    height: 500px;
    margin: 20px;
  }
  .translate{
    width: 200px;
    height: 80px;
    transform: translate(20%, 20%);
    background: green;
  }
</style>
</head>
<body>
  <div class="translate"></div>
</body>
</html>
```

效果如图 12-4 所示。

图 12-4

通过计算可以得出，元素向下移动了 16 像素、向右移动了 40 像素。这个值是如何计算出来的呢？注意，原来元素的宽度是 200 像素、高度是 80 像素。也就是说，百分比的作用是作用在宽高上的，向 x 轴平移的值如果设定成百分比，那么 x 轴方向平移的值就是参照元素的宽得到的百分比值；向 y 轴平移的值如果设定成百分比，那么 y 轴方向平移的值就是参照元素的高得到的百分比值。

利用这种特性还可以解决一些样式的问题，最典型的就是下面介绍的垂直居中应用。

【示例】

```
<!DOCTYPE>
<html>
<head>
<meta charSet="utf-8" />
<meta name="viewport" content="width=device-width, initial-scale=1, maximum-scale=1"/>
<style type="text/css">
```

```
    *{
      margin: 0;
      padding: 0;
    }
    .translate{
      width: 220px;
      height: 500px;
      margin: 80px;
      background: rgba(0, 0, 0, .6);
      position: relative;
    }
    .son{
      background: red;
      position: absolute;
      width: 100px;
      height: 100px;
      top: 50%;
      transform: translate(0, -50%);
    }
  </style>
  </head>
  <body>
    <div class="translate">
      <divc class="son"></div>
    </div>
  </body>
  </html>
```

效果如图 12-5 所示。

我们是如何做到这一点的呢？这就要对百分比进行深入理解了。首先代码为子元素设定 position 为 absolute，相对于父元素进行定位。然后使用 top:50%将这个元素用百分比设定一下高度。这个高度其实是根据父元素当前的高度设定的，但是，这样设定之后，红色 div 的顶部边线是居中的，整个元素看起来却不是居中的。这时把这个元素向上平移该元素高度的一半，就可以达到居中的效果了。根据上面说的，当为 translate 设置百分比的值时，它是根据元素自身宽高计算的，所以这时再设置 translate(0, -50%)就可以轻而易举地实现垂直居中的效果了。

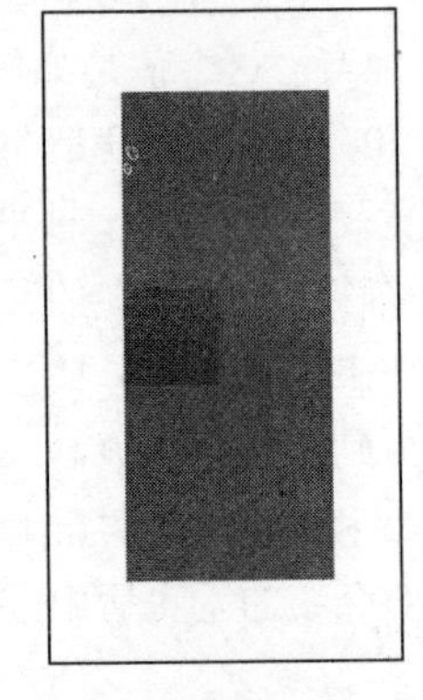

图 12-5

12.3 rotate 方法

rotate 表示是旋转变换，和之前说的 translate 使用方法相同。旋转就是将原来的元素沿着一个方向绕圆心移动一个角度。显然，rotate()方法需要传递的参数就是一个角度。下面是一个基本的使用方法。

【示例】

```
<!DOCTYPE>
<html>
<head>
<meta charSet="utf-8" />
<meta name="viewport" content="width=device-width, initial-scale=1, maximum-scale=1"/>
<style type="text/css">
   *{
      margin: 0;
      padding: 0;
   }
   .translate{
      width: 220px;
      height: 500px;
      margin: 80px;
      background: rgba(0, 0, 0, .6);
      position: relative;
   }
   .son{
      background: red;
      position: absolute;
      width: 100px;
      height: 100px;
      transform: rotate(20deg);
   }
</style>
</head>
<body>
   <div class="translate">
      <divc class="son"></div>
   </div>
</body>
</html>
```

效果如图 12-6 所示。

图 12-6

可以看到，rotate 对于元素的操作结果是元素沿着圆心进行了旋转。上面传递的参数是 20deg，deg 在 CSS 中表示角度单位，20deg 表示着将元素旋转 20 度，得到上面图中的效果。

当然，rotate 的参数还能传递负数，会使得旋转的方向出现差异。当 rotate 传递的参数是正数时，图形沿着顺时针方向旋转；当传递的参数是负数时，图形沿着逆时针方向旋转。

12.4 scale()方法

scale()方法进行的是缩放变化，它可以让一个元素按照一定的比例进行缩小或者放大。

在浏览器中，每一个元素都有高度和宽度，高度是沿着 y 轴方向的大小、宽度是沿着 x 轴方向的大小。宽度和高度共同决定了一个元素的最终大小。因此，当想对一个元素进行缩放时，就会出现两个方向上的缩放，分别为 x 轴方向和 y 轴方向。最终元素的大小取决于在 x 轴方向和 y 轴方向各缩放了多少。既可以在 x 轴和 y 轴上都放大或者缩小，也可以在 x 轴上放大、在 y 轴上缩小。

因此，scale()方法需要传入两个参数，即 x 轴方向的缩放比例和 y 轴方向的缩放比例。下面给出一个基本的使用例子。

【示例】

```
<!DOCTYPE>
<html>
<head>
<meta charSet="utf-8" />
<meta name="viewport" content="width=device-width, initial-scale=1, maximum-scale=1"/>
<style type="text/css">
  *{
    margin: 0;
    padding: 0;
  }
  .translate{
    width: 220px;
    height: 500px;
    margin: 80px;
    background: rgba(0, 0, 0, .6);
  }
  .son{
    background: red;
    width: 100px;
    height: 100px;
    margin-top: 40px;
    margin-left: 20px;
  }
  .son1{
    transform: scale(1.2,1.2);
  }
  .son2{
    transform: scale(1.5,1.2);
  }
  .son3{
```

```
        transform: scale(1.2,0.8);
    }
  </style>
  </head>
  <body>
    <div class="translate">
      <div class="son"></div>
      <div class="son son1"></div>
      <div class="son son2"></div>
      <div class="son son3"></div>
    </div>
  </body>
  </html>
```

效果如图 12-7 所示。

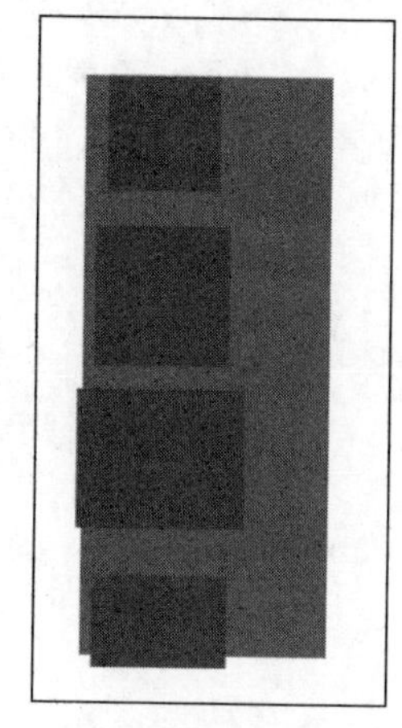
图 12-7

第一个正方形是最开始定义的图形，它的宽度和高度是一定的。接下来，我们在这个图形的基础上进行缩放，分别进行等比放大、不等比放大和同时缩小和放大。可以看出，等比放大的时候图形还是正方形，宽高相同。不等比缩放的时候，宽高之间产生差异，这就是分别在 x 轴和 y 轴上进行不同缩放的结果。

缩放效果可以解决开发者在移动端样式开发中的许多问题，比如，有时需要让字体很小，但是超出了在 CSS 样式中浏览器可以识别的最小字体，这时可以使用 scale 方法对文字进行强行管辖，解决 font-size 方法在浏览器中的限制。又如，可能需要将同一个元素按照不同的大小等比例显示在不同的位置上，为每个这样的元素都设定宽和高显然是一种效率很低又不能保证精确的做法（因为宽高比要求相等，有时在计算时会出现小数的情况），这时直接使用 scale 方法，一个步骤即可直接轻松地缩放，完成开发者的需求。

12.5　skew()方法

skew()方法表示的是倾斜变换，倾斜变换就是将一个元素的某个方向按照一定的角度进行倾斜。

skew()方法需要传入两个参数，和 rotate 一样，也分为在 x 轴上和在 y 轴上不同的倾斜角度，传入参数的单位也是角度 deg。

这个变换比较难理解，先看一个例子。

【示例】

```
<!DOCTYPE>
<html>
<head>
<meta charSet="utf-8" />
```

```
<meta name="viewport" content="width=device-width, initial-scale=1, maximum-scale=1"/>
<style type="text/css">
    *{
        margin: 0;
        padding: 0;
    }
    .translate{
        width: 220px;
        height: 500px;
        margin: 80px;
        background: rgba(0, 0, 0, .6);
    }
    .son{
        background: red;
        width: 100px;
        height: 100px;
        margin-top: 40px;
        margin-left: 20px;
    }
    .son1{
        transform: skew(30deg, 0);
    }
    .son2{
        transform: skew(0, 30deg);
    }
    .son3{
        transform: skew(30deg, 30deg);
    }
</style>
</head>
<body>
    <div class="translate">
        <div class="son"></div>
        <div class="son son1"></div>
        <div class="son son2"></div>
        <div class="son son3"></div>
    </div>
</body>
</html>
```

效果如图 12-8 所示。

原本的图形是一个正方形，首先使用 skew 变换：skew(30deg, 0)，表示将图形在 x 轴的方向倾斜 30 度。接下来看一下第二个图形的变化，它变成了一个平行四边形，这个平行四边形的水平轴线没有任何变化，而竖直的轴线相比原来逆时针倾斜了 30 度，这就是 skew 的作用。

如果 x 参数为 0、y 参数为 30 呢？第三个图形进行的操作是 skew(0,30deg)，结果是这个平行四边形的 y 轴保持不变、x 轴沿着顺时针旋转了 30 度，得到了第三个图形。

最后，将 x 轴和 y 轴这两个方向的倾斜角度同时改变，就得到了最后一个平行四边形，这个平行四边形的 x 轴和 y 轴都进行了一定程度的倾斜。

使用 skew 时，被倾斜元素内部的内容也会随着倾斜。我们看一下下面的效果。

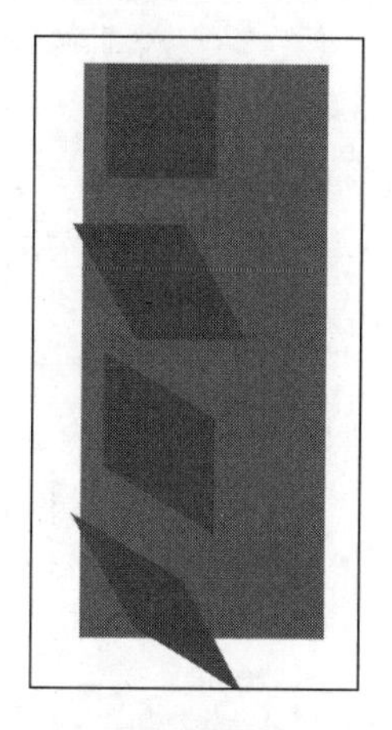

图 12-8

【示例】

```
<!DOCTYPE>
<html>
<head>
<meta charSet="utf-8" />
<meta name="viewport" content="width=device-width, initial-scale=1, maximum-scale=1"/>
<style type="text/css">
  *{
    margin: 0;
    padding: 0;
  }
  .translate{
    width: 220px;
    height: 500px;
    margin: 80px;
    background: rgba(0, 0, 0, .6);
  }
  .son{
    background: red;
    width: 100px;
    height: 100px;
    margin-top: 40px;
    margin-left: 20px;
    transform: skew(30deg, 0);
    text-align: center;
    color: white;
    line-height: 100px;
  }
</style>
</head>
<body>
  <div class="translate">
```

```
    <div class="son">倾斜测试</div>
  </div>
</body>
</html>
```

效果如图 12-9 所示。

可以看到，被设置了倾斜的元素，其内部的文字也跟着倾斜了，这是 skew 变换的副作用。我们其实是不希望内部文字也进行倾斜的，可以使用下面这种方式解决。

【示例】

```
<!DOCTYPE>
<html>
<head>
<meta charSet="utf-8" />
<meta name="viewport" content="width=device-width, initial-scale=1, maximum-scale=1"/>
<style type="text/css">
  *{
    margin: 0;
    padding: 0;
  }
  .translate{
    width: 220px;
    height: 500px;
    margin: 80px;
    background: rgba(0, 0, 0, .6);
  }
  .son{
    background: red;
    width: 100px;
    height: 100px;
    margin-top: 40px;
    margin-left: 20px;
    transform: skew(30deg, 0);
    text-align: center;
    color: white;
    line-height: 100px;
  }
  .son p{
    transform: skew(-30deg, 0);
  }
</style>
</head>
<body>
  <div class="translate">
    <div class="son"><p>倾斜测试</p></div>
```

```
    </div>
</body>
</html>
```

效果如图 12-10 所示。

图 12-9

图 12-10

上面的例子为内部的文字添加了一个 p 标签，然后为这个 p 标签添加其他样式：让这个 p 标签也进行倾斜操作，倾斜的方向与其父元素的倾斜方向正好相反。这样就抵消了父元素的倾斜对于子元素的影响。

在一般的开发中，当需要给一个包含其他内容的父元素设置倾斜变换时，通常会在这个元素和其子元素中再增添一个 div，为其设置倾斜，来抵消父元素的倾斜操作对子元素倾斜操作的影响。可以看一下下面的例子。

【示例】

```
<!DOCTYPE>
<html>
<head>
<meta charSet="utf-8" />
<meta name="viewport" content="width=device-width, initial-scale=1, maximum-scale=1"/>
<style type="text/css">
  *{
    margin: 0;
    padding: 0;
  }
  .translate{
    width: 220px;
    height: 500px;
    margin: 80px;
    background: rgba(0, 0, 0, .6);
  }
  .son{
    background: red;
    width: 100px;
```

```
        height: 100px;
        margin-top: 40px;
        margin-left: 20px;
        transform: skew(30deg, 0);
        text-align: center;
        color: white;
        line-height: 100px;
    }
    .wrap{
        transform: skew(-30deg, 0);
    }
    .test{
        width: 20px;
        height: 20px;
        background: white;
        display: block;
    }
</style>
</head>
<body>
    <div class="translate">
        <div class="son">
            <div class="wrap">
                <span>解决倾斜影响</span>
                <span class="test"></span>
            </div>
        </div>
        <div class="son">
            <span>解决倾斜影响</span>
            <span class="test"></span>
        </div>
    </div>
</body>
</html>
```

效果如图 12-11 所示。

这里像上面所说的那样将父元素的内部套了一个类名为 wrap 的 div，用来抵消外面元素对于内部元素的倾斜影响。可以看到，加了这层元素和没加这层元素相比，完美地解决了 skew 变换给子元素带来的副作用。

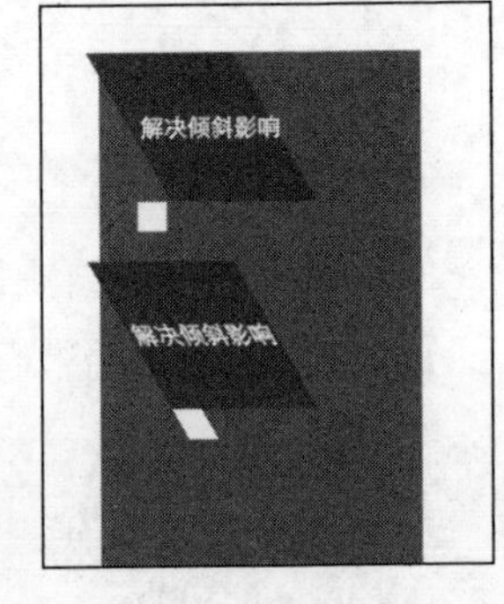

图 12-11

12.6　transition 方法

以前在开发的时候，如果希望网站中的内容能够“动”起来，能够给用户更好的交互体验，就需要写一些复杂的 JavaScript 脚本来实现。有了 CSS3 后，许多动画效果其实都可以通过 transition 方法实现。

CSS3 的 transition 允许 CSS3 的属性值在一定的时间区间内平滑过渡。这种效果可以在鼠标单击、获得焦点、被单击或对元素任何改变中触发，并圆滑地以动画效果改变 CSS 的属性值。

也就是说，可以使用 transition 配合上在 CSS 中可以使用的事件，如鼠标划过事件（hover）、获取焦点事件（focus）等，实现更好的用户交互。

transition 其实是一个复合属性，包含 4 个可以被设置的子属性，分别是：

- transition-property　规定设置过渡效果的 CSS 属性名称。
- transition-duration　规定完成过渡效果需要多少秒或毫秒。
- transition-timing-function　规定速度效果的速度曲线。
- transition-delay　定义过渡效果何时开始。

1. transition-property

transition-property 属性用来设置开发者希望产生渐变效果的属性的名称，比如元素的宽度 width、高度 height 等。下面先来看一个例子，在了解基本的 transition 用法的同时看看 transition-property 如何使用。

【示例】

```
<!DOCTYPE>
<html>
<head>
<meta charSet="utf-8" />
<meta name="viewport" content="width=device-width, initial-scale=1, maximum-scale=1"/>
<style type="text/css">
  *{
    margin: 0;
    padding: 0;
  }
  .transition{
    width: 300px;
    height: 100px;
    background: green;
  }
  .transition:hover{
    width: 200px;
    transition-property: width;
```

```
        transition-duration: 0.5s;
    }
</style>
</head>
<body>
    <div class="transition"></div>
</body>
</html>
```

此处为 transition 元素设定了宽度为 300px，但是当鼠标划过时，这个元素的宽度设置成了 200px。在没有 transition 属性定义的时候，当鼠标划过该元素时，该元素的宽度瞬间变成 200px。当为这个元素设置了 transition 属性后，鼠标划过后元素的行为发生了变化，元素的宽度慢慢地变成了 200px，产生了想要的动画效果。

首先设定 transition-property 属性，这指明要发生动画变化的是元素的 width 属性。如果在 hover 事件中指定了高度也和原来不一样，但是没有在 transition-property 中添加这个属性，那么它的高度也不会发生动画效果。

接下来设置 transition-duration 属性，表明动画将会持续多长时间，最后的效果是元素的宽度在 0.5s 内从 300 像素缩短到了 200 像素。

除了可以指定各个属性外，还可以将 transition-property 设置成 all，表明当 CSS 定义的事件发生时元素发生的所有变化都将执行后面定义的动画效果。

2. transition-duration

transition-duration 属性已经提及，主要用来设定动画效果持续的时间。这个值设置得越大，整个动画变化过程越慢；这个值设置得越小，整个动画变化过程越快。下面是一个可以进行对比的例子。

【示例】

```
<!DOCTYPE>
<html>
<head>
<meta charSet="utf-8" />
<meta name="viewport" content="width=device-width, initial-scale=1, maximum-scale=1"/>
<style type="text/css">
    *{
        margin: 0;
        padding: 0;
    }
    .transition1{
        width: 300px;
        height: 100px;
        background: green;
    }
    .transition2{
```

```
        width: 300px;
        height: 100px;
        background: red;
        margin-top: 20px;
    }
    .transition1:hover{
        width: 200px;
        transition-property: width;
        transition-duration: 0.5s;
    }
    .transition2:hover{
        width: 200px;
        transition-property: width;
        transition-duration: 2s;
    }
</style>
</head>
<body>
    <div class="transition1"></div>
    <div class="transition2"></div>
</body>
</html>
```

从结果可以发现，transition-duration 的值越大，整个动画显示得越慢，因为 CSS 需要将所有的变化平均到这些时间之内执行。

3. transition-time-function

我们知道，元素的样式变化会在 transition-duration 这个值设定的时间之内发生变化，从而形成动画，transition-time-function 属性就用于决定在这段时间之内变化的部分如何进行展开。

transition-time-function 有如下内置的属性值：

- linear　规定以相同速度开始至结束的过渡效果。
- ease　规定慢速开始，然后变快，再慢速结束的过渡效果。
- ease-in　规定以慢速开始的过渡效果。
- ease-out　规定以慢速结束的过渡效果。
- ease-in-out　规定以慢速开始和结束的过渡效果。

在之前的例子中，开发者没有对 transition-time-function 属性进行设定，CSS 会使用默认值 linear。下面给出一个使用 transition-time-function 的例子。

【示例】

```
<!DOCTYPE>
<html>
<head>
<meta charSet="utf-8" />
```

```
<meta name="viewport" content="width=device-width, initial-scale=1, maximum-scale=1"/>
<style type="text/css">
  *{
    margin: 0;
    padding: 0;
  }
  .transition1{
    width: 300px;
    height: 100px;
    background: green;
  }
  .transition2{
    width: 300px;
    height: 100px;
    background: red;
    margin-top: 20px;
  }
  .transition3{
    width: 300px;
    height: 100px;
    background: pink;
    margin-top: 20px;
  }
  .transition4{
    width: 300px;
    height: 100px;
    background: black;
    margin-top: 20px;
  }
  .transition5{
    width: 300px;
    height: 100px;
    background: yellow;
    margin-top: 20px;
  }
  .transition1:hover{
    width: 200px;
    transition-property: width;
    transition-duration: 0.5s;
    transition-time-function: linear;
  }
  .transition2:hover{
    width: 200px;
    transition-property: width;
    transition-duration: 0.5s;
```

```
        transition-time-function: ease;
    }
    .transition3:hover{
        width: 200px;
        transition-property: width;
        transition-duration: 0.5s;
        transition-time-function: ease-in;
    }
    .transition4:hover{
        width: 200px;
        transition-property: width;
        transition-duration: 0.5s;
        transition-time-function: ease-out;
    }
    .transition5:hover{
        width: 200px;
        transition-property: width;
        transition-duration: 0.5s;
        transition-time-function: ease-in-out;
    }
</style>
</head>
<body>
    <div class="transition1"></div>
    <div class="transition2"></div>
    <div class="transition3"></div>
    <div class="transition4"></div>
    <div class="transition5"></div>
</body>
</html>
```

这样就可以使用不同的方法指定开发者在动画期间的动画效果了。

但是，只有这么几种给定的内置属性值并不能满足开发者的需求，transition-time-function 属性还可以指定名叫贝塞尔曲线的值。

贝塞尔曲线是应用于二维图形应用程序的数学曲线，一般的矢量图形软件通过它来精确地画出曲线。贝塞尔曲线由线段与节点组成，节点是可拖动的支点。

贝塞尔曲线需要传入 4 个参数。上面所说的几种内置的 transition-time-function 其实都是有对应的贝塞尔曲线值的，具体如下：

- linear　cubic-bezier(0,0,1,1)。
- ease　cubic-bezier(0.25,0.1,0.25,1)。
- ease-in　cubic-bezier(0.42,0,1,1)。
- ease-out　cubic-bezier(0,0,0.58,1)。
- ease-in-out　cubic-bezier(0.42,0,0.58,1)。

4. transition-delay

transition-delay 属性用来定义一个延迟，规定在过渡效果开始之前需要等待的时间，以秒或毫秒计。也就是说，定义了该值后，可以让动画等待一段时间后再开始。

【示例】

```
<!DOCTYPE>
<html>
<head>
<meta charSet="utf-8" />
<meta name="viewport" content="width=device-width, initial-scale=1, maximum-scale=1"/>
<style type="text/css">
  *{
    margin: 0;
    padding: 0;
  }
  .transition1{
    width: 300px;
    height: 100px;
    background: green;
  }
  .transition2{
    width: 300px;
    height: 100px;
    background: red;
    margin-top: 20px;
  }
  .transition1:hover{
    width: 200px;
    transition-property: width;
    transition-duration: 0.5s;
    transition-delay: 2000;
  }
  .transition2:hover{
    width: 200px;
    transition-property: width;
    transition-duration: 2s;
    transition-delay: 1000;
  }
</style>
</head>
<body>
  <div class="transition1"></div>
  <div class="transition2"></div>
```

```
</body>
</html>
```

可以看到，图形的运动会在设置的 transition-delay 之后才开始。需要注意的是，transition-delay 是以毫秒为单位的。

5. transition 示例

transition 属性是一个复合属性，包含上面所说的 transition-duration、transition-property、transition-time-function 和 transition-delay。下面是使用 transition 的例子。

【示例】

```
<!DOCTYPE>
<html>
<head>
<meta charSet="utf-8" />
<meta name="viewport" content="width=device-width, initial-scale=1, maximum-scale=1"/>
<style type="text/css">
  *{
    margin: 0;
    padding: 0;
  }
  .transition1{
    width: 300px;
    height: 100px;
    background: green;
  }
  .transition2{
    width: 300px;
    height: 100px;
    background: red;
    margin-top: 20px;
  }
  .transition1:hover{
    width: 200px;
    transition: all .5s;
  }
  .transition2:hover{
    width: 200px;
    transition: width .5s;
  }
</style>
</head>
<body>
  <div class="transition1"></div>
```

```
  <div class="transition2"></div>
</body>
</html>
```

熟练运用 transition 属性，可以更方便地制作动画效果，用 CSS 来取代复杂无逻辑的 JavaScript 动画代码。

比如，可以使用 transform 和 transition 这两个 CSS3 属性相结合的方法制作出许多非常简便、十分炫酷的动画效果。

【示例】

```
<!DOCTYPE>
<html>
<head>
<meta charSet="utf-8" />
<meta name="viewport" content="width=device-width, initial-scale=1, maximum-scale=1"/>
<style type="text/css">
  *{
    margin: 0;
    padding: 0;
  }
  .transition{
    width: 300px;
    height: 100px;
    background: green;
    margin-bottom: 20px;
    transition: all .5s;
  }
  .transition1:hover{
    transform: scale(1.5);
    transition: all .5s;
  }
  .transition2:hover{
    transform: rotate(40deg);
    transition: all .5s;
  }
  .transition3:hover{
    transform: translate(30px,40px);
    transition: all .5s;
  }
  .transition4:hover{
    transform: skew(20deg, 30deg);
    transition: all .5s;
  }
</style>
</head>
```

```
<body>
  <div class="transition transition1"></div>
  <div class="transition transition2"></div>
  <div class="transition transition3"></div>
  <div class="transition transition4"></div>
</body>
</html>
```

鼠标划过时会看到意想不到的动画效果。当然，也可以将多种 transform 进行组合。

【示例】

```
<!DOCTYPE>
<html>
<head>
<meta charSet="utf-8" />
<meta name="viewport" content="width=device-width, initial-scale=1, maximum-scale=1"/>
<style type="text/css">
  *{
    margin: 0;
    padding: 0;
  }
  .transition{
    width: 300px;
    height: 100px;
    background: green;
    margin-bottom: 20px;
    transition: all .5s;
  }
  .transition1:hover{
    transform: scale(1.5)
    rotate(40deg)
    skew(20deg, 30deg)
    translate(30px,40px);
    transition: all .5s;
  }
</style>
</head>
<body>
  <div class="transition transition1"></div>
</body>
</html>
```

还可以将 transition 的技巧运用于常见的开发中。下面的例子仅使用 transition 很简单的代码就实现了用户单击后输入框的变化，加强了用户和界面之间的交互效果。虽然仅仅是添加了很少量的代码，但是效果非常好。

【示例】

```
<!DOCTYPE>
<html>
<head>
<meta charSet="utf-8" />
<meta name="viewport" content="width=device-width, initial-scale=1, maximum-scale=1"/>
<style type="text/css">
  *{
    margin: 0;
    padding: 0;
  }
  .input{
    width: 300px;
    height: 30px;
    padding-left: 10px;
  }
  .input:focus{
    padding-left: 30px;
    transition:padding-left .5s;
  }
</style>
</head>
<body>
  <input class="input" type="text" placeholder="请输入内容" />
</body>
</html>
```

12.7 帧动画

transition 可以满足使用 CSS 制作动画的需求。但是，transition 制作动画的局限性许多，不能满足所有的需求。

在使用 transition 制作动画的时候，只能定义变化时间和变化的起止情况，很难定义变化过程中每个过程的变化情况。好在CSS3 为制作复杂的动画效果提供了接口，即@keyframes 和 animation。

1. @keyframes

@keyframes 正如它的名字所定义的那样，表示的是定义关键帧。关键帧是计算机动画中的术语。帧就是动画中最小单位的单幅影像画面，相当于电影胶片上的每一格镜头。在动画软件的时间轴上帧表现为一格或一个标记。关键帧相当于二维动画中的原画，指角色或者物体运动或变化中的关键动作所处的那一帧。

在 CSS 中制作动画当然和计算机动画中的这个很关键的事物分不开。下面看一下如何使用@keyframes 来定义关键帧。

在@keyframes 中，将一个完整的动画过程使用百分比拆分开，从 0%到 100%。在这个过程中的任意一个动画位置都是可以指定关键帧的。也就是说，可以指定其间任何一个时态元素的状态，从而确定每一帧，形成动画。下面是一个基本的定义。

【示例】

```
.main{
    width:100px;
    height:100px;
    background:red;
    position:relative;
  }
  @keyframes mymove
  {
    0%     {top:0px;}
    25%    {top:200px;}
    50%    {top:100px;}
    75%    {top:200px;}
    100% {top:0px;}
  }
  @-moz-keyframes mymove /* Firefox */
  {
    0%     {top:0px;}
    25%    {top:200px;}
    50%    {top:100px;}
    75%    {top:200px;}
    100% {top:0px;}
  }
  @-webkit-keyframes mymove /* Safari 和 Chrome */
  {
    0%     {top:0px;}
    25%    {top:200px;}
    50%    {top:100px;}
    75%    {top:200px;}
    100% {top:0px;}
  }
  @-o-keyframes mymove /* Opera */
  {
    0%     {top:0px;}
    25%    {top:200px;}
    50%    {top:100px;}
    75%    {top:200px;}
    100% {top:0px;}
  }
```

在上面的定义中，为了兼容各个浏览器，上面的代码定义添加了前缀，针对不同内核的浏览器做了不同类型的兼容。这个动画有几个关键因素，首先要以@keyframes 开头，表明接下来要定义的是关键帧动画。接下来，指定了 5 个时态的物体状态：0%、25%、50%、75%、100%。在这 5 个时间状态中，指定了各个时间状态的 top 值。也就是说，在元素基本样式的基础上，为这 5 个时间状态下的元素设置了不同的 top 值，从而让这 5 个时间状态的样式不同。

在实际效果中，5 个时间态对应的元素样式如下：

0%时：

```
.main{
    width:100px;
    height:100px;
    background:red;
    position:relative;
    top: 0px;
        }
```

25%时：

```
.main{
    width:100px;
    height:100px;
    background:red;
    position:relative;
    top: 200px;
  }
```

50%时：

```
.main{
    width:100px;
    height:100px;
    background:red;
    position:relative;
    top: 100px;
  }
```

75%时：

```
.main{
    width:100px;
    height:100px;
    background:red;
    position:relative;
    top: 200px;
  }
```

100%时：

```
.main{
    width:100px;
    height:100px;
    background:red;
    position:relative;
    top: 0px;
  }
```

在@keyframes 中，还可以使用 from 和 to 关键字。from 代表的是 0%时的状态，to 代表的是 100%时的状态。

【示例】

```
@keyframes mymove
{
from {top:0px;}
to {top:200px;}
}
@-moz-keyframes mymove /* Firefox */
{
from {top:0px;}
to {top:200px;}
}
@-webkit-keyframes mymove /* Safari  和  Chrome */
{
from {top:0px;}
to {top:200px;}
}
@-o-keyframes mymove /* Opera */
{
from {top:0px;}
to {top:200px;}
}
```

这种定义方式主要用在只有起始和截至两个状态下的元素的简单动画，其实这种方法定义的动画效果和 transition 定义的动画效果是类似的，都属于简单动画。

2. animation

了解了如何使用@keyframes 定义关键帧后就可以进行下一步了——如何将这些定义的关键帧指定到元素上，这就需要借助 CSS3 中的 animation 属性了。animation 属性也是一个复合属性，包含以下 6 个属性：

- animation-name　规定需要绑定到选择器的 keyframe 名称。

- animation-duration　规定完成动画所花费的时间，以秒或毫秒计。
- animation-time-function　规定动画的速度曲线。
- animation-iteration-count　规定动画应该播放的次数。
- animation-delay　规定在动画开始之前的延迟。
- animation-direction　规定是否应该轮流反向播放动画。

下面主要介绍一下 animation 的前 5 个属性。

（1）animation-name 属性

animation-name 属性用来为一个元素指定一个 keyframes 定义的关键帧动画。比如，在刚才定义的 mymove 关键帧动画中，如果想将这个关键帧动画运用在 main 元素上，就可以为 main 元素指定 animation-name 属性。

【示例】

```
<!DOCTYPE>
<html>
<head>
<meta charSet="utf-8" />
<meta name="viewport" content="width=device-width, initial-scale=1, maximum-scale=1"/>
<style type="text/css">
  *{
    margin: 0;
    padding: 0;
  }
  .main{
    width:100px;
    height:100px;
    background:red;
    position:relative;
    animation-name:mymove
    -moz-animation-name:mymove;   /* Firefox */
    -webkit-animation-name:mymove;   /* Safari and Chrome */
    -o-animation-name:mymove;   /* Opera */
  }
  @keyframes mymove
  {
    0%    {top:0px;}
    25%   {top:200px;}
    50%   {top:100px;}
    75%   {top:200px;}
    100% {top:0px;}
  }

  @-moz-keyframes mymove /* Firefox */
  {
```

```
    0%    {top:0px;}
    25%   {top:200px;}
    50%   {top:100px;}
    75%   {top:200px;}
    100% {top:0px;}
  }

  @-webkit-keyframes mymove /* Safari 和 Chrome */
  {
    0%    {top:0px;}
    25%   {top:200px;}
    50%   {top:100px;}
    75%   {top:200px;}
    100% {top:0px;}
  }

  @-o-keyframes mymove /* Opera */
  {
    0%    {top:0px;}
    25%   {top:200px;}
    50%   {top:100px;}
    75%   {top:200px;}
    100% {top:0px;}
  }
</style>
</head>
<body>
  <div class="main"></div>
</body>
</html>
```

在上面的例子中，我们就成功地将元素和之前定义的 mymove 关键帧绑定在一起了。这里为了兼容各种内核的浏览器，依然添加了针对不同内核浏览器的前缀。打开浏览器，发现动画效果并没有出现，这是因为我们还没有为这一段动画定义一个时间。

（2）animation-duration

animation-duration 属性用于定义一个时间段，在这个时间段中会按照 keyframes 中定义的各个百分比执行帧动画，和 transition-duration 属性类似。下面的示例就在刚才的代码中加入 animation-duration 属性。

【示例】

```
<!DOCTYPE>
<html>
<head>
<meta charSet="utf-8" />
<meta name="viewport" content="width=device-width, initial-scale=1, maximum-scale=1"/>
```

```
<style type="text/css">
  *{
    margin: 0;
    padding: 0;
  }
  .main{
    width:100px;
    height:100px;
    background:red;
    position:relative;
    animation-name:mymove
    -moz-animation-name:mymove;    /* Firefox */
    -webkit-animation-name:mymove;    /* Safari and Chrome */
    -o-animation-name:mymove;    /* Opera */
    animation-duration:3s
    -moz-animation-duration:3s;
    -webkit-animation-duration:3s;
    -o-animation-duration:3s;
  }
  @keyframes mymove
  {
    0%      {top:0px;}
    25%    {top:200px;}
    50%    {top:100px;}
    75%    {top:200px;}
    100% {top:0px;}
  }
  @-moz-keyframes mymove /* Firefox */
  {
    0%      {top:0px;}
    25%    {top:200px;}
    50%    {top:100px;}
    75%    {top:200px;}
    100% {top:0px;}
  }
  @-webkit-keyframes mymove /* Safari 和 Chrome */
  {
    0%      {top:0px;}
    25%    {top:200px;}
    50%    {top:100px;}
    75%    {top:200px;}
    100% {top:0px;}
  }
```

```
    @-o-keyframes mymove /* Opera */
    {
      0%     {top:0px;}
      25%    {top:200px;}
      50%    {top:100px;}
      75%    {top:200px;}
      100% {top:0px;}
    }
</style>
</head>
<body>
  <div class="main"></div>
</body>
</html>
```

打开浏览器，可以发现动画效果生效了。我们发现，之前指定的那段动画在 3s 的时间内执行完成。在这 3 秒的时间内，元素在各个时间点对应变化到 mymove 中定义的状态，从而形成了动画效果。

（3）animation-time-function

如果要判断在某个时间段内的各个状态之间元素是按照什么规律切换的，可以使用 animation-time-function 定义。animation-time-function 和 transition-time-function 类似，也具有相同的属性值，用来定义这段时间内元素的移动速率。从这里我们也可以看出，其实 keyframes 定义的关键帧动画中的每一段都对应着一个 transition 定义的动画。下面来尝试一下这个新属性。

【示例】

```
<!DOCTYPE>
<html>
<head>
<meta charSet="utf-8" />
<meta name="viewport" content="width=device-width, initial-scale=1, maximum-scale=1"/>
<style type="text/css">
  *{
    margin: 0;
    padding: 0;
  }
  .main{
    width:100px;
    height:100px;
    background:red;
    position:relative;
    animation-name:mymove
    -moz-animation-name:mymove;    /* Firefox */
    -webkit-animation-name:mymove;    /* Safari and Chrome */
```

```
    -o-animation-name:mymove;    /* Opera */
    animation-duration:3s
    -moz-animation-duration:3s;
    -webkit-animation-duration:3s;
    -o-animation-duration:3s;
    animation-time-function:ease-in-out;
    -moz-animation-time-function:ease-in-out;
    -webkit-animation-time-function:ease-in-out;
    -o-animation-time-function:ease-in-out;
  }
  @keyframes mymove
  {
    0%     {top:0px;}
    25%   {top:200px;}
    50%   {top:100px;}
    75%   {top:200px;}
    100% {top:0px;}
  }
  @-moz-keyframes mymove /* Firefox */
  {
    0%     {top:0px;}
    25%   {top:200px;}
    50%   {top:100px;}
    75%   {top:200px;}
    100% {top:0px;}
  }
  @-webkit-keyframes mymove /* Safari 和 Chrome */
  {
    0%     {top:0px;}
    25%   {top:200px;}
    50%   {top:100px;}
    75%   {top:200px;}
    100% {top:0px;}
  }
  @-o-keyframes mymove /* Opera */
  {
    0%     {top:0px;}
    25%   {top:200px;}
    50%   {top:100px;}
    75%   {top:200px;}
    100% {top:0px;}
  }
</style>
```

```
</head>
<body>
  <div class="main"></div>
</body>
</html>
```

在浏览器中查看动画，发现效果发生了明显的区别。默认情况下使用的是 linear 动画效果，添加刚才的 animation-time-function 中将动画效果改变为 ease-in-out。

（4）animation-iteration-count

动画 3s 之后，也就是进行完一个完整的周期之后就结束了。那么怎样才能让动画执行多次，甚至是无限次地执行呢？这里可以使用 animation-iteration-count 属性。可以为该属性传递一个值，表示动画将要执行的次数。也可以为这个属性传入 infinite，表示动画可以无限次地循环。加入 animation-iteration-count 属性，再看一下动画效果。

【示例】

```
<!DOCTYPE>
<html>
<head>
<meta charSet="utf-8" />
<meta name="viewport" content="width=device-width, initial-scale=1, maximum-scale=1"/>
<style type="text/css">
  *{
    margin: 0;
    padding: 0;
  }
  .main{
    width:100px;
    height:100px;
    background:red;
    position:relative;
    animation-name:mymove
    -moz-animation-name:mymove;   /* Firefox */
    -webkit-animation-name:mymove;   /* Safari and Chrome */
    -o-animation-name:mymove;   /* Opera */
    animation-duration:3s
    -moz-animation-duration:3s;
    -webkit-animation-duration:3s;
    -o-animation-duration:3s;
    animation-time-function:ease-in-out;
    -moz-animation-time-function:ease-in-out;
    -webkit-animation-time-function:ease-in-out;
    -o-animation-time-function:ease-in-out;
    animation-iteration-count: infinite;
    -moz-animation-iteration-count: infinite;
```

```
    -webkit-animation-iteration-count: infinite;
    -o-animation-iteration-count: infinite;
  }
  @keyframes mymove
  {
    0%     {top:0px;}
    25%    {top:200px;}
    50%    {top:100px;}
    75%    {top:200px;}
    100% {top:0px;}
  }
  @-moz-keyframes mymove /* Firefox */
  {
    0%     {top:0px;}
    25%    {top:200px;}
    50%    {top:100px;}
    75%    {top:200px;}
    100% {top:0px;}
  }
  @-webkit-keyframes mymove /* Safari 和 Chrome */
  {
    0%     {top:0px;}
    25%    {top:200px;}
    50%    {top:100px;}
    75%    {top:200px;}
    100% {top:0px;}
  }
  @-o-keyframes mymove /* Opera */
  {
    0%     {top:0px;}
    25%    {top:200px;}
    50%    {top:100px;}
    75%    {top:200px;}
    100% {top:0px;}
  }
</style>
</head>
<body>
  <div class="main"></div>
</body>
</html>
```

可以看到，这次的动画并没有执行一次就停止，而是开始了无限次的执行。当然，也可以设定具体的数值，让动画执行一次就结束。

（5）animation-delay

animation-delay 属性和 transition-delay 属性类似，都是设定元素一段时间后再执行动画效果。这个属性其实是很常用的，用起来也比较方便。举一个应用场景的例子，假如现在有一个表单，想实现的效果是在用户没有在表单内输入内容的时候给出提示信息。提示信息显示 3s 后会自动慢慢进行隐藏。这其实可以使用 animation-delay 方法实现。

有了上面讲的内容，就可以自己编写一个动画效果了。

【示例】

```
<!DOCTYPE>
<html>
<head>
<meta charSet="utf-8" />
<meta name="viewport" content="width=device-width, initial-scale=1, maximum-scale=1"/>
<style type="text/css">
  *{
    margin: 0;
    padding: 0;
  }
  .main{
    width:100px;
    height:100px;
    background:red;
    position:relative;
    animation-name:mymove
    -moz-animation-name:mymove;    /* Firefox */
    -webkit-animation-name:mymove;    /* Safari and Chrome */
    -o-animation-name:mymove;    /* Opera */
    animation-duration:3s
    -moz-animation-duration:3s;
    -webkit-animation-duration:3s;
    -o-animation-duration:3s;
    animation-time-function:ease-in-out;
    -moz-animation-time-function:ease-in-out;
    -webkit-animation-time-function:ease-in-out;
    -o-animation-time-function:ease-in-out;
    animation-iteration-count: infinite;
    -moz-animation-iteration-count: infinite;
    -webkit-animation-iteration-count: infinite;
    -o-animation-iteration-count: infinite;
  }
  @keyframes mymove
  {
    0%     {top:0px;background: green;width: 200px;}
    25%    {top:200px;background: yellow;width: 300px;}
```

```
    50%    {top:100px;background: pink;width: 200px;}
    75%    {top:200px;background: blue;width: 100px;}
    100% {top:0px;background: red;width: 50px;}
  }
  @-moz-keyframes mymove /* Firefox */
  {
    0%     {top:0px;background: green;width: 200px;}
    25%    {top:200px;background: yellow;width: 300px;}
    50%    {top:100px;background: pink;width: 200px;}
    75%    {top:200px;background: blue;width: 100px;}
    100% {top:0px;background: red;width: 50px;}
  }
  @-webkit-keyframes mymove /* Safari 和 Chrome */
  {
    0%     {top:0px;background: green;width: 200px;}
    25%    {top:200px;background: yellow;width: 300px;}
    50%    {top:100px;background: pink;width: 200px;}
    75%    {top:200px;background: blue;width: 100px;}
    100% {top:0px;background: red;width: 50px;}
  }
  @-o-keyframes mymove /* Opera */
  {
    0%     {top:0px;background: green;width: 200px;}
    25%    {top:200px;background: yellow;width: 300px;}
    50%    {top:100px;background: pink;width: 200px;}
    75%    {top:200px;background: blue;width: 100px;}
    100% {top:0px;background: red;width: 50px;}
  }
</style>
</head>
<body>
  <div class="main"></div>
</body>
</html>
```

打开浏览器，可以看到很炫酷的动画效果。其实，还可以和 transform 配合，让动画效果更加炫酷。

【示例】

```
<!DOCTYPE>
<html>
<head>
<meta charSet="utf-8" />
<meta name="viewport" content="width=device-width, initial-scale=1, maximum-scale=1"/>
```

```
<style type="text/css">
  *{
    margin: 0;
    padding: 0;
  }
  .main{
    width:100px;
    height:100px;
    background:red;
    position:relative;
    margin: 0 auto;
    margin-top: 250px;
    animation-name:mymove
    -moz-animation-name:mymove;   /* Firefox */
    -webkit-animation-name:mymove;   /* Safari and Chrome */
    -o-animation-name:mymove;   /* Opera */
    animation-duration:5s
    -moz-animation-duration:3s;
    -webkit-animation-duration:5s;
    -o-animation-duration:3s;
    animation-time-function:ease-in-out;
    -moz-animation-time-function:ease-in-out;
    -webkit-animation-time-function:ease-in-out;
    -o-animation-time-function:ease-in-out;
    animation-iteration-count: infinite;
    -moz-animation-iteration-count: infinite;
    -webkit-animation-iteration-count: infinite;
    -o-animation-iteration-count: infinite;
  }
  @keyframes mymove
  {
    0%     {background: green; transform: rotate(30deg) scale(2);}
    25%    {background: yellow; transform: rotate(90deg) scale(3);}
    50%    {background: pink; transform: rotate(-120deg) scale(0.5);}
    75%    {background: blue; transform: rotate(-45deg) scale(0.25);}
    100% {background: red; transform: rotate(45deg);}
  }
  @-moz-keyframes mymove /* Firefox */
  {
    0%     {top:0px;background: green;width: 200px;}
    25%    {top:200px;background: yellow;width: 300px;}
    50%    {top:100px;background: pink;width: 200px;}
    75%    {top:200px;background: blue;width: 100px;}
    100% {top:0px;background: red;width: 50px;}
```

```
  }
  @-webkit-keyframes mymove /* Safari 和 Chrome */
  {
    0%    {top:0px;background: green;width: 200px;}
    25%   {top:200px;background: yellow;width: 300px;}
    50%   {top:100px;background: pink;width: 200px;}
    75%   {top:200px;background: blue;width: 100px;}
    100% {top:0px;background: red;width: 50px;}
  }
  @-o-keyframes mymove /* Opera */
  {
    0%    {top:0px;background: green;width: 200px;}
    25%   {top:200px;background: yellow;width: 300px;}
    50%   {top:100px;background: pink;width: 200px;}
    75%   {top:200px;background: blue;width: 100px;}
    100% {top:0px;background: red;width: 50px;}
  }
</style>
</head>
<body>
  <div class="main"></div>
</body>
</html>
```

查看动画效果，发现在每次重复的时候都会有一个卡顿，这种体验对于用户很不好。这里有一个小技巧，在开发动画效果的时候一定要注意——使用 keyframes 定义帧动画时，一定要让第一帧和最后一帧处在相同的状态。下面的动画就使用了这个技巧，让开发出来的动画效果十分流畅。

【示例】

```
<!DOCTYPE>
<html>
<head>
<meta charSet="utf-8" />
<meta name="viewport" content="width=device-width, initial-scale=1, maximum-scale=1"/>
<style type="text/css">
  *{
    margin: 0;
    padding: 0;
  }
  .main{
    width:100px;
    height:100px;
    background:red;
    position:relative;
```

```
    margin: 0 auto;
    margin-top: 250px;
    animation-name:mymove
    -moz-animation-name:mymove;    /* Firefox */
    -webkit-animation-name:mymove;    /* Safari and Chrome */
    -o-animation-name:mymove;    /* Opera */
    animation-duration:3s
    -moz-animation-duration:3s;
    -webkit-animation-duration:3s;
    -o-animation-duration:3s;
    animation-time-function:ease-in-out;
    -moz-animation-time-function:ease-in-out;
    -webkit-animation-time-function:ease-in-out;
    -o-animation-time-function:ease-in-out;
    animation-iteration-count: infinite;
    -moz-animation-iteration-count: infinite;
    -webkit-animation-iteration-count: infinite;
    -o-animation-iteration-count: infinite;
}
@keyframes mymove
{
   0%      {background: green; transform: rotate(0deg) scale(1);}
   25%    {background: yellow; transform: rotate(90deg) scale(2);}
   50%    {background: pink; transform: rotate(-120deg) scale(1);}
   75%    {background: blue; transform: rotate(-45deg) scale(0.5);}
   100% {background: red; transform: rotate(0deg) scale(1);}
}

@-moz-keyframes mymove /* Firefox */
{
   0%      {top:0px;background: green;width: 200px;}
   25%    {top:200px;background: yellow;width: 300px;}
   50%    {top:100px;background: pink;width: 200px;}
   75%    {top:200px;background: blue;width: 100px;}
   100% {top:0px;background: red;width: 50px;}
}

@-webkit-keyframes mymove /* Safari 和 Chrome */
{
   0%      {top:0px;background: green;width: 200px;}
   25%    {top:200px;background: yellow;width: 300px;}
   50%    {top:100px;background: pink;width: 200px;}
   75%    {top:200px;background: blue;width: 100px;}
   100% {top:0px;background: red;width: 50px;}
}
```

```
    @-o-keyframes mymove /* Opera */
    {
      0%     {top:0px;background: green;width: 200px;}
      25%    {top:200px;background: yellow;width: 300px;}
      50%    {top:100px;background: pink;width: 200px;}
      75%    {top:200px;background: blue;width: 100px;}
      100% {top:0px;background: red;width: 50px;}
    }
  </style>
  </head>
  <body>
    <div class="main"></div>
  </body>
  </html>
```

熟练掌握 CSS3 的动画，可以轻松地实现各种各样的动画效果。试着用本章讲解的内容制作一个移动端页面加载前的加载图标自定义效果吧。

第13章

DOM操作

本章内容要点：

※ 如何通过DOM获得文档元素

JavaScript的主要功能之一是控制HTML文档中的各个元素，使用JavaScript控制文档元素就叫作DOM操作。本章将介绍JavaScript中各种DOM操作方法，灵活实用这些方法可以随时对HTML文档中的各个元素进行变化，可以应用于增强用户交互性、实现页面动态加载等多种情境。

13.1 DOM是什么

DOM的中文含义是文档对象模型，提供了对文档的结构化表述，并定义了一种可以从程序中对该结构进行访问的方式，从而改变文档的结构、样式和内容。在开发HTML的时候，其实就是在指定文档对象模型。

一个Web页面就是一个文档，在开发Web页面时，首先要写的就是HTML，以此来定义文档的结构。这个定义的Web文档有三种表现形式：

（1）在浏览器中，表现为一个可视化的页面。

（2）在编辑器中，表现为一些HTML代码。

（3）在JavaScript中，表现为一个DOM对象。

也就是说，DOM对象的作用就是方便开发者通过JavaScript操作Web文档的，可以使用JavaScript通过DOM对象来影响Web文档的表现形式。

13.2 通过 DOM 获取文档元素

在 Web 文档中，如果想操作 Web 文档中的元素，首先必须获取这些元素。DOM 提供了可以获得 Web 文档中获取元素的方法，这些方法都属于 document 对象。下面来介绍这些方法的使用。

13.2.1 getElementById()方法

getElementById()方法用来获取指定id属性的一个元素，要传入的就是要选择元素的对应id。

【示例】

```
<!DOCTYPE>
<html>
<head>
<meta charSet="utf-8" />
<meta name="viewport" content="width=device-width, initial-scale=1, maximum-scale=1"/>
<style type="text/css">
</style>
</head>
<body>
  <div id="div1"></div>
  <div id="div2"></div>
  <script type="text/javascript">
    var div1 = document.getElementById("div1");
  </script>
</body>
</html>
```

通过上面的 JavaScript 代码获取到了 id 名为 div1 的 div 元素，也就是 HTML 结构中的第一个 div 元素。

13.2.2 innerHTML 方法

为了能看出我们选择到的是哪个元素，可以使用 innerHTML 方法为选中的元素添加一些文本内容。innerHTML()方法用来为选中的 Web 文档元素添加内嵌的 HTML 代码。

【示例】

```
<!DOCTYPE>
<html>
<head>
<meta charSet="utf-8" />
<meta name="viewport" content="width=device-width, initial-scale=1, maximum-scale=1"/>
<style type="text/css">
  .div1{
```

```
        width: 200px;
        height: 200px;
        margin-bottom: 100px;
        background: green;
        color: white;
    }
    .div2{
        width: 200px;
        height: 200px;
        margin-bottom: 100px;
        background: red;
        color: white;
    }
</style>
</head>
<body>
    <div id="div1">div1</div>
    <div id="div2">div2</div>
    <script type="text/javascript">
        var div1 = document.getElementById("div1");
        div1.innerHTML += "我是被选中的元素";
    </script>
</body>
</html>
```

查看代码可以发现，第一个 div 内部添加了指定的文字内容，说明选中了这个元素，如图 13-1 所示。

如果页面中存在多个 id 属性值和 getElementById()方法中传入的 id 值相同，就只会选择第一个对应 id 值的元素。

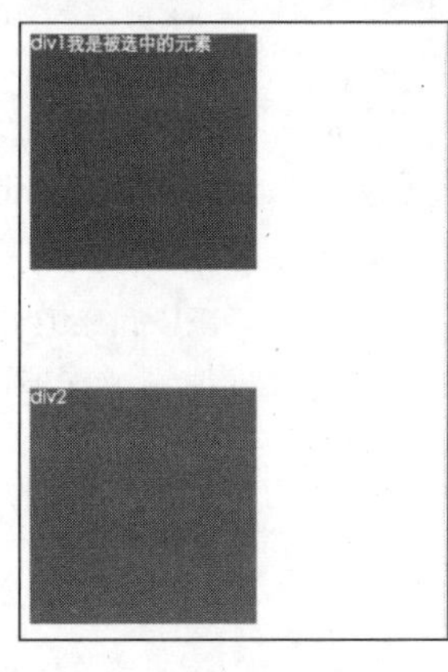

图 13-1

【示例】

```
<!DOCTYPE>
<html>
<head>
<meta charSet="utf-8" />
<meta name="viewport" content="width=device-width, initial-scale=1, maximum-scale=1"/>
<style type="text/css">
    #div1{
```

```
        width: 200px;
        height: 200px;
        margin-bottom: 100px;
        background: green;
        color: white;
    }
    #div2{
        width: 200px;
        height: 200px;
        margin-bottom: 100px;
        background: red;
        color: white;
    }
</style>
</head>
<body>
    <div id="div1">div1</div>
    <div id="div1">div1</div>
    <script type="text/javascript">
        var div1 = document.getElementById("div1");
        div1.innerHTML += "我是被选中的元素";
    </script>
</body>
</html>
```

效果如图 13-2 所示。

上面的代码中，在一个 Web 文档中指定了两个 id 属性值为 div 的元素，并通过 getElementById()方法获取，最后的结果是只有第一个 id 值为 div1 的元素被选中了。

如果为 getELementById()方法传入的值是一个在 Web 文档中并不存在的 id 属性值，那么返回的结果是 null。

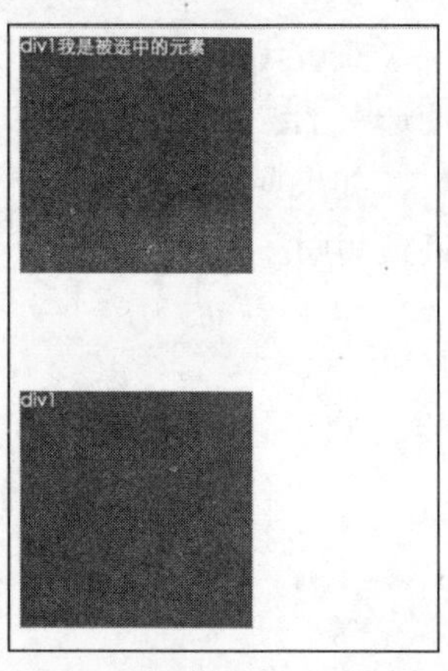

图 13-2

【示例】

```
<!DOCTYPE>
<html>
<head>
<meta charSet="utf-8" />
<meta name="viewport" content="width=device-width, initial-scale=1, maximum-scale=1"/>
<style type="text/css">
    #div1{
```

```
        width: 200px;
        height: 200px;
        margin-bottom: 100px;
        background: green;
        color: white;
      }
      #div2{
        width: 200px;
        height: 200px;
        margin-bottom: 100px;
        background: red;
        color: white;
      }
    </style>
  </head>
  <body>
    <div id="div1">div1</div>
    <div id="div1">div1</div>
    <script type="text/javascript">
      var div3 = document.getElementById("div3");
      console.log(div3);
    </script>
  </body>
</html>
```

效果如图 13-3 所示。

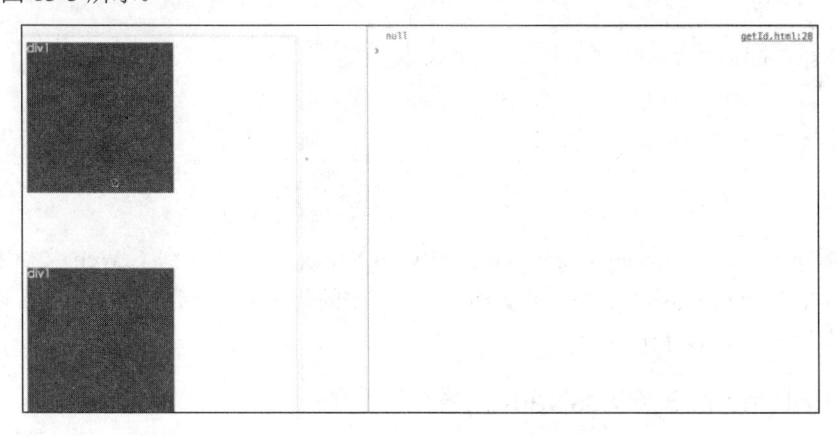

图 13-3

document.getElementById()方法是最基本的元素选择器，但是这个方法只能选择某一个元素。

13.2.3 getElementsByTagName()方法

getElementsByTagName()方法用来获取对应标签名的所有元素，最后返回的是这些元素组成的数组。比如，getElementsByTagName("input")获取到的就是整个 Web 文档中的所有<input>元素，这些<input>元素被存在一个数组中。如果想访问页面中的第二个<input>元素，可以使用索引值为1进行获取。

【示例】

```
<!DOCTYPE>
<html>
<head>
<meta charSet="utf-8" />
<meta name="viewport" content="width=device-width, initial-scale=1, maximum-scale=1"/>
<style type="text/css">
  div{
    width: 100px;
    height: 100px;
    margin-bottom: 50px;
    background: green;
    color: white;
  }
</style>
</head>
<body>
  <div>div1</div>
  <div>div2</div>
  <div>div3</div>
  <script type="text/javascript">
    var divs = document.getElementsByTagName("div");
    for(var i = 0; i < divs.length; i ++){
      divs[i].innerHTML = "我是第" + i +"个 div 元素";
    }
  </script>
</body>
</html>
```

【代码解析】 使用 document.getElementsByTagName()方法获取到了 Web 文档中的所有 div 元素，这些元素被存储在 divs 中，是一个数组。在接下来的代码中，使用 for 循环遍历了 divs 数组，并为每个元素设置 innerHTML 的值。

13.2.4 getElementsByClassName()方法

getElementsByClassName()方法用来获取所有具有指定 class 属性值的元素，返回的也是一个数组，和 document.getElementsByTagName()类似，可以通过索引获取到对应的元素。

在以前，原生的 JavaScript 中是没有根据 class 名获取元素这一方式的，如果想通过类名获取元素，需要自己编写类似的方法，但是更多的是使用 jQuery 中的元素选择器。现在的 getElementsByClassName()在 Internet Explorer 5/6/7/8 中无效。

【示例】

```
<!DOCTYPE>
<html>
<head>
<meta charSet="utf-8" />
<meta name="viewport" content="width=device-width, initial-scale=1, maximum-scale=1"/>
<style type="text/css">
  div{
    width: 100px;
    height: 100px;
    margin-bottom: 50px;
    background: green;
    color: white;
  }
</style>
</head>
<body>
  <div class="main">div1</div>
  <div class="main">div2</div>
  <div class="main">div3</div>
  <script type="text/javascript">
    var mains = document.getElementsByClassName("main");
    console.log(mains);
    for(var i = 0; i < mains.length; i ++){
      mains[i].innerHTML = "我是第" + i +"个 div 元素";
    }
  </script>
</body>
</html>
```

在上面的代码中，使用 document.getElementsByClassName()方法获取到了所有类名为 main 的元素，然后分别修改它们的 innerHTML 值，效果如图 13-4 所示。

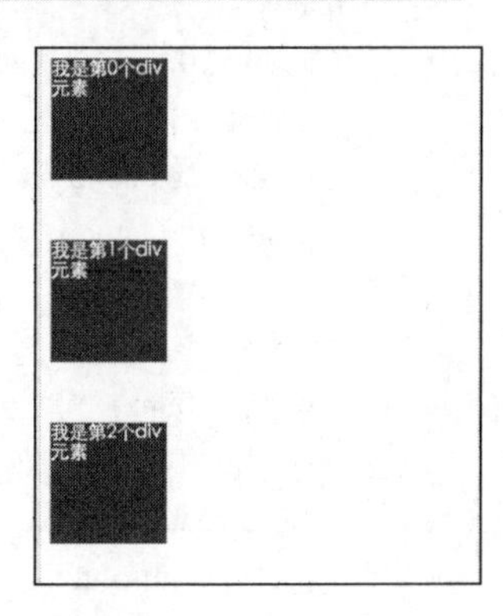

图 13-4

13.3 DOM 节点

DOM 节点指的就是组成 Web 文档的元素。DOM 节点有很多种，HTML 中的每部分内容都对应着一个类型的节点，就连注释也有注释节点。每个节点之间都有一定的关系，这些节点以及这些节点之间的关系就组成了一个完整的 HTML 结构。

13.3.1 节点之间的关系

节点之间的关系通常被描述成 DOM 树。Web 文档本身就是一个节点，Web 文档中的第一个标签就是<html>。这个 HTML 也是一个节点，既是 Web 文档的子节点，也是<html>之中所有元素的祖先节点，也称之为根节点。在 HTML 节点下会有 head 节点、body 节点等。body 节点下会有多个 div 节点，这些并列的 div 节点同级，称之为兄弟节点。节点之间就通过这种父子节点、兄弟节点的关系组成了 HTML 文档。

在 JavaScript 中，开发者除了可以通过选择器直接选择 HTML 文档中的元素，还可以利用这些节点之间的关系间接选择开发者想要的元素。JavaScript 中提供了一些通过节点关系获取元素的方法，这些方法是每一个 DOM 元素都有的，可以通过一个 DOM 访问到其他的 DOM 元素。

1. parentNode 属性

parentNode 属性用来获取某个元素的父元素，下面是一个例子。

```
<!DOCTYPE>
<html>
<head>
<meta charSet="utf-8" />
<meta name="viewport" content="width=device-width, initial-scale=1, maximum-scale=1"/>
<style type="text/css">
  .main{
    width: 200px;
    height: 300px;
    border: 2px solid black;
    position: relative;
  }
  .child{
    width: 100px;
    height: 100px;
    background: red;
    position: absolute;
    right: 0;
    bottom: 0;
  }
  .footer{
```

```
        width: 200px;
        height: 100px;
        border: 2px solid green;
    }
</style>
</head>
<body>
    <div class="main">
        <div class="child"></div>
    </div>
    <div class="footer"></div>
    <script type="text/javascript">
        var child = document.getElementsByClassName("child")[0];
        console.log(child)
        var parent = child.parentNode;
        parent.innerHTML += "选中父元素了！"
    </script>
</body>
</html>
```

在上面的代码中，首先通过 document.getElementsByClassName ("child")[0]获取到了 child 元素，然后调用 child 元素的 parentNode 属性获取到 child 元素的父元素，即 parent 元素，最后为选中的元素添加一段文字内容来表示选中了这个元素。效果如图 13-5 所示。

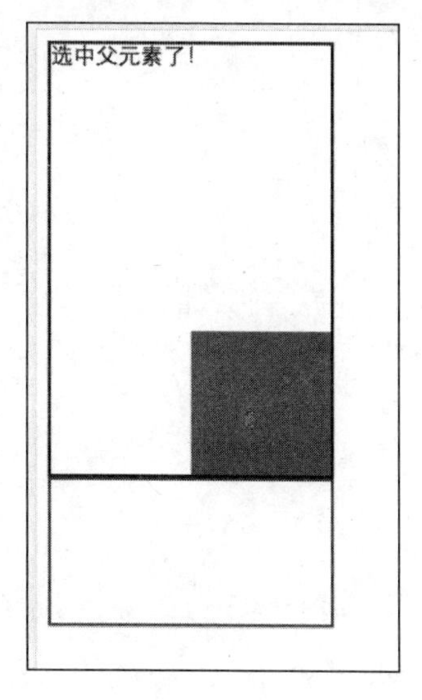

图 13-5

2. childNodes 属性

childNodes 属性用来获取一个元素的所有子节点，最后返回的是一个数组，可以根据索引从数组中获取到相应的元素。childNodes 属性只能获得一个节点的直接子节点，不能获取子节点的子节点等。

【示例】

```
<!DOCTYPE>
<html>
<head>
<meta charSet="utf-8" />
<meta name="viewport" content="width=device-width, initial-scale=1, maximum-scale=1"/>
<style type="text/css">
    .main{
        width: 200px;
        height: 300px;
        border: 2px solid black;
        position: relative;
    }
    .child{
        width: 100px;
        height: 80px;
        background: red;
        margin-bottom: 10px;
    }
</style>
</head>
<body>
    <div class="main">
        <div class="child"></div>
        <div class="child"></div>
        <div class="child"></div>
    </div>
    <script type="text/javascript">
        var parent = document.getElementsByClassName("main")[0];
        var childs = parent.childNodes;
        for(var i = 0; i < childs.length; i ++){
            childs[i].innerHTML = "我是第" + i + "个子元素";
        }
    </script>
</body>
</html>
```

在上面的代码中，通过 childNodes 属性获取了 parent 元素的所有子节点，然后设置这些节点的 innerHTML 值，效果如图 13-6 所示。

3. previousSibling 属性和 nextSibling 属性

除了可以获取一个元素的子节点和父节点之外，还可以获取与一个元素同级的元素，称之为兄弟节点。在 JavaScript 中，有两个方法用于获取一个元素的兄弟节点。previousSibling 属性用于获取一个节点的前一个兄弟节点；nextSibling 属性用于获取一个节点的后一个兄弟节点。

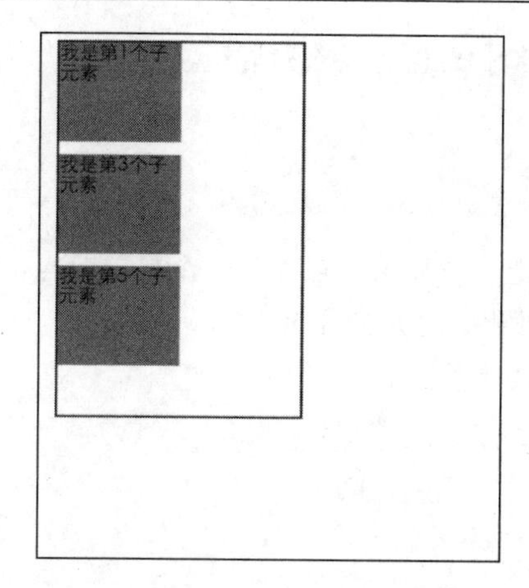

图 13-6

```
<!DOCTYPE>
<html>
<head>
<meta charSet="utf-8" />
<meta name="viewport" content="width=device-width, initial-scale=1, maximum-scale=1"/>
<style type="text/css">
  .main{
    width: 200px;
    height: 300px;
    border: 2px solid black;
    position: relative;
  }
  .child{
    width: 100px;
    height: 80px;
    background: red;
    margin-bottom: 10px;
  }
</style>
</head>
<body>
  <div class="main">
    <div class="child" id="child1"></div>
    <div class="child" id="child2">目标元素</div>
    <div class="child" id="child3"></div>
  </div>
  <script type="text/javascript">
    var target = document.getElementById("child2");
    var pre = target.previousSibling;
    var next = target.nextSibling;
    pre.innerHTML = "我是目标节点的前一个兄弟节点";
```

```
    next.innerHTML = "我是目标节点的后一个兄弟节点";
  </script>
</body>
</html>
```

开发者获取了一个元素的上一个兄弟节点和下一个兄弟节点，并为它们设置了内容。打开浏览器，发现并没有出现预期的效果，这是为什么呢？

再回头看一下之前的 HTML 代码：

```
<div class="child" id="child1"></div>
<div class="child" id="child2">目标元素</div>
<div class="child" id="child3"></div>
```

我们发现，按照开发者的习惯，写出的 HTML 代码都是有换行的，换行后的空白位置在 Web 文档中也是一个节点。也就是说，刚才的方法获取到的 nextSibling 和 previousSibling 其实是两个空白部分，这种节点叫作文档节点。如果改一下之前的 HTML 代码：

```
<div class="child" id="child1"></div><div class="child" id="child2">目标元素</div><div class="child"
id="child3"></div>
```

我们手动将 div 标签之间的空白符删掉，打开浏览器查看效果，如图 13-7 所示。

可以发现，这次的代码成功选中了前后兄弟节点元素，因为已经消除了空白的文本节点。

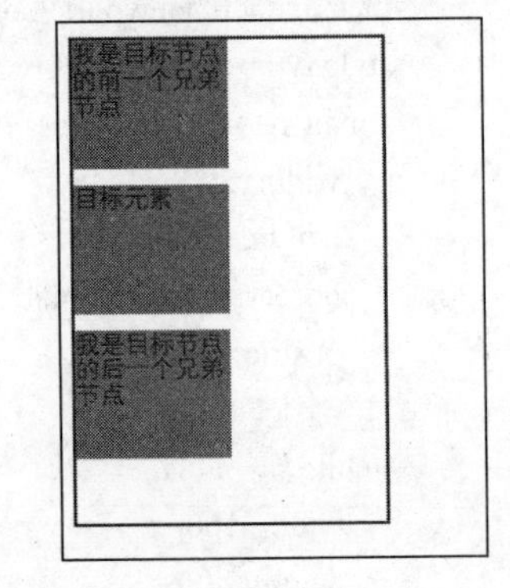

图 13-7

13.3.2 节点的属性

下面介绍的属性是每个节点都可以访问到的，通过这些元素可以设置获得元素的某些属性信息。

1. innerHTML 属性

在上面的许多例子中都使用了 innerHTML 属性，innerHTML 属性用来获取或者替换某个元素的内容。任何一个 HTML 元素都有 innerHTML 属性，如果使用 innerHTML 获取或者设置内容，可以在内容中使用 HTML 标签，最后的结果是 innerHTML 中编写的 HTML 标签内容会得到解析。

```
<!DOCTYPE>
<html>
<head>
<meta charSet="utf-8" />
<meta name="viewport" content="width=device-width, initial-scale=1, maximum-scale=1"/>
<style type="text/css">
  div{
    width: 200px;
    height: 200px;
    margin-bottom: 20px;
  }
```

```
    #main1{
      background: green;
    }
    #main2{
      background: red;
    }
  </style>
  </head>
  <body>
    <div id="main1">
      <p>我是内容</p>
      <span>我是内容</span>
    </div>
    <div id="main2"></div>
    <script type="text/javascript">
      var main1 = document.getElementById("main1");
      var content = main1.innerHTML;
      console.log(content);
    </script>
  </body>
  </html>
```

上面的代码中使用 innerHTML 属性获取到了 id 属性值为 main1 的 div 元素的内容，然后在 chrome 浏览器的控制台中打印出了 innerHTML 内容。可以看到，返回的内容就是 main1 元素内部的全部 HTML 标签，如图 13-8 所示。innerHTML 可以设置元素内容的含义指的是可以设置其在 HTML 结构维度下的内容。

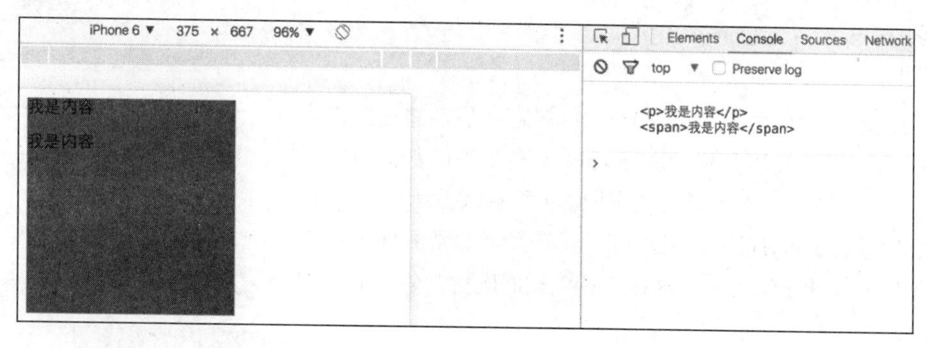

图 13-8

同样，可以使用 innerHTML 属性设置一个元素内部的 HTML 结构内容。

【示例】

```
<!DOCTYPE>
<html>
<head>
<meta charSet="utf-8" />
<meta name="viewport" content="width=device-width, initial-scale=1, maximum-scale=1"/>
```

```
<style type="text/css">
    div{
        width: 200px;
        height: 200px;
        margin-bottom: 20px;
    }
    #main1{
        background: green;
    }
    #main2{
        background: red;
    }
</style>
</head>
<body>
    <div id="main1">
        <p>我是内容</p>
        <span>我是内容</span>
    </div>
    <div id="main2"></div>
    <script type="text/javascript">
        var main1 = document.getElementById("main1");
        var main2 = document.getElementById("main2");
        var content = main1.innerHTML;
        main2.innerHTML = content;
    </script>
</body>
</html>
```

在获取到 main1 元素的 innerHTML 内容之后，将这些内容同样使用 innerHTML 方法赋值到 main2 元素当中，从而改变了 main2 元素的 HTML 结构内容，如图 13-9 所示。

使用节点的 innerHTML 属性可以让开发者非常方便地操作一个节点内部的 HTML 结构，这在 JavaScript 开发中是一个很常用的技巧。

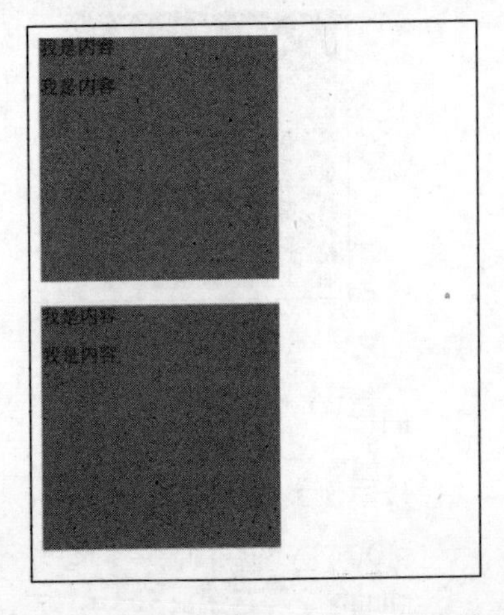

图 13-9

2. nodeType 属性

nodeType 属性用来返回某一个节点的节点类型。在 DOM 中，有很多种类型的节点，div、p 等标签对应的是元素节点，而上面讲到的空白部分属于文本节点。在 DOM 中比较重要，需要了解的节点类型以及它们对应的 nodeType 属性值如表 13-1 所示。

表 13-1 重要元素类型的 nodeType 属性

元素类型	nodeType
元素	1
属性	2
文本	3
注释	8
文档	9

可以看到，每一个 nodeType 的值都是一个代号，对应着一个确定的节点类型。

（1）元素节点

每一个 HTML 元素都是元素节点。元素节点也是最常用的节点，在 HTML 文档中的所有标签，如<div>、<p>、<span>等，都是元素节点。

（2）属性节点

每一个 HTML 元素节点可能都对应着一些属性，这些属性就是属性节点，在“<div id="main"></div>”这段代码中，div 是元素节点，而 id 属性就是属性节点。

（3）文本节点

文本节点表示元素节点属性节点中的文本内容。例如，在“<div>我是一个元素节点</div>”这段代码中，文字“我是一个元素节点”就是 div 这个元素节点内部的文本节点。

（4）注释节点

注释节点指的是在 HTML 文档中出现的注释部分的内容，这些虽然也是文本，但是和文本属于不同的节点。因为浏览器在处理 HTML 中的这些文本时要按照注释的形式进行处理，所以这些文本会带有固定的注释指令。

下面的例子展示了一个 HTML 结构中各种类型的节点以及它们对应的 nodeType 属性值。

```
<!DOCTYPE>
<html>
<head>
<meta charSet="utf-8" />
<meta name="viewport" content="width=device-width, initial-scale=1, maximum-scale=1"/>
<style type="text/css">
  div{
    width: 100px;
    height: 100px;
    margin-bottom: 50px;
    background: green;
    color: white;
  }
  #result{
    background: white;
  }
</style>
```

```
    </head>
    <body>
      <div id="main" class="content">
        <p>我是 p 标签内的内容</p>
        我是 div 标签内的内容
      </div>
      <div id="result"></div>
      <script type="text/javascript">
        var main = document.getElementById("main");
        var result = document.getElementById("result");
        var p = main.childNodes;
        var content =
        main.nodeName + main.nodeType;
        result.innerHTML = content;
      </script>
    </body>
    </html>
```

在上面的代码中，定义了一个完整的 HTML 结构。然后，打开浏览器，在 Chrome 控制台下查看 nodeType 类型，如图 13-10 所示。

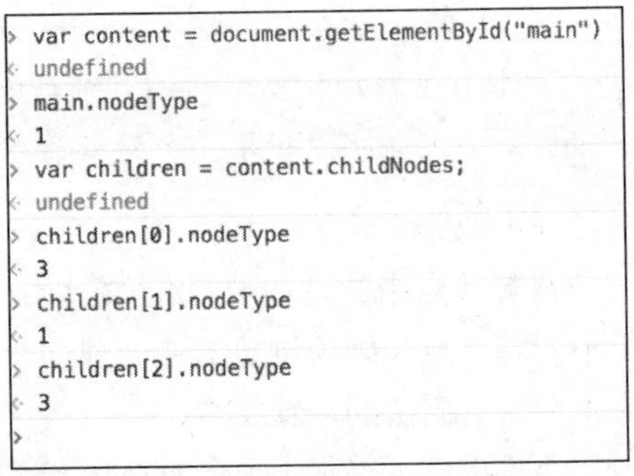

content 是获取到的主元素，接下来使用 childNodes 属性获取到 content 下的所有子元素，并且逐一检查其下元素的 nodeType 值。通过这样的检查可以看到，main 元素下有三个子节点，通过返回的 nodeType 值可以判断它们分别是文本节点、元素节点、文本节点。回想之前的那个例子中获取兄弟元素时空白部分被当作了一个节点，可以发现，确实存在这种节点，而且对应的就是文本节点。下面检测一个 p 标签下的子节点，如图 13-11 所示。

```
> var content = document.getElementById("main")
< undefined
> main.nodeType
< 1
> var children = content.childNodes;
< undefined
> children[0].nodeType
< 3
> children[1].nodeType
< 1
> children[2].nodeType
< 3
>
```

图 13-10

获取到 p 标签后，发现其中只有一个子元素，就是文本内容，其 nodeType 为 3，表明这是文本节点。

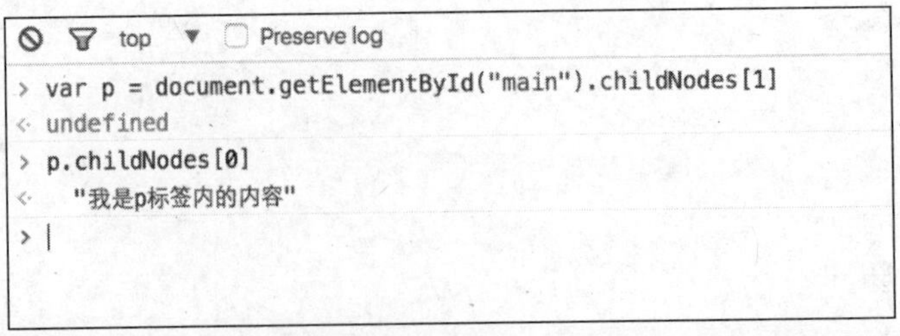

```
top ▼ Preserve log
> var p = document.getElementById("main").childNodes[1]
< undefined
> p.childNodes[0]
<   "我是p标签内的内容"
> |
```

图 13-11

nodeType 属性的作用在于，对于某些 JavaScript 操作，不同的节点类型会对应不同的操作方法。在进行某些关于节点的操作时，首先需要对 nodeType 的值进行判断，再根据确定的节点类型进行不同的操作。

3. nodeValue 属性

nodeValue 属性返回节点的值。在使用这个属性时，就体现了不同类型的节点返回值规则的区别了。如果是元素节点，nodeValue 返回 null 或者 undefined；如果是文本节点，nodeValue 返回的是这个文本节点中的文本内容；如果是属性节点，nodeValue 返回的是这个属性对应设置的属性值。

仍然使用之前的代码，在 Chrome 的控制台中调试这些节点的 nodeValue 值，效果如图 13-12 所示。

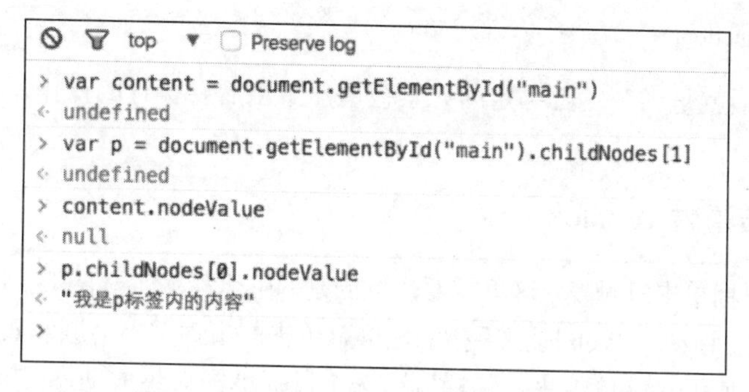

图 13-12

4. nodeName 属性

nodeName 属性用来返回节点的名字。对于不同类型的节点，其 nodeName 返回的规则也很不同。

- 如果节点是元素节点，返回的 nodeName 与这个元素对应的标签名相同，如 div 元素返回的 nodeName 属性就是 div。
- 如果节点是属性节点，返回的 nodeName 是对应的属性名。
- 如果节点是文本节点，返回的 nodeName 是固定的，为#text。

从如图 13-13 所示的演示中可以看出，元素节点返回的 nodeName 是大写字母形式的。

```
> var content = document.getElementById("main")
  var p = document.getElementById("main").childNodes[1]
< undefined
> content.nodeName
< "DIV"
> p.nodeName
< "P"
> p.childNodes[0].nodeName
< "#text"
> |
```

图 13-13

13.4　DOM 事件

当页面展现给用户时，用户会在页面中进行操作，这就产生了交互。但是，如何才能知道用户做了什么呢？DOM 事件可以帮助开发者获取用户的操作，从而根据用户的操作执行对应的函数，完成交互。

DOM 事件可以对 HTML 中的元素进行绑定，绑定的方法很简单，在获取了目标元素后，添加 DOM 事件对应的事件句柄就可以了。DOM 事件中的事件句柄都是 on 开头的，后面接着对应的动作。onclick 对应的就是 DOM 事件中的单击事件句柄，如果为某个元素绑定 onclick 事件，只要如下调用即可：

```
element.onclick: function(){}
```

其中，function 后就是当开发者绑定的元素被用户单击后要执行的操作。下面对 DOM 中的常用事件进行介绍。

13.4.1 鼠标单击事件 onclick

onclick 事件当鼠标单击时触发。这里需要注意的是，在开发移动 Web 应用时，不要使用 onclick 句柄，因为用户在使用移动端 Web 时，手指触碰屏幕单击的事件并不会触发 click 事件。

下面的例子中，使用鼠标单击事件句柄制作一个鼠标单击后生成动态交互的效果。

【示例】

```
<!DOCTYPE>
<html>
<head>
<meta charSet="utf-8" />
<meta name="viewport" content="width=device-width, initial-scale=1, maximum-scale=1"/>
<style type="text/css">
#main{
   width: 300px;
   height: 150px;
   background: green;
   text-align: center;
   line-height: 150px;
   color: white;
}
</style>
</head>
<body>
   <div id="main">鼠标单击触发单击事件</div>
   <script type="text/javascript">
      var main = document.getElementById("main");
      main.onclick = function(){
         main.innerHTML = "单击成功";
      }
   </script>
</body>
</html>
```

在上面的代码中，当单击目标元素后，元素的内部文字会发生变化。

13.4.2　表单改变事件 onchange()

onchange()事件专门用于表单的输入框，每当输入框内容改变时，就会触发 onchange()事件。这里的改变可能是用户输入内容或者删除内容。

需要注意的是，用户在表单中输入内容的过程中，onchange 事件句柄并不会被触发，此时表单输入框处于获取焦点的状态。当用户输入结束，单击其他区域，使得表单失去焦点时，onchange 事件句柄才会触发。

下面制作一个例子，在一个空白区域同步显示用户输入的内容。

【示例】

```
<!DOCTYPE>
<html>
<head>
<meta charSet="utf-8" />
<meta name="viewport" content="width=device-width, initial-scale=1, maximum-scale=1"/>
<style type="text/css">
#input{
  width: 300px;
  height: 150px;
  background: green;
  text-align: center;
  line-height: 150px;
  color: white;
  margin-top: 20px;
}
#user{
  width: 150px;
  height: 40px;
}
</style>
</head>
<body>
  <input type="text" id="user" />
  <div id="input"></div>
  <script type="text/javascript">
    var input = document.getElementById("input");
    var user = document.getElementById("user");
    user.onchange = function(){
      input.innerHTML = user.value;
    }
  </script>
</body>
</html>
```

13.4.3 完成加载事件 onload

onload 事件句柄当页面加载完成时触发，最常用的 window.onload 表示页面加载完毕后执行，这里要注意页面加载完成指的是什么。这里的页面加载完成包括页面中的 HTML、CSS、JavaScript 加载结束，还包括图片、视频等其他资源也加载结束。

下面的例子使用 onload 事件在网页加载完成后更新元素的样式和文字内容。

【示例】

```
<!DOCTYPE>
<html>
<head>
<meta charSet="utf-8" />
<meta name="viewport" content="width=device-width, initial-scale=1, maximum-scale=1"/>
<style type="text/css">
#main{
   width: 300px;
   height: 150px;
   background: green;
   text-align: center;
   line-height: 150px;
   color: white;
}
</style>
</head>
<body>
   <div id="main">正在加载</div>
   <script type="text/javascript">
      window.onload = function(){
         var main = document.getElementById("main");
         main.innerHTML = "加载完成";
      }
   </script>
</body>
</html>
```

除了上面介绍的事件之外，JavaScript 中提供的基本事件还包括鼠标移入移出的事件 onmouseover、onmouseout 以及输入字段获取焦点相关的事件 onfocus 等。这些事件句柄的使用和上面介绍的用法相同，这里不再赘述。需要注意的是，并不是所有事件在移动端 Web 应用中都会有效果，例如鼠标的相关事件。

第14章

JavaScript 对象

本章内容要点：

- 数组对象
- 字符串对象
- 日期对象的使用

之前已经介绍过 JavaScript 中的对象，对象有许多属性和方法，使用对象可以方便和高效地进行开发。JavaScript 为开发者封装好了一些对象，这些对象都有内置的属性和方法，可以方便开发者使用。熟练掌握这些对象的使用，可以大大降低开发成本，同时可以让开发更灵活。

14.1 数　　组

在 JavaScript 中，Array 是数组对象，如果想定义一个数组，可以使用如下语句：

```
var a = new Array();
```

这样就定义了一个空的数组对象。要想为数组 a 添加元素，可以使用如下代码：

```
a = [1,2,3];
```

这样数组 a 就包含 1、2、3 三个数字了。其实，也可以不使用 new Array()，直接使用[]定义数组：

```
var b = [1,2,3];
```

在 JavaScript 中，一个数组中可以包含不同类型的变量。例如，下面的数组也是可以正常使用的：

```
var c = [1, "test"];
```

如果想访问数组中的元素，可以使用索引，索引值从 0 开始，例如，b[0]返回的元素就是 1，c[1]返回的元素就是"test"。

14.1.1 Array 对象的属性

Array 对象常用的属性是 length，返回一个数组的长度，即某个数组中包含多少个元素。例如：

```
var a = [1,2,3];
console.log(a.length);          //返回 3
```

length 属性在使用 for 循环对数组进行遍历时非常常用，开发者在遍历一个数组时，经常需要先获取到数组的长度，例如：

```
var a = [1,2,3,4,5];
for(var i = 0; i < a.length; i ++){
    console.log(a);
}
```

14.1.2 Array 对象的方法

Array 对象提供了丰富的方法供开发者使用，这些方法可以进行许多数组相关的操作。

1. concat 方法

concat 方法用来连接两个或者多个数组，下面的例子中列举了多种使用该方法的示例。

（1）连接两个数组

```
var array1 = [1,2,3];
var array2 = [5,6,7];
var newArray = array1.concat(array2);
```

该例子中，最终返回的 newArray 结果为[1,2,3,5,6,7]。

（2）连接多个数组

```
var array1 = [1,2];
var array2 = [3,4];
var array3 = [5,6];
var newArray = array1.concat(array2, array3);
```

该例子中，最终返回的 newArray 结果为[1,2,3,4,5,6]。concat 可以连接任意多个数组，只要作为 concat 方法的参数依次传入即可。

（3）连接数组和具体数值

```
var a = 2;
var array1 = [4,5,6];
var newArray = array1.concat(a);
```

该例子中最终返回的结果为[4,5,6,1]，这是使用 concat 方法将数组与具体的数值进行拼接的结果。

concat()方法的参数可以传入任意多个数组或者具体值，最终会把这些参数拼接成一个数组。concat()方法会将拼接后的数组返回，但是不会改变调用该方法的数组。

2. join()方法

join()方法可以将一个数组中的所有元素拼接成一个字符串。默认情况下，数组中的每个字符是通过“,”进行分割的，如下面的例子：

```
var a = [1,2,3]
a.join()
```

最终返回的字符串是“1,2,3”。

join 可以指定一个参数，用来设定拼接数组中元素的分隔符，例如：

```
var b = [1,2,3,4,5];
b.join("&")
```

最终返回的结果为 1&2&3&4&5。

3. pop()方法和 push()方法

pop()方法和 push()方法是数组跟栈相关的操作。pop()方法可以删除一个数组中最后一个元素，而 push()方法可以向数组的末尾添加元素。

当使用 pop()方法时，数组中末尾的一个元素会被删除，并且会返回这个被删除的元素，例如：

```
var a = [1,2,3,4,5];
var deleteEl = a.pop();
```

在执行完上面的代码之后，数组 a 的内容变为[1,2,3,4]，并且 deleteEl 的值为 5，因为这个值是 pop()方法的返回值，也就是数组中的最后一个元素。

如果继续上面的代码执行 a.pop()，那么数组 a 就变为[1,2,3]，每次调用数组的 pop()方法都会删除数组中的最后一个元素。

与之对应的，push()方法可以向一个数组的末尾添加元素，push()方法的返回值是添加元素后的新数组长度（新数组的 length 属性值），如：

```
var m = [1,2,3,4,5];
var newLength = m.push(6,7,8);
```

原来的数组 m 值变为[1,2,3,4,5,6,7,8]，并且 newLength 的值为 8，因为它的值是改变后的数组的长度。

4. shift()方法和 unshift()方法

shift()方法和 unshift()方法是数组跟队列相关的操作。与 pop()方法和 push()方法相对应的，shift()方法和 unshift()方法对数组中头部的元素进行操作。

shift()方法会删除数组中的第一个元素，并且返回值为被删除的第一个元素：

```
var a = [1,2,3,4,5];
var deleteEl = a.shift();
```

执行完一次 shift()方法后，a 数组变为[2,3,4,5]，并且 deleteEl 变量的值为删除的元素 1。

unshift()方法用来向数组的开头添加元素，并返回新数组的长度。

```
var a = [1,2,3];
var newLength = a.unshift(4,5,6);
```

执行unshift()方法后，a数组变为[1,2,3,4,5,6]，并且newLength变量为修改后的a数组的长度6。

5. reverse()方法

reverse()方法可以颠倒数组中的元素，例如：

```
var a = [1,2,3,4,5];
a.reverse();
```

执行上面的代码后，数组 a 变为[5,4,3,2,1]。reverse()方法直接改变原来的数组，而不会产生一个新的数组。

6. slice()方法

slice()方法用来从数组中返回一个片段。slice()方法传递两个参数，第一个参数表示想要获取片段的开始位置的索引，第二个参数表示想要获取片段的结束位置的索引。例如：

```
var a = [1,2,3,4,5];
var aNew = a.slice(1,3);
```

上面的代码返回的结果为[2,3]。数组是这样切割的，从索引为 1 的位置开始（元素 2），到索引为 3 的元素位置之前的那个元素为止（元素 3）。

slice()方法的第二个参数也可以不指定，不指定第二个参数就表示元素一直截取到原数组的最后一个元素：

```
var b = [1,2,3,4,5,6,7];
var bNew = b.slice(2);
```

bNew 数组为[3,4,5,6,7]。

slice()方法不改变原数组，这个方法会返回被截取的数组部分的新数组。

7. splice()方法

splice()方法相对复杂，参数种类很多，通过指定不同的参数，可以实现数组中特定位置元素的删除、添加等操作。

首先，介绍使用 splice()方法删除数组中元素的方法。splice()删除数组中的元素需要传递两个参数，第一个参数是要删除元素的起始位置索引，第二个参数是要删除多少个元素。

例如，一个数组为[1,2,3,4,5,6]，如果想删除数组中 3、4、5 这三个元素，3 为起始位置的元素，则需要传入的索引值为 2，要删除三个元素，则第二个参数为 3。因此，实现上面功能的代码为：

```
var a = [1,2,3,4,5,6];
a.splice(2,3);
```

经过上面的代码，数组 a 变成了[1,2,6]。splice()方法直接在原数组中进行修改，而不会返回新的数组。

其次，splice()方法还可以为数组中添加元素。如果想为数组添加元素，第一个参数仍然要指定为要添加元素的位置的索引，第二个参数指定为 0，表示不删除元素。从第三个参数开始，就可以指定想要添加的元素了，第三个参数开始指定的所有参数都会按照顺序添加到原数组中。

```
var a = [1,2,3,4,5,6];
a.splice(2,0,8,9);
```

上面的代码中，将数组 a 修改成了[1, 2, 8, 9, 3, 4, 5, 6]，因为上面的代码从第二个元素开始，不删除元素，添加 8 和 9 两个元素，从而组成了新的数组。

最后，splice()方法还可以通过同时指定这些参数来实现类似于数组中元素替代的功能。

```
var personName = ["Martin", "Tom", "Alice", "Alex", "Mary"];
personName.splice(3, 1, "John");
```

执行上述代码后的 personName 数组内容为：["Martin", "Tom", "Alice", "John", "Mary"]。这是因为在这段代码中，开发者使用 splice()方法首先删除了 Alex，然后又添加了一个元素 John。

splice()方法的返回值是被删除的元素所组成的数组，如果没有被删除的元素就会返回一个空数组。splice()方法非常灵活，利用 splice()方法操纵数组可以实现许多开发者想得到的功能。

8. sort()方法

sort()方法可以对函数进行排序，它可以传入一个函数作为参数，这个函数的作用是指定元素排序的规则。如果不传入排序函数，sort()方法就会使用默认的字典顺序进行排序。

sort()方法会改变原来的数组，而不会将排序后的数组返回为一个新的数组。例如：

```
var a = [2,3,1,9,6,7];
a.sort()
```

上面的代码中，a 数组变为[1,2,3,6,7,9]，这是按照默认的字典顺序进行排序的。如果想自己指定一个排序顺序，就可以编写一个函数，例如：

```
function sortNumber(a,b){
    return a - b
}
```

当将这个函数传递到 sort()方法中时，sort()方法会将两个数带入这个方法中，由返回值大于 0 还是小于 0 来决定元素的排列顺序。因此，使用自己定义的函数作为排序函数时，函数必须能够返回反映元素相对大小的数值，这是 sort()方法的排序依据。

sort()方法的这种传入函数作为参数的形势叫作高阶函数。

14.1.3 数组遍历

数组的第一种遍历方法在上面已经介绍过：

```
var a = [1,2,3,4,5];
for(var i = 0; i < a.length; i ++){
    console.log(a[i]);
}
```

另一种遍历数组的方式是使用 for...in...进行遍历：

```
var personName = ["Martin", "Tom", "Mike", "Alex", "Mary"];
for (name in personName){
    console.log(personName[name]);
}
```

14.2 字符串对象

String 是字符串对象，字符串对象可能是最常使用的一种结构了。定义一个字符串很简单：

```
var txt = "Hello";
```

像上面那样，使用双引号或者单引号就定义了一个字符串，每一个字符串都继承了 String 对象的属性和方法。

字符串可以进行加运算，参与加运算的字符串会进行拼接。例如：

```
var s1 = "aaa";
var s2 = "bbb";
s3 = s1 + s2;
```

执行上面的代码后，s3 也成为一个字符串，是由 s1 和 s2 字符串拼接而成的新字符串，其值为"aaabbb"。

14.2.1 String 对象的属性

和 Array 对象一样，String 对象常用的一个属性也是 length 属性。length 属性可以返回字符串的长度，例如：

```
var txt = "Hi, Martin";
console.log(txt.length);
```

打印出来的字符串长度为 10，不仅每一个字母，每一个空格、符号也会占用一个长度。

利用字符串的 length 属性可以进行一些表单检测。例如，要求用户输入的密码不得少于 10 位，在用户输入完密码后，可以使用获取到的用户输入的字符串的 length 属性判断长度是否符合要求。

14.2.2 String 对象的方法

String 对象有许多方法，其中一些方法和字符串的样式相关，并不常用，这里不做介绍。下面要介绍的 String 对象的方法是 JavaScript 中和字符串对象相关的非常常用的方法。

1. concat()方法

String 对象也有 concat()方法，这个方法和 Array 对象中的 concat()方法类似，用来进行两个字符串的拼接。concat()方法的作用和字符串中的“+”运算效果是相同的。

例如，下面的代码将三个字符串进行拼接：

```
var s1 = "aaa";
var s2 = "bbb";
var s3 = "ccc";
var s4 = s1.concat(s2, s3);
```

s4 字符串即为“aaabbbccc”。

2. indexOf()方法

indexOf()方法返回某个指定的字符串值在字符串中首次出现的位置，比如，有一个字符串内容如下：

```
"I love programming"
```

那么，现在需要查找出“love”这个字符串在上面的字符串中是否存在以及存在的位置，就需要使用 indexOf()方法来实现。如果一个子字符串确实存在于父字符串当中，就返回这个子字符串最开始出现在父字符串中的头位置，如：

```
var txt = "ABCDEFG";
var search = "BC";
txt.indexOf(search);
```

上面的代码返回值为 1，因为 BC 这个字符串最开始出现的位置在 txt 字符串的索引值为 1。

如果父字符串中不包含子字符串，就会返回-1。这个方法非常有用，当需要鉴别一个字符串中是否包含某一个子字符串时使用 indexOf()方法，如果返回值为-1，就表明不存在子字符串。例如，当需要鉴别用户发言是否包含敏感词汇时，就可以使用这个方法。

indexOf()还可以传入多个参数，表示开始查询的父字符串的位置，默认情况下会从父字符串的头部（索引值为 0 的位置）开始查找。

```
var text = "AABBCCDDAA";
var search = "AA";
var r1 = text.indexOf(search);
var r2 = text.indexOf(search, 3);
```

上面的代码中，r1 返回的结果是 0，因为从头开始搜索，“AA”字符串第一次出现的位置索引值为 0。在 r2 中，指定了搜索的起始位置为 3，因此只能检索到最后一个“AA”字符串，因此返回值为 8。

此外，字符串对象还有 lastIndexOf()方法，这个方法和 indexOf()方法类似，但是会从后向前搜索字符串。

3. slice()方法

字符串中的 slice()方法和数组中的 slice()方法类似，都用于从字符串中截取某一段字符串。slice()方法传入两个参数，分别规定了截取字符串的起始位置索引和结束位置索引。

```
var str = "AABBCCDDEE";
var substr = str.slice(2, 5);
```

从上面的代码中得到的 substr 字符串为“BBC”，是 str 字符串从第三个字母到第六个字母之间截取出来的片段。

4. split()方法

字符串中的 split()方法和数组中的 join()方法是一对互逆的操作，回想数组中的 join()方法，可以将数组中的元素组成为一个字符串。split()方法的作用是分割一个字符串，并将分割的元素返回成一个数组。

split()方法的第一个参数指定一个字符串，表示原字符串将以参数指定的字符串为分割处进行分割。下面的例子将演示 split()方法的使用。

（1）使用 split()方法将单词分割成字母：

```
var word = "horse";
var wordArray = word.split("");
```

最终，wordArray 变量的值为一个字符串数组：["h", "o", "r", "s", "e"]。在使用 split()方法时，用一个空的字符串作为参数传入，表明每隔一个字符就进行分割。

（2）使用 split()方法将句子分割成单词：

```
var sentence = "I love Javascript";
var sentenceArray = sentence.split(" ");
```

上面的代码中，sentenceArray 返回值为字符串数组：["I", "love", "JavaScript"]。split 的参数为空格字符串，表明原字符串将在空格的位置进行分割。

（3）使用 split()方法分割 URL 参数：

```
var urlParams = "username=Martin&email=test@qq.com&tel=123456";
var urlParamsArray = urlParams.split(&);
```

urlParamsArray 返回值为["username=Martin", "email=test@qq.com", "tel=123456"]。这次将&作为分隔符，分割出了 URL 的每一组参数。

上面的代码还可以继续分割，将每一段 URL 的参数分割成键值对：

```
var urlParams = "username=Martin&email=test@qq.com&tel=123456";
var urlParamsArray = urlParams.split("&");
var userData = new Object();
```

```
for(var i = 0; i < urlParamsArray.length; i ++){
    var temp = urlParamsArray[i].split("=");
    userData[temp[0]] = temp[1];
}
console.log(userData);
```

上面的代码最终会返回如下对象：

```
{
    username: "Martin",
    email: "test@qq.com",
    tel: "123456"
}
```

这是非常常用的功能，将 URL 传递的参数转换成一个对象，只需要使用之前介绍过的数组的遍历以及 split()方法，就可以轻松完成这个功能。

5. 其他方法

（1）substr()方法

substr()方法的作用和 slice()方法类似，用来截取一段字符串，只不过，substr()方法传入的第一个参数是要截取位置的索引，第二个参数是要截取字符串的长度。

```
var txt = "AABBCC";
var subtext = txt.substr(1, 3);
```

上面代码的含义是，从字符串 txt 中截取从第二个字母开始长度为 3 的字符串，其结果为“ABB”。

（2）toLowerCase()方法和 toUpperCase()方法

toLowerCase()方法和 toUpperCase()方法用来将一段字符串中的字符全部转换为小写或者全部转换为大写。toLowerCase()方法和 toUpperCase()方法不会改变原来的字符串，而是返回一个经过大小写转换的新的字符串。

```
var lower = "aabbccddee";
upper = lower.toUpperCase();
```

最终，upper 字符串的返回值为“AABBCCDDEE”，而 lower 字符串的值仍为“aabbccddee”。

14.3　日　　期

基本上每一个项目的开发都会涉及日期，日期对象是使用最频繁的 JavaScript 对象之一，日期对象是 Date()，提供了丰富的方法来表示时间。

14.3.1 初始化一个日期

要想初始化一个日期，只要使用 new 关键字就可以了：

```
var now = new Date();
```

上面的代码中，now 的值为 Wed Feb 15 2017 16:03:52 GMT+0800 (CST)，这个返回的是当前的 GMT 时间。注意，这不是一个字符串，而是一个 Date()对象，虽然它现在是 GMT 格式的时间，但是可以使用 Date()对象提供的各种方法对这个时间对象进行操作，获取到想要的时间。

14.3.2 获取日期参数

Date()对象中提供了丰富的时间参数获取方法，利用这些方法可以获取一个时间对象的年、月、日、时、分、秒等参数。

1. getFullYear()方法

getFullYear()方法可以从调用它的 Date()对象中返回对应的年，利用下面的代码可以获取当前日期的年份：

```
var now = new Date();
var year = now.getFullYear();
```

返回当前年份。

2. getMonth()方法

getMonth()方法用来返回日期对象对应的月份，但是返回值的月份和实际的月份数之间差 1。例如，如果当前日期对应的是 2 月，那么 getMonth()方法返回的数值是 1。getMonth()方法返回的月份数为 0 到 11。

```
var now = new Date();
var month = now.getMonth() + 1;
```

month 最后的返回结果要加 1 才能得到正常的月份值。

3. getDate()方法

getDate()用于输出“年/月/日”中的“日”。getDate()的输出结果可能是 1～31 中的任何一个数值，表示日期对象时间对应的天。

```
var now = new Date();
var date = now.getDate();
```

使用上面的三个 Date()方法，可以将日期对象拼接成“年/月/日”的形式。

```
var now = new Date();
var year = now.getFullYear();
var month = now.getMonth() + 1;
var date = now.getDate();
```

```
var time = year + "/" + month + "/" + date;
```

4. 返回和时间相关的方法

Date()对象提供了三个方法，分别用来返回当前日期对象对应的时、分、秒。

getHours()方法获取当前日期对象对应的小时数；getMinutes()方法获取当前日期对象对应的分钟数；getSeconds()方法获取当前日期对象对应的秒数。

下面利用这三个方法拼接出一个“时：分：秒”字符串。

```
var now = new Date();
var hour = now.getHours();
var minute = now.getMinutes();
var second = now.getSecond();
var time = hour + ":" + minute + ":" + second;
```

5. getTime()方法

getTime()方法可以返回某个日期对象距离 1970 年 1 月 1 日的毫秒数，例如：

```
var now = new Date();
var time = now.getTime();
```

time 的值就是当前时间到 1970 年 1 月 1 日之间的毫秒数。

这个方法可以做什么呢？其实这个方法是非常有用的，返回某个日期距离 1970 年 1 月 1 日之间的毫秒数，实际上提供了开发专利号一个衡量时间的绝对数值。利用这个绝对数值，可以计算出一些其他开发者需要的值。

例如，通过 JavaScript 比较两个时间对象之间的大小，就可以使用 getTime()方法实现：

```
var time1 = date1.getTime();
var time2 = date2.getTime();
var s = time1 - time2;
```

上面的例子中，要想比较两个日期的大小关系，可以将两个日期都先使用 getTime()方法转换成毫秒数，然后比较二者之间的大小，就可以得出两个日期之间的大小关系了。

同理，还可以使用这个毫秒数来计算两个日期之间相差的天数、月数等，只要使用一些换算关系就可以实现了。

6. 日期的初始化

回顾一下，当开发者想生成一个当前时间的时间对象时，可以使用如下代码：

```
var now = new Date();
```

now 变量返回的就是当前时间对应的日期对象，为 GMT 格式。

但是，能否将其他格式的时间初始化为一个日期对象呢？例如，用户输入了“2016-11-12”这样的日期字符串，为了接下来的操作，如何将它转换成一个日期对象呢？

其实，使用 Date()方法为其传入一些参数，就可以实现特定日期对象的初始化。Date()方法可以传入如下类型的值，实现日期的初始化。

（1）传入字符串

Date()方法可以直接传入字符串，实现目标日期的初始化。例如，如果想将字符串“2016-11-12”这个日期初始化成日期对象，可以进行如下操作：

```
var time = new Date("2016-11-12");
```

此外，还可以使用西方表达时间的顺序初始化日期，例如：

```
var time = new Date("11-12-2016");
```

上面的代码和之前的效果是相同的。

不能随意颠倒年月日的顺序，如果年月日顺序不符合规定，就会返回 invalid Date。

除了“2016-11-12”这种格式的字符串可以被初始化之外，类似“2016.11.12”或者“2016/11/12”这样的字符串都可以正确地通过 Date()方法初始化为日期对象。其实，这个中间的分隔符使用什么都无所谓，即便是“2016&11&12”这样的分隔符，也可以成功进行日期对象的初始化。需要注意，“:”是不能用在这里的，因为“:”被用来初始化和时间相关的对象（时分秒）。如果字符串中使用了冒号，Date()方法就会自动将其识别为时间对象进行初始化。

（2）传入参数

Date()方法可以传入年、月、日的参数，进行日期的初始化。例如，想初始化 2016 年 11 月 12 日这个日期，可以通过如下代码初始化：

```
var time = new Date(2016, 10, 12);
```

上面的代码为 Date()方法分别传入年、月、日参数，构成对应的日期。需要注意，月份参数在传入时要减 1，之前介绍过，JavaScript 中的月份是从 0 月到 11 月的，11 月对应应该传入的参数为 10。

（3）传入毫秒数

Date()方法还可以传入毫秒数来初始化时间：

```
var now = new Date();
var time = now.getTime();
var past = new Date(time);
```

第15章

JavaScript 基本语法

本章内容要点：

- 在 HTML 代码中使用 JavaScript
- 变量
- 基本数据类型
- 对象
- 函数

本章将介绍 JavaScript 中的基础语法，熟练掌握 JavaScript 语法才能灵活、准确地使用 JavaScript 实现 Web 开发的各种功能。

15.1 开始使用 JavaScript

JavaScript 既可以在 HTML 文档内部直接使用，也可以在外部定义单独的 JavaScript 文件。

JavaScript 在 HTML 内部使用时，可以将 JavaScript 代码放置在<script>标签之间，表示内部的代码是 JavaScript 代码，请看下面的例子。

【示例】

```
<!DOCTYPE>
<html>
<head>
<meta charSet="utf-8" />
```

```
<meta name="viewport" content="width=device-width, initial-scale=1, maximum-scale=1"/>
</head>
<body>
  <script type="text/javascript">
    //Javascript 代码
  </script>
</body>
</html>
```

使用<script>标签引入 JavaScript 代码时，可以放置在 HTML 代码中的任何位置，不同的位置，JavaScript 代码对应的执行顺序也有所不同。考虑下面两种代码执行的差别。

【示例 1】

```
<!DOCTYPE>
<html>
<head>
<meta charSet="utf-8" />
<meta name="viewport" content="width=device-width, initial-scale=1, maximum-scale=1"/>
</head>
<body>
  <div id="main"></div>
  <script type="text/javascript">
    var main = document.getElementById("main");
    main.innerHTML = "test";
  </script>
</body>
</html>
```

【示例 2】

```
<!DOCTYPE>
<html>
<head>
<meta charSet="utf-8" />
<meta name="viewport" content="width=device-width, initial-scale=1, maximum-scale=1"/>
<script type="text/javascript">
    var main = document.getElementById("main");
    main.innerHTML = "test";
</script>
</head>
<body>
  <div id="main"></div>
</body>
</html>
```

第一段代码可以正常运行，但是第二段代码会出现报错。这是因为在这两段代码中 JavaScript

的位置不同，因此执行顺序也有所不同。这段 JavaScript 代码的意思是，获取到设置了 id 为 main 的元素并将其 HTML 内容设置为 test。第一段代码中，JavaScript 代码放在 body 末尾，那么当页面 DOM 结构渲染完毕之后，JavaScript 代码才执行，因此没有问题。在第二段代码中，JavaScript 代码放在 head 部分，代码的执行顺序是先执行 JavaScript 代码再执行 DOM 的渲染。当执行 JavaScript 代码时，DOM 结构还没有进行渲染，因此获取不到元素，从而发生报错。

如果将 JavaScript 代码放在头部，解决上述问题的方法是添加 window.onload，表示当页面渲染完毕后再执行 JavaScript 代码。

【示例】

```
<!DOCTYPE>
<html>
<head>
<meta charSet="utf-8" />
<meta name="viewport" content="width=device-width, initial-scale=1, maximum-scale=1"/>
<script type="text/javascript">
window.onload = function(){
        var main = document.getElementById("main");
       main.innerHTML = "test";
}
</script>
</head>
<body>
   <div id="main"></div>
</body>
</html>
```

JavaScript 更多的是被定义在单独的文件中使用。在外部使用 JavaScript 时，需要定义单独的文件，后缀名为.js。定义完 JavaScript 文件后就可以使用<script>标签将外部定义的 JavaScript 文件引入到 HTML 代码中。

比如，定义了一个名为 test.js 的 JavaScript 文件，在 HTML 中使用时代码如下：

```
<!DOCTYPE>
<html>
<head>
<meta charSet="utf-8" />
<meta name="viewport" content="width=device-width, initial-scale=1, maximum-scale=1"/>
<script type="text/javascript" src="test.js"></script>
</head>
<body>
   <div id="main"></div>
</body>
</html>
```

使用 script 引入外部 JavaScript 代码时，使用 src 属性指定要引入的 JavaScript 文件的路径，路径指的是被引入的文件和引入文件之间的目录关系。当要引入的 JavaScript 文件和 HTML 文件在同一目录下时就使用上面的代码，具体的引入内容根据相对路径关系而定。

一般一个 HTML 文档中，可能需要引入多个不同的 JavaScript 代码。引入 JavaScript 代码时，需要注意引入顺序，因为不同外部 JavaScript 的执行顺序也是根据引入顺序决定的。特别是当需要引入一些第三方 JavaScript 框架时，第三方代码一定要在自己使用第三方代码编写的 JavaScript 代码之后，否则无法正常使用第三方 JavaScript 框架提供的方法。

比如，下面的例子中使用了两种不同的引入方法来引入自己编写的 test.js 文件和 jQuery 文件（一个第三方框架），其中，test.js 文件中使用了 jQuery 库提供的一些方法。

test.js 文件：

```
$("#main").html("TEST");
```

HTML 文件：

```
<!DOCTYPE>
<html>
<head>
<meta charSet="utf-8" />
<meta name="viewport" content="width=device-width, initial-scale=1, maximum-scale=1"/>
<script src="http://code.jquery.com/jquery-1.8.0.min.js"></script>
<script type="text/javascript" src="test.js"></script>
</head>
<body>
  <div id="main"></div>
</body>
</html>
```

这种写法是可以正常运行的，但是如果颠倒两个 JavaScript 文件的引入顺序就会报错：

```
<!DOCTYPE>
<html>
<head>
<meta charSet="utf-8" />
<meta name="viewport" content="width=device-width, initial-scale=1, maximum-scale=1"/>
<script type="text/javascript" src="test.js"></script>
<script src="http://code.jquery.com/jquery-1.8.0.min.js"></script>
</head>
<body>
  <div id="main"></div>
</body>
</html>
```

报错内容如下：

```
⊗ ▶Uncaught ReferenceError: $ is not defined
      at test.js:1
```

显示 jQuery 中的$方法没有定义，这是因为当开发者自己的 JavaScript 文件调用 jQuery 中的$方法时，jQuery 文件还没有引入，因此会出现这种问题。

在开发过程中，一定要注意外部 JavaScript 文件的引入顺序，依赖于其他 JavaScript 文件的 JavaScript 文件要放在后面引入。

15.2　变　　量

在 JavaScript 中，使用 var 来定义变量。

```
var a = 3;
var b = 5;
var c = a + b;
```

可以使用 console.log()在控制台打印出一些变量的值，这个在调试的过程中经常使用。

```
console.log(c)
```

控制台中会打印出数字 8。

JavaScript 中对变量的大小写是敏感的，下面定义的两个变量是不同的变量。

```
var test = 5;
var Test = 10;
```

JavaScript 中的变量和其他语言中的变量有所不同，JavaScript 中的变量可以被赋给任何值，一个变量既可以是数字、字符串、数组，也可以是函数。

15.3　基本数据类型

JavaScript 中的变量包含多种数据类型，基本的数据类型有数字、字符串、布尔型值、Null 以及 Undefined。

- 数字类型：如“var a = 20;”中 a 就被赋值给了一个数字类型的变量。Javascript 中的数字类型在定义时可以直接定义成整数、小数或者整数形式。
- 字符串类型：字符串类型的变量在定义时使用引号（单引号或双引号）进行声明。例如“var name = "Martin"”就定义了一个 name 变量，它是一个字符串变量，字符串变量有时会和数字混淆，例如：

```
var test = 22;
var test = "22";
```

第一个 test 是数字变量，第二个 test 内容虽然是数字，但是用引号引入，其实就是一个字符串变量。有关数字变量和字符串变量之间的关系，将在后面的章节进行专门介绍。

- 布尔类型：布尔类型指的是 true 或者 false，只有这两个可能的取值。定义布尔类型变量的方式如下：

```
var x = true;
var y = false;
```

布尔类型值一般用于进行逻辑判断。

- Undefined 类型：Undefined 类型表示一个变量不含有任何值，是一个未定义的变量。
- Null 类型：Null 类型表示变量的值为空，经常被用于进行变量的初始化。例如，需要定义一个 name 变量，但是 name 变量的值可能是后台传入的，目前还不存在，在声明时可以使用如下代码：

```
var name = null;
```

这样，在后面使用 name 变量时就不会报错了。

如果在代码中使用的变量没有被定义，那么程序会报错。下面在 Chrome 控制台中模拟调用为定义变量的结果：

```
> console.log(ccc)
⊗ ▶Uncaught ReferenceError: ccc is not defined
      at <anonymous>:1:13
```

JavaScript 中的变量是动态变量，当已经将一个变量赋值为数字类型时，如果想修改它的值，也可以赋值成其他的数据类型，例如：

```
var x = 123;
var x = "Martin";
```

上面的代码在 JavaScript 中是不会报错的，如果是在 Java 中，这些代码就会报错，因为 x 的第二次赋值改变了 x 的数据类型。

15.4 基本语句

15.4.1 if else 语句

JavaScript 可以使用 if-else 语句表示条件判断。例如：

```
var a = -10;
if(a < 0){
    a = -a
}else{
    a = a
}
```

上面的代码使用 if-else 语句进行条件判断，如果 a 小于 0，就执行 a = -a，否则执行 a = a。
还可以使用多个分支的条件判断语句，即使用 else if，例如：

```
var m = 30;
if(m < 18){
    console.log("少年")
```

```
}else if(m < 25){
    console.log("青年")
}else if(25 < m < 50){
    console.log("中年")
}
```

在条件分支语句中，只会执行一个分支。当从上到下执行时，如果遇到第一个符合条件的条件分支时就执行其中的代码，并跳出整个条件分支逻辑。

```
var m = 17;
if(m < 18){
    console.log("少年")
}else if(16 < m < 25){
    console.log("青年")
}else if(25 < m < 50){
    console.log("中年")
}
```

上面的例子中，m = 17 符合条件分支语句中的前两个判断，但是最后会输出的是少年，因为遇到第一个符合条件的判断后，后面的判断就不会被执行了。

15.4.2　循环语句

在 JavaScript 中，使用 for 进行循环，可以很方便地进行重复性的工作。例如，想在控制台打印 10 次“Hello world”，可以通过 for 循环实现：

```
for(var i = 0; i < 10; i ++){
    console.log("Hello world");
}
```

for 循环经常会进行一些数组的遍历、对象的遍历等。

此外，还有 while 循环。while 循环在条件语句符合时一直执行，直到条件不符合跳出循环。

```
var i = 0;
while(i < 5){
    console.log("当前数字为" + i);
    i ++;
}
```

每次循环都为 i 值加 1，当 i 值小于 5 时就一直执行循环，直到 i 值不符合条件跳出循环。

15.5　函　　数

函数用来定义一些可以复用的代码块，JavaScript 中使用 function 关键字定义一个函数。函数有两种定义方式：

（1）

```
function test(){
    alert("Hello");
}
```

（2）

```
var test = function(){
    alert("Hello");
}
```

二者都可以定义一个函数，但也有一些小的区别。使用第一种方式声明的函数，在 JavaScript 代码执行时会自动提升到所有 JavaScript 代码的最开头，而使用第二种方式定义的函数不会有这种效果。

函数可以传入参数作为变量，下面使用 JavaScript 编写一个简单的计算两数和的函数。

```
function add(x, y){
    var result = x + y;
    return result;
}
```

其中，x 和 y 就是函数中需要传入的参数。如果想使用这个 add 函数，就需要进行如下调用：

```
var sum = add(10, 20);
```

上面的 sum 值的最终结果为 30。其中，return 语句在一个函数中，用来返回结果。上面的 add 函数将两数相加的和作为结果返回，因此才可以使用 sum 变量来装载返回的结果。

传入的参数要和函数定义时声明所需的函数匹配，如果传入的参数多于函数定义时声明所需的参数，传入的多余的参数将会被忽略。如果传入的参数少于函数定义时声明所需的参数，没有被传入的参数的值就为 undefined，这可能会导致函数中的代码出现错误。

15.6 对　　象

JavaScript 中的对象很常用，一个 JavaScript 中的对象形势如下：

```
{
    name: "Martin",
    age: 13
}
```

其中，冒号左侧的叫作这个对象的属性，冒号右边的叫作对应属性的属性值，一个对象包含多对属性和属性值。

要想定义一个对象，可以使用 new Object()进行定义：

```
var person = new Object()
```

然后，可以通过下面这种形式为对象添加属性和属性值：

```
person.name = "Martin";
person.age = 13;
```

同时，也可以通过这种方式访问一个对象的属性。图 15-1 显示的是在 Chrome 浏览器的控制台中进行相关演示。

```
> var person = new Object()
< undefined
> person.name = "Martin"
< "Martin"
> person.age = 13
< 13
> console.log(person)
  ▶ Object {name: "Martin", age: 13}
< undefined
> console.log(person.name)
  Martin
< undefined
> |
```

图 15-1

除了可以为对象定义属性外，还可以为对象定义方法。下面为之前的 person 对象定义一个 say() 方法，调用这个方法可以弹出一个对话框，提示对象的相关信息。

```
person.say = function(){
    alert(person.name + person.age);
}
```

调用该方法时，直接使用 person.say()就可以了。

一般情况下，经常会定义一些既包含属性又包含多个方法的对象。

第 16 章

Window 对象

本章内容要点：

* Window 对象以及常用方法

在上一章中介绍了 JavaScript 中非常重要的对象 Array、String 和 Date，这些对象是学习 JavaScript 的基础，使用这些对象提供的属性和方法，可以帮助开发者编写出一些纯 JavaScript 的功能。但是，JavaScript 是一种前端脚本语言，在之前介绍的对象中很难找到和浏览器操作相关的方法。例如，如何获取移动端设备屏幕大小、如何查看浏览器基本信息等。其实，这些在 JavaScript 中也是提供了丰富的对象及属性、方法的，这些对象和浏览器、界面的相关操作息息相关，被称为浏览器对象。

Window 对象中封装了一些和浏览器窗口展现相关的属性和方法，开发者最开始经常使用的简单方法“alert()”方法就是 Window 对象中的方法。下面将对 Window 对象的常用属性或方法进行介绍。

16.1 setInterval()方法和 clearInterval()方法

1. setInterval()方法

setInterval()是 Window 对象的方法，可以设定一个定时器。setInterval()方法需要传入两个参数：第一个参数是要执行的代码；第二个参数是间隔时间，这个参数的单位是毫秒。这个方法的功能是每隔一定的时间就执行一次代码。下面是一个简单的例子，每隔 1 秒就在控制台打印出“Hello”。

【示例】

```
<!DOCTYPE>
<html>
<head>
<meta charSet="utf-8" />
<meta name="viewport" content="width=device-width, initial-scale=1, maximum-scale=1"/>
<style type="text/css">
</style>
</head>
<body>
<script type="text/javascript">
setInterval(function(){
  console.log("Hello");
}, 1000);
</script>
</body>
</html>
```

第一个参数传入的函数是一个匿名函数，用来打印字符；第二个参数代表 1000 毫秒，即每隔 1 秒执行一次。

setInterval()方法可以自动每隔一段时间重复执行某一段代码，所以可以实现很多功能。

setInterval()方法是进行原生 DOM 动画效果的重要利器之一，使用 setInterval()方法绘制动画效果的思路是每隔一定的时间就修改元素的 CSS 相关样式，通过这种短时间重复执行的方式达到动画的效果。下面给出一个例子。

【示例】

```
<!DOCTYPE>
<html>
<head>
<meta charSet="utf-8" />
<meta name="viewport" content="width=device-width, initial-scale=1, maximum-scale=1"/>
<style type="text/css">
#animate{
  width: 200px;
  height: 200px;
  position: absolute;
  top: 100px;
  left: 100px;
  background: green;
}
</style>
</head>
<body>
```

```
<div id="animate"></div>
<script type="text/javascript">
var animate = document.getElementById("animate");
var leftOrigin = 100;
setInterval(function(){
  animate.style.left = leftOrigin + 10 + "px";
  leftOrigin += 10;
}, 50);
</script>
</body>
</html>
```

在上面的代码中，使用 setInterval()方法每隔 50ms 就将元素 CSS 属性中的 left 值加 10，从而实现动画效果。如果想要元素移动的速度加快，可以增加函数每次执行时的增加像素值，或者调小每次执行函数的时间间隔。

setInterval()方法还可以实现短轮询。短轮询是 Web 实时通信技术中的一种，在后面的内容中还会介绍。短轮询采用每隔一定时间向后台发送 AJAX 请求的方式来实时监控服务器端是否有数据更新。

【示例】

```
<!DOCTYPE>
<html>
<head>
<meta charSet="utf-8" />
<meta name="viewport" content="width=device-width, initial-scale=1, maximum-scale=1"/>
<style type="text/css">
</style>
</head>
<body>
<div id="animate"></div>
<script type="text/javascript">
setInterval(function(){
  $.ajax({
    url: 'do.php',
    type: 'post',
    dataType: 'json',
    success: function(data){
      console.log(data);
    }
  })
}, 1000);
</script>
</body>
</html>
```

上面的代码中，每隔 1 秒钟就会向后台发送一个 AJAX 请求。如果后台数据发生变化，就在某一次请求中返回更新的数据，从而模拟实现服务器数据推送。

还可以使用 setInterval()方法实时监测页面中的某些元素，例如使用 setInterval()方法检测输入框内容。

【示例】

```
<!DOCTYPE>
<html>
<head>
<meta charSet="utf-8" />
<meta name="viewport" content="width=device-width, initial-scale=1, maximum-scale=1"/>
<style type="text/css">
</style>
</head>
<body>
<input id="content" type="text"/>
<div id="result"></div>
<script type="text/javascript">
var content = document.getElementById("content");
var result = document.getElementById("result");
setInterval(function(){
  var con = content.value;
  result.innerHTML = con;
}, 100);
</script>
</body>
</html>
```

上面的代码中，模拟了一种实时更新用户输入内容的功能。虽然开发中一般不会用这种方式实现该功能，但是它展现出了 setInterval()方法的强大之处。使用 setInterval()方法，还可以实现许多的复杂功能。

2. clearInterval()方法

clearInterval()方法可以清除一个定时器。例如，在动画效果的例子中，如果想暂停动画效果，就可以使用 clearInterval()方法，可参看下面的例子。

【示例】

```
<!DOCTYPE>
<html>
<head>
<meta charSet="utf-8" />
<meta name="viewport" content="width=device-width, initial-scale=1, maximum-scale=1"/>
<style type="text/css">
#animate{
  width: 200px;
```

```
    height: 200px;
    position: absolute;
    top: 100px;
    left: 100px;
    background: green;
  }
  </style>
  </head>
  <body>
  <div id="animate"></div>
  <button id="stop">暂停动画</button>
  <script type="text/javascript">
  var animate = document.getElementById("animate");
  var leftOrigin = 100;
  var stop = document.getElementById("stop");
  var timer = setInterval(function(){
    if(leftOrigin < 500){
      animate.style.left = leftOrigin + 10 + "px";
      leftOrigin += 10;
    }
  }, 50);
  stop.click(function(){
    clearInterval(timer);
  })
  </script>
  </body>
  </html>
```

setInterval()方法的返回值就是这个定时器，因此在定义定时器方法时为其进行变量的赋值，最后传入 clearInterval()方法中，实现定时器的清除。

16.2 setTimeout()方法和 clearTimeout()方法

1. setTimeout()方法

setTimeout()方法传入的参数和 setInterval()方法类似，第一个参数传入一个可执行的函数，第二个参数传入一个毫秒数。setTimeout()方法的含义是，在指定的毫秒数延迟过后执行一次函数方法。注意，这个方法只会执行传入的方法一次，而 setInterval()方法会执行传入的方法多次。

在下面的示例中，使用 setTimeout()方法，实现在打开界面延迟 5 秒后弹出欢迎对话框的效果。

【示例】

```
<!DOCTYPE>
<html>
```

```
<head>
<meta charSet="utf-8" />
<meta name="viewport" content="width=device-width, initial-scale=1, maximum-scale=1"/>
<style type="text/css">
</style>
</head>
<body>
<script type="text/javascript">
window.onload = function(){
  setTimeout(function(){
    alert("Welcome");
  }, 5000);
}
</script>
</body>
</html>
```

setTimeout()经常像上面这样用作一个延迟计时器。除此之外，setTimeout()也可以实现循环调用的效果。具体的实现思路是编写一个函数，在内部使用 setTimeout()方法调用自身，从而实现循环调用的功能。下面使用这种思路实现一个定时器的例子。

【示例】

```
<!DOCTYPE>
<html>
<head>
<meta charSet="utf-8" />
<meta name="viewport" content="width=device-width, initial-scale=1, maximum-scale=1"/>
<style type="text/css">
</style>
</head>
<body>
<input type="text" id="timer" value="0" />
<button id="start">开始计时</button>
<script type="text/javascript">
var timer = document.getElementById("timer");
var start = document.getElementById("start");
var time = 0
function calTime(){
    timer.value = time ++;
    setTimeout("calTime()", 1000);
}
start.onclick = function(){
    calTime();
}
</script>
```

```
</body>
</html>
```

上面的代码使用 setTimeout()方法制作了一个简易的计时器。首先，开发者定义了一个 calTime()函数。这个函数的作用有两个：第一个是更新计时器的值，第二个是每隔 1 秒调用函数本身。这种调用模式就实现了每隔 1 秒执行一次函数的效果，其实和 setInterval()方法可以实现的效果是类似的。最后，当开发者单击开始按钮时，手动第一次调用 calTime()方法，之后就可以实现计时的效果了。

2. clearTimeout()方法

和 setInterval()方法类似，setTimeout()方法也有一个可以清除计时器的方法 clearTimeout()。它的使用方法和 clearInterval()方法类似，都是传入 setTimeout()返回的计时器实例。下面修改之前的代码，为这个定时器添加一个暂停的功能。

【示例】

```
<!DOCTYPE>
<html>
<head>
<meta charSet="utf-8" />
<meta name="viewport" content="width=device-width, initial-scale=1, maximum-scale=1"/>
<style type="text/css">
</style>
</head>
<body>
<input type="text" id="timer" value="0" />
<button id="start">开始计时</button>
<button id="stop">停止计时</button>
<script type="text/javascript">
var timer = document.getElementById("timer");
var start = document.getElementById("start");
var stop = document.getElementById("stop");
var time = 0
function calTime(){
	timer.value = time ++;
	var timerCal = setTimeout("calTime()", 1000);
}
start.onclick = function(){
	calTime();
}
stop.onclick = function(){
	clearTimeout(timerCal);
}
</script>
</body>
</html>
```

上面的代码改进了两个地方：首先，将 setTimeout()方法的返回值进行赋值；接下来，在单击停止计时按钮时触发 clearTimeout()方法清除计时器，停止计时。

16.3　Location 对象

Location 对象是 Window 对象中的一个属性对象，Location 对象的一些属性提供了和当前网站域名、主机名等相关的信息。

Location 对象的属性用来设置或者查看当前界面的 URL，如果使用 Location 对象的属性对当前 URL 的一些参数信息进行修改，就会造成界面相应的变化，如重新加载、重定向等。下面介绍一下 Location 对象中常用的属性。

1. URL 的构成

首先，在这里介绍一下页面中 URL 的构成。

一个完整的 URL 的格式如下：

https://www.test.com:8000/news/index.html?username=Martin&email=Martin@qq.com#hash

这个 URL 是由以下部分组成的：

- 协议部分——如 http:或者 https:等，在上面的 URL 中，协议部分为“https:”。
- 域名部分——主要的可访问网址，在上面的 URL 中，域名部分为“www.test.com”。
- 端口部分——冒号后的一串数字，跟在域名上，在上面的 URL 中，端口号为 8000。
- 目录和文件部分——上面的例子中，/news 代表目录，inedx.html 表示显示的文件。
- 参数部分——参数部分的内容是使用 get 方法传递的数据，这部分内容在后面有更详细的讲解。从?开始就是一对对的键值对参数，它们之间使用&进行连接。
- 锚——#后面的部分。

2. Location 相关属性

了解了 URL 的组成，接下来我们看看 Location 对象提供了哪些和 URL 各部分相关的属性。

host 属性用来设置或者返回当前 URL 的域名以及端口号。以上面的 URL 为例，调用 location.href 属性返回的就是“www.test.com:8000”。要想多测试一下 host 属性到底返回的是什么，可以随便打开一个网页，打开 chrome 控制台，输入 location.host，就能直接返回当前浏览网页的 host 属性值了，如图 16-1 所示。

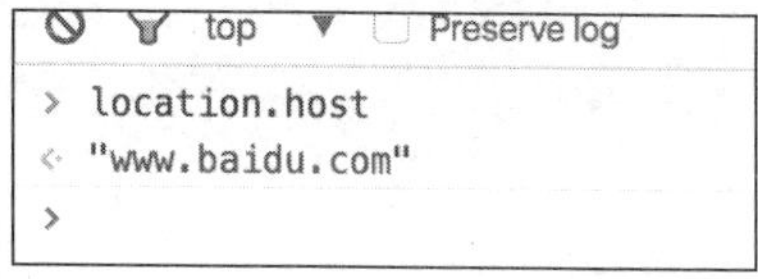

图 16-1

如果只想返回服务器名，不想要端口号，可以使用 location.hostname。如果只想返回端口号，就可以使用 location.port。location.hostname 返回值和 location.port 返回值放在一起就是 location.host 的返回值。

pathname 属性用来返回路径部分，包括目录和具体文件。在上面的例子中，location.pathname 返回的值应为/news/index.html。

protocol 属性用来返回 URL 的协议。在上面的 URL 例子中，location.protocol 返回的值为 URL 的协议部分 https:。

search 属性可以返回 URL 中的参数部分，也就是上面所说的?后面的内容。如果对上述 URL 使用 location.search 属性，返回值为?username=Martin&email=Martin@qq.com。注意，返回值包含第一个问号。利用 search 方法返回的字符串，可以配合一些字符串的方法对当前 URL 传递的参数进行分割，经常需要将这些参数组合成一个对象。

最后，要想获取整个 URL，可以使用 location.href。

上面介绍的属性除了可以获取 URL 的相关信息外，还可以进行 URL 相关信息的设置。这样设置会改变页面的 URL。例如，通过 window.location.href 设置页面的 URL，可以实现页面跳转。

【示例】

```
<!DOCTYPE>
<html>
<head>
<meta charSet="utf-8" />
<meta name="viewport" content="width=device-width, initial-scale=1, maximum-scale=1"/>
<style type="text/css">
</style>
</head>
<body>
<button id="href">跳转到百度</button>
<script type="text/javascript">
var href = document.getElementById("href");
href.onclick = function(){
	window.location.href = "https://www.baidu.com";
}
</script>
</body>
</html>
```

单击跳转按钮，就会改变 location.href 的值，从而实现页面的跳转。

第 17 章

函　数

本章内容要点：

- 函数的定义
- 函数的使用

函数是用来完成某种特定功能的代码集合，如果想使用 JavaScript 进行开发，学会如何定义和使用函数是最基本的技能。本章将为大家介绍如何在 JavaScript 中使用函数以及如何在 JavaScript 中灵活应用函数。

17.1 函数的定义

17.1.1 初识函数

在 JavaScript 中，函数主要包含三个部分：函数名、参数、函数体。函数名即函数的名称，就像变量名一样，是一个函数的标识符，无论是调用还是赋值，都需要使用这个函数名。参数是指传入方法中的数值，函数会根据传入的参数，经过相同的逻辑，返回不同的结果。函数体就是编写逻辑代码的地方。

在 JavaScript 中，基本的函数有两种定义方法：一种是函数的声明，另一种是函数的表达式。

函数声明的定义方法：

```
function test (num) {
  console.log(num);
}
```

函数表达式的定义方法：

```
var test = function (num) {
  console.log(num);
}
```

上面两种方式都能够定义一个函数名为 test 的函数。虽然这两种方法都能同样生成一个函数，但是二者还是有差别的。

使用函数声明定义的方法，函数会自动提升到代码的开头，而使用函数表达式的方法，则不会有这种功能。这种区别体现在开发者调用函数的时候，使用函数声明定义方法时，不用考虑调用函数的顺序关系，因为函数声明定义时会自动提升到代码开头。使用函数表达式方法时，如果顺序错了，调用就会发生错误，提示函数没有定义。

上面两种方法是最常见的定义函数的方法，除此之外，还可以使用 Function()构造函数的形式定义一个函数，例如：

```
var test = new Function("num", "console.log(num)");
```

完全可以不使用这种方法定义函数，只使用上面介绍的两种方式定义函数即可。

函数也是变量，因此函数也可以进行赋值。例如，在上面的代码定义中，如下代码可以进行函数的赋值：

```
var x = test;
```

这样，x 变量也是 test 函数了，可以和 test 函数一样进行函数调用。

17.1.2 匿名函数

在 JavaScript 中，存在一种叫作匿名函数的函数。匿名函数不存在函数名，只有函数体，例如，下面的例子就是使用 setInterval()方法时传入匿名函数作为参数。

```
var timer = setInterval(function () {
    //code……
}, 1000);
```

其中，setInterval()方法传入的第一个参数是一个匿名函数。当开发者不需要函数名时，直接定义一个匿名函数就可以了，这样可以让代码更加简洁。使用匿名函数的方法经常出现在上面这种将函数作为参数的情况下。

17.1.3 自我调用函数

在 JavaScript 中，有一种函数，既没有函数名，还可以进行自我调用，这种函数叫作自我调用函数。这种函数的特点是没有函数名，在对应的 JavaScript 开始编译时，自我调用方法会自动执行内部的代码，它的定义方法像下面这样：

```
(function () {
    console.log("aaa");
})();
```

这时，在引用 JavaScript 文件时，这个函数就会自动执行。

17.2　函数调用

当开发者定义了一个函数时，就可以进行函数的调用了。函数调用就是为这个函数传入它需要的参数，进行函数体的运算。下面是一个函数调用的例子。

【示例】

```
function cal (a, b) {
    return a * b;
}
cal(10, 20)
```

上面就是一个函数调用的过程。首先，开发者定义了一个函数，用来计算两个数的乘积。接下来，在函数调用时为这个函数传入所需要的参数，完成函数的调用。

如果一个函数名后面添加了()，就表示函数调用了。如果没有添加()，只是一个函数名，就表示是函数的赋值，函数不会被调用。例如，下面定义一个不需要参数的函数，观察函数赋值和函数调用的区别。

【示例】

```
function say () {
    alert("Hello!");
}
sayAnother = say;
say();
sayAnother();
```

在上面的代码中，定义了一个 say()函数，用来显示一个提示框。首先，第一次直接使用了 say 这个函数名，是为函数赋值，并没有执行。由于函数也是变量，因此现在 sayAnother 和 say 方法是等价的。接着，使用 say()和 sayAnother()这两个方法调用了 say 函数，最后的结果是相同的。

17.3　函数的作用域

JavaScript 中的函数存在一种叫作作用域的概念，作用域指的是一个区块，可以理解为变量有效的位置。在编写一段 JavaScript 代码时，开发者可能在最开始定义一些变量、定义一些函数，同时也会在函数中定义一些变量，例如：

```
var a = 10;
var b = 20;
function test () {
    var test = 11;
    console.log(11);
```

```
}
```

在这一段代码中，存在两个作用域：一个是全局作用域，也就是整个代码部分；另一个是局部作用域。全局作用域中定义的变量、对象等在任何地方都可以访问，例如，像下面这样修改上面的例子，程序是不会报错的。

```
var a = 10;
var b = 20;
function test () {
    var test = 11;
    var result = a + test;
    console.log(result);
}
```

这里，在 test 方法中调用了在函数体外部定义的变量 a，是可以成功调用的，因为变量 a 定义在全局作用域中，任何内部的变量都可以进行访问。

反过来就不行了，例如：

```
var a = 10;
var b = 20;
function test () {
    var test = 11;
    var result = a + test;
    console.log(result);
}
console.log(test);
```

开发者在函数的外部访问了函数内部的变量 test，就会报错，告诉开发者 test 变量并没有定义。这是因为在 test 这个函数内部是一个局部作用域，而局部作用域定义的变量在外部是不能被访问的。所以，全局作用域定义的变量，局部作用域可以访问，而局部作用域中定义的变量，其他作用域中不能访问。

之所以这样设定，是因为要考虑一种情况：当一段代码中定义了多个函数时，难道可以允许不同的函数之间访问函数内部定义的变量么？如果可以这样，那么代码就完全乱了，也不存在函数和函数之间的封装了。正是有了局部作用域这样的设定，才让每个函数之间没有关系，从而实现更好的代码封装。

更一般的，在 JavaScript 中还有父作用域和子作用域，一层一层向下递推。

```
var a = 10;
function test () {
    var b = 20;
    function test2 () {
        var m = 30;
    }
}
```

在上面的代码中，存在三个作用域。变量 a 在全局作用域中，变量 b 在 test 函数的作用域中，变量 m 在 test2 函数的作用域中。test2 方法可以访问上面定义的所有变量，因为 test2 方法是最底层的作用域。在全局作用域中，只能访问变量 a，无法访问其他变量。上层的作用域不能访问下层作用域中定义的变量，而下层作用域可以访问上层定义的变量，这就是 JavaScript 中的作用域规则。

17.4　函数的参数

JavaScript 中函数的参数非常灵活，这得益于 JavaScript 的语言特性。JavaScript 中的函数参数既可以是普通变量，也可以是一个对象，甚至可以是一个函数。

第18章

jQuery 中的选择器

本章内容要点：

※ 元素选择器

jQuery 中最被广大开发者喜爱的就是其中的选择器。jQuery 中的选择器非常丰富，而且选取元素的代码非常简洁。例如，下面两个代码分别是使用原生 JavaScript 和 jQuery 获取一个 id 名称“test”的元素：

- *原生* JavaScript *写法*：var test = document.getElementById("test");
- jQuery *写法*：var test = $("#test")

可以看到，使用 jQuery 中的元素选择器，代码非常简洁。此外，jQuery 还封装了许多其他元素选择器的方法。如果开发者希望用原生的 JavaScript 实现这些 jQuery 中为开发者封装好的方法，就需要许多的代码量。因此，使用 jQuery 可以极大地方便开发者进行开发。

18.1 选取所有元素

在 jQuery 中，像调用其他方法一样，使用$()进行元素的选择。

如果想获取所有元素，可以使用通配符*进行选择，下面的代码就获取了整个文档中的所有元素。

【示例】

```
<!DOCTYPE>
<html>
<head>
<meta charSet="utf-8" />
<meta name="viewport" content="width=device-width, initial-scale=1, maximum-scale=1"/>
<script src="http://code.jquery.com/jquery-1.8.0.min.js"></script>
<style type="text/css">
</style>
</head>
<body>
   <div class="container">
      <div class="test"></div>
   </div>
<script>
var all = $("*");
console.log(all);
</script>
</body>
</html>
```

首先，使用$("*")获取全部元素，为了查看这些元素的形势，使用 console.log()进行打印。打开 Chrome 的 console 进行查看，效果如图 18-1 所示。

$("*")返回的是一个数组，这个数组中包含了整个文档中的所有元素节点。注意，这里面返回的是元素节点，忘记元素节点概念的可以在 JavaScript 章节中查看。但是，这些返回的元素并不是一般的元素节点。为了对比，接下来使用原生的 JavaScript 代码获取 id 为 test 的元素，与 jQuery 获取的 test 元素进行比较。

```
▼ init[10]
  ▶ 0: html
  ▶ 1: head
  ▶ 2: meta
  ▶ 3: meta
  ▶ 4: script
  ▶ 5: style
  ▶ 6: body
  ▶ 7: div.container
  ▶ 8: div.test
  ▶ 9: script
  ▶ context: document
    length: 10
  ▶ prevObject: init[1]
    selector: "*"
  ▶ __proto__: Object[0]
```

图 18-1

【示例】

```
<!DOCTYPE>
<html>
<head>
<meta charSet="utf-8" />
<meta name="viewport" content="width=device-width, initial-scale=1, maximum-scale=1"/>
<script src="http://code.jquery.com/jquery-1.8.0.min.js"></script>
<style type="text/css">
</style>
</head>
<body>
   <div class="container">
```

```
        <div id="test"></div>
    </div>
<script>
var all = $("*");
console.log(all);
var test = document.getElementById("test");
console.log(test);
</script>
</body>
</html>
```

打开浏览器的 Chrome 控制台查看效果，jQuery 获取的 test 元素内容如图 18-2 所示。

```
▼ 8: div.test
    accessKey: ""
    align: ""
    assignedSlot: null
  ▶ attributes: NamedNodeMap
    baseURI: "file:///Users/fareise/Desktop/book-filter/Jquery%E9%83%A8%E5%8
    childElementCount: 0
  ▶ childNodes: NodeList[0]
  ▶ children: HTMLCollection[0]
  ▶ classList: DOMTokenList[1]
    className: "test"
    clientHeight: 0
    clientLeft: 0
    clientTop: 0
    clientWidth: 1264
    contentEditable: "inherit"
  ▶ dataset: DOMStringMap
    dir: ""
    draggable: false
    firstChild: null
    firstElementChild: null
    hidden: false
    id: ""
```

图 18-2

原生 JavaScript 获取的 test 元素内容如下：

```
<div id="test"></div>
```

可以看到，二者虽然返回的都是指定的节点，但是它们的样子完全不同。

下面介绍一个新手经常容易犯的错误，也是使用 jQuery 时非常重要的点。其实，当使用 jQuery 的方法获取一个元素的时候，这个元素已经被 jQuery 进行包装了。jQuery 为这些元素添加了 jQuery 中特有的方法，使用这些 jQuery 方法可以对元素进行种类繁多的操作。将这种元素叫作 jQuery 对象。

使用原生 JavaScript 返回的只是一个 HTML 标签片段，并不是一个对象。这个 HTML 标签片段也有一些方法，如 innerHTML 等。

这里需要注意的是，当想使用 jQuery 中的方法时，一定要确保这个元素是一个 jQuery 对象，普通的元素是不能使用 jQuery 方法的，即便已经引入了 jQuery 插件库。

如果通过原生 JavaScript 的方法获取了一个元素，但是想让这个元素拥有 jQuery 的方法，怎么办呢？开发者可以使用$()将元素转换成 jQuery 对象，让这个元素可以使用 jQuery 方法。下面通过一个例子进行说明。

【示例】

```
<!DOCTYPE>
<html>
<head>
<meta charSet="utf-8" />
<meta name="viewport" content="width=device-width, initial-scale=1, maximum-scale=1"/>
<script src="http://code.jquery.com/jquery-1.8.0.min.js"></script>
<style type="text/css">
</style>
</head>
<body>
  <div class="container">
    <input value="hello" id="hello" />
    <button id="changeJavascript">CHANGE-Javascript</button>
    <button id="changeJQuery">CHANGE-JQuery</button>
  </div>
<script>
var hello = document.getElementById("hello");
var helloJquery = $(hello);
changeJQuery.onclick = function(){
     helloJquery.val("CHANGE!");
}
changeJavascript.onclick = function(){
     hello.val("CHANGE!")
}
</script>
</body>
</html>
```

jQuery 中的 val()方法可以获取一个 input 标签中的 value 属性值，如果传入了一个值，那么 val()可以修改这个 input 标签的 value 属性值。val()方法就是上面所说的 jQuery 对象方法，只有 jQuery 对象可以使用，而普通 JavaScript 无法调用。

上面的例子中有两个 change 按钮，它们都想通过 val()方法修改 input 标签的 value 属性值。changeJavaScript 按钮直接使用了通过 document.getElementById()方法获取到的 JavaScript 元素调用 val()方法；而 changeJQuery 按钮则使用了经过 jQuery 包装的 jQuery 对象，包装方法就如之前所说，使用$()进行包装。

在浏览器中查看效果，当单击 changeJavaScript 按钮时，界面没有任何变化，而且打开 Chrome 控制台，console 会报错：

```
Uncaught TypeError: hello.val is not a function
```

这表明 JavaScript 元素并没有 val()方法可以调用。

当单击 changeJQuery 按钮时，input 标签中的内容成功发生了变化，说明元素已经通过$()被正确封装成了 jQuery 对象，可以正常调用 jQuery 中的 val()方法了。

这是一个很多初学者都特别容易犯的错误，而且有的时候特别难以发现问题所在。在开发过程中，如果希望使用 jQuery 方法，一定要保证 jQuery 方法的调用者是一个 jQuery 对象，否则就会出错。

18.2 基本选择器

基本选择器包括 id 选择器、class 选择器和元素选择器。

18.2.1 id 选择器

id 选择器使用#获取，需要传入元素的 id。比如$("#test")就获取了 id 值为 test 的元素。

【示例】

```
<!DOCTYPE>
<html>
<head>
<meta charSet="utf-8" />
<meta name="viewport" content="width=device-width, initial-scale=1, maximum-scale=1"/>
<script src="http://code.jquery.com/jquery-1.8.0.min.js"></script>
<style type="text/css">
#test{
        width: 100px;
        height: 100px;
}
</style>
</head>
<body>
    <div class="container">
        <div id="test"></div>
    </div>
<script>
var test = $("#test");
test.html("TEST!");
</script>
</body>
</html>
```

html()是 jQuery 中的方法，该方法可以设置元素的 HTML 内容。上面的例子中使用$("#test")获取到 id 值为 test 的元素，并设置其 HTML 内容。

18.2.2 class 选择器

class 选择器与 id 选择器类似，只需要将#变为.就可以获取相应 class 的元素。class 选择器根据元素的 class 进行选择，返回的是一个数组，数组中包括了文档中所有 class 为相应值的元素，既可以通过索引获取想要的某个元素，也可以通过循环来为每个元素进行操作。

【示例】

```
<!DOCTYPE>
<html>
<head>
<meta charSet="utf-8" />
<meta name="viewport" content="width=device-width, initial-scale=1, maximum-scale=1"/>
<script src="http://code.jquery.com/jquery-1.8.0.min.js"></script>
<style type="text/css">
.test{
        width: 100px;
        height: 100px;
        margin: 10px;
}
</style>
</head>
<body>
   <div class="container">
      <div class="test"></div>
      <div class="test"></div>
      <div class="test"></div>
      <div class="test"></div>
      <div class="test"></div>
   </div>
<script>
var test = $(".test");
console.log(test);
for(var i = 0; i < test.length; i ++){
        test.html("TEST!");
}
</script>
</body>
</html>
```

上面代码中，var test = $(".test");使得 test 保存了一个由所有 class 为 test 的元素组成的数组。接下来，使用 for 循环遍历，为每个元素设定其 HTML 内容。

其实，不用遍历，直接进行操作也可以实现上述效果，这是 jQuery 对象的特点。当需要为某一个 class 的元素指定相同的行为时，这种特性可以很方便地实现这种批量操作。

【示例】

```
<!DOCTYPE>
<html>
```

```
<head>
<meta charSet="utf-8" />
<meta name="viewport" content="width=device-width, initial-scale=1, maximum-scale=1"/>
<script src="http://code.jquery.com/jquery-1.8.0.min.js"></script>
<style type="text/css">
.test{
      width: 100px;
      height: 100px;
      margin: 10px;
}
</style>
</head>
<body>
   <div class="container">
      <div class="test"></div>
      <div class="test"></div>
      <div class="test"></div>
      <div class="test"></div>
      <div class="test"></div>
   </div>
<script>
var test = $(".test");
test.html("TEST!");
</script>
</body>
</html>
```

对上面例子的代码进行了修改，没有使用 for 循环进行遍历，仍然可以实现之前的效果。

使用 class 选择器，还可以指定多个 class，当指定多个 class 时，会选取包含开发者指定的所有 class 的对应元素。通过$(".class1.class2")这段代码，就选取了 class 包含 class1 和 class2 两者都具有的元素。

【示例】

```
<!DOCTYPE>
<html>
<head>
<meta charSet="utf-8" />
<meta name="viewport" content="width=device-width, initial-scale=1, maximum-scale=1"/>
<script src="http://code.jquery.com/jquery-1.8.0.min.js"></script>
<style type="text/css">
.test{
      width: 100px;
      height: 100px;
      margin: 10px;
   background: green;
```

```
}
</style>
</head>
<body>
  <div class="container">
    <div class="test">NOT TARGET</div>
    <div class="test target">TAGET</div>
  </div>
<script>
var test = $(".test.target");
test.html("CHANGE!");
</script>
</body>
</html>
```

上面的代码定义了两个 div 元素：第一个元素只为其指定了一个 class test，第二个元素包含 test 和 target 两个类名。当使用$(".test.target")获取元素时，返回的数组包含的是第二个 div 元素。

应 用 场 景

多 class 元素选择非常常用。例如，在导航菜单中，某一刻只有一个选项栏是选中状态，选中状态的菜单项和菜单栏中其他未选中的菜单项样式不同，这种情况一般会为被选中的元素动态添加一个.active 的类来实现（通过 JavaScript 动态添加）。一个类似情况的菜单栏代码如下：

```
<ul>
    <li class="nav active">首页</li>
    <li class="nav">导航 1</li>
    <li class="nav">导航 2</li>
    <li class="nav">导航 3</li>
    <li class="nav">导航 4</li>
</ul>
```

一般，对于当前处于 active 状态的菜单项，会有很多特别的操作，这时这种多 class 选择器就会很容易地选出需要的目标元素。如果没有 jQuery，这个过程就需要编写大量的代码。

18.2.3 元素选择器

元素选择器比较简单，直接传入想选择的标签，就可以获取所有该标签的元素所组成的数组，和 class 选择器类似。

【示例】

```
<!DOCTYPE>
<html>
<head>
```

```
<meta charSet="utf-8" />
<meta name="viewport" content="width=device-width, initial-scale=1, maximum-scale=1"/>
<script src="http://code.jquery.com/jquery-1.8.0.min.js"></script>
<style type="text/css">
.test{
      width: 100px;
      height: 100px;
      margin: 10px;
}
</style>
</head>
<body>
  <div class="container">
     <p class="test"></p>
     <p class="test"></p>
     <div class="test"></div>
     <div class="test"></div>
     <div class="test"></div>
  </div>
<script>
var test = $("p");
test.html("TEST!");
</script>
</body>
</html>
```

在上面的例子中，有 5 个元素的 class 名都是 test，其中前两个是<p>元素，后三个是<div>元素。要想选择 p 元素，可以使用元素选择器。$("p")返回了文档中的全部 p 标签，并通过 html()方法为这些 p 标签指定 HTML 内容。

18.2.4 组合使用基本选择器

多 class 选择器其实只是一个特例，还有很多种类似的组合方法可以使用，它们的组合可以很方便地选择目标元素。下面是一个例子。

【示例】

```
<!DOCTYPE>
<html>
<head>
<meta charSet="utf-8" />
<meta name="viewport" content="width=device-width, initial-scale=1, maximum-scale=1"/>
<script src="http://code.jquery.com/jquery-1.8.0.min.js"></script>
<style type="text/css">
.test{
      width: 100px;
```

```
        height: 100px;
        margin: 10px;
    }
    </style>
    </head>
    <body>
      <div class="container">
        <p class="test"></p>
        <p class="target"></p>
        <div class="target"></div>
      </div>
    <script>
    var target = $("p.target");
    target.html("TARGET");
    </script>
    </body>
    </html>
```

在上面的代码中，我们希望获取的是 class 为 target 的<p>元素，但是从上面的 HTML 结构看，class 为 target 的元素有两个，一个是 div，一个是 p，这时可以使用组合的方法选择目标元素。$("p.target")就选中了需要的元素，它的含义是：选择 class 值为 target 的<p>元素。

18.3 位置选择器

只用 jQuery 中的基本选择器，就已经可以实现许多在原生 JavaScript 中需要许多代码才能实现的选择器功能。但是，jQuery 中还提供了许多其他的选择器方法，这些方法使得 jQuery 的选择器更加强大，基本成为 JavaScript 开发中不可或缺的函数库。

jQuery 中选择的编码方式很大程度上借鉴了 CSS 选择器的编码方式，因此，如果已经非常熟练地掌握了 CSS 选择器，学习 jQuery 选择器并不会感到困难。

18.3.1 选择特殊位置

jQuery 提供了以下方法来选择特殊位置的元素：

- :first——选择目标元素组中的第一个元素。
- :last——选择目标元素组中的最后一个元素。
- :even——选择目标元素组中的第偶数个元素。
- :odd——选择目标元素组中的第奇数个元素。

使用这些位置选择器，需要结合之前介绍的基本选择器。位置选择器其实是在基本选择器的基础上添加一些修饰，以此来选择出各小范围的元素。下面的例子选择所有 p 标签中的第一个元素。

【示例】

```
<!DOCTYPE>
<html>
<head>
<meta charSet="utf-8" />
<meta name="viewport" content="width=device-width, initial-scale=1, maximum-scale=1"/>
<script src="http://code.jquery.com/jquery-1.8.0.min.js"></script>
<style type="text/css">
p{
      width: 100px;
      height: 50px;
      margin-top: 20px;
}
</style>
</head>
<body>
  <div class="container">
     <p class="test">normal</p>
     <p class="test">normal</p>
     <p class="test">normal</div>
  </div>
<script>
var target = $("p:first");
target.html("TARGET");
</script>
</body>
</html>
```

在上面的代码中，将第一个 p 元素的 HTML 内容修改成了“TARGET”。选中第一个<p>元素的方法就是使用基本选择器和位置选择器相结合的方法。$("p")可以获取到所有的 p 标签，而添加了:first 修饰位置之后，就可以获取到所有<p>元素的第一个元素了。

使用:even 或者:odd 的方法类似，只不过这些位置选择器会返回一个数组，这个数组中包含了所有符合条件的元素。

【示例】

```
<!DOCTYPE>
<html>
<head>
<meta charSet="utf-8" />
<meta name="viewport" content="width=device-width, initial-scale=1, maximum-scale=1"/>
<script src="http://code.jquery.com/jquery-1.8.0.min.js"></script>
<style type="text/css">
p{
```

```
        width: 100px;
        height: 50px;
        margin-top: 20px;
}
</style>
</head>
<body>
  <div class="container">
     <p class="test">normal</p>
     <p class="test">normal</p>
     <p class="test">normal</div>
     <p class="test">normal</div>
     <p class="test">normal</div>
  </div>
<script>
var target = $("p:odd");
target.html("TARGET");
</script>
</body>
</html>
```

在上面的代码中，$("p:odd")获取到了所有位于偶数位置的<p>元素，在浏览器中查看效果，可以发现只有位于偶数位置的<p>元素的内容被修改成了“TARGET”。

18.3.2　任意位置选择器

特殊位置选择器可以选择特殊的位置元素，jQuery 中还提供了可以选择任意位置的元素选择器。

:eq()选择器可以选取目标元素集中任一位置的元素，只需要传入位置的编号即可。

【示例】

```
<!DOCTYPE>
<html>
<head>
<meta charSet="utf-8" />
<meta name="viewport" content="width=device-width, initial-scale=1, maximum-scale=1"/>
<script src="http://code.jquery.com/jquery-1.8.0.min.js"></script>
<style type="text/css">
p{
        width: 100px;
        height: 50px;
        margin-top: 20px;
   background: green;
}
</style>
```

```
</head>
<body>
  <div class="container">
    <p class="test">normal</p>
    <p class="test">normal</p>
    <p class="test">normal</div>
    <p class="test">normal</div>
    <p class="test">normal</div>
  </div>
<script>
var target = $("p:eq(2)");
target.html("TARGET");
</script>
</body>
</html>
```

打开浏览器查看效果，如图 18-3 所示。

在上面的代码中，使用:eq(2)来限定获取到的 p 元素集。注意，这里传入的 2 指的是索引，索引是从 0 开始的。因此:eq(2)选择的是 index 值为 2 的元素，在浏览器中显示对应的就是第三个元素。

有了:eq()选择器，就可以选择任意位置的元素了。:eq()选择器也存在着缺点，它只能选择出某一个元素。jQuery 中还提供了一种能够根据索引值获取元素的方法。

在 jQuery 中，:gt()选择器可以选择出 index 索引值大于某一给定值的元素；:lt()选择器可以选择出 index 索引值小于某一给定值的元素。

【示例】

```
<!DOCTYPE>
<html>
<head>
<meta charSet="utf-8" />
<meta name="viewport" content="width=device-width, initial-scale=1, maximum-scale=1"/>
<script src="http://code.jquery.com/jquery-1.8.0.min.js"></script>
<style type="text/css">
p{
     width: 100px;
     height: 50px;
     margin-top: 20px;
  background: green;
}
</style>
</head>
<body>
  <div class="container">
    <p class="test">normal</p>
```

```
        <p class="test">normal</p>
        <p class="test">normal</div>
        <p class="test">normal</div>
        <p class="test">normal</div>
    </div>
<script>
var target = $("p:gt(2)");
target.html("TARGET");
</script>
</body>
</html>
```

浏览器展现效果如图 18-4 所示。

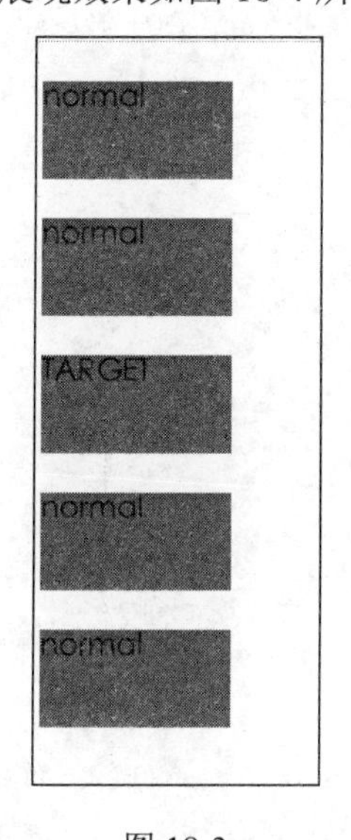

图 18-3

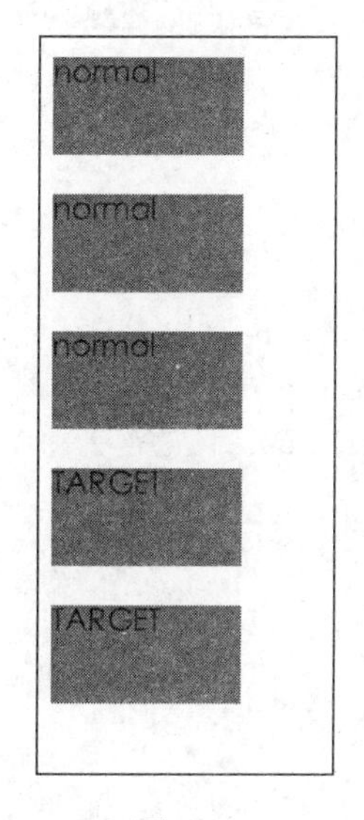

图 18-4

当使用$("p:gt(2)")选择器时，jQuery 会选择出 index 索引值大于 2 的元素，在上面的例子中也就是 index 值为 3 和 4 的元素。有了:gt()和:lt()选择器，就可以很方便地选取一组元素中前几个元素或者后几个元素了。

18.4 属性选择器

jQuery 中还提供了通过元素的属性选择元素的方法，比如有一个元素：

```
<a href="test.html">TEST</a>
```

那么属性选择器就可以根据这个标签的 href 属性值进行选择。

jQuery 中的属性选择器需要使用[]进行声明，[]内部传入属性选择器相关的参数，有如下多种实现方法。

- $("[href]")：获取带有 href 属性的元素。
- $("[href='test.html']")：获取 href 属性值为 test.html 的元素。
- $("[href!='test.html']")：获取 href 属性值不是 test.html 的元素。
- $("[href$='.html']")：获取 href 属性值包含以.html 结尾的元素。

下面的例子为读者展现了属性选择器的用法。

【示例】

```
<!DOCTYPE>
<html>
<head>
<meta charSet="utf-8" />
<meta name="viewport" content="width=device-width, initial-scale=1, maximum-scale=1"/>
<script src="http://code.jquery.com/jquery-1.8.0.min.js"></script>
<style type="text/css">
a{
      width: 100px;
      height: 50px;
      margin-top: 20px;
      background: green;
      display: block;
}
</style>
</head>
<body>
   <div class="container">
      <a>normal</a>
      <a href="test.html">normal</a>
      <a href="other.html">normal</a>
      <a href="other.jpg">normal</a>
   </div>
   <button>获取包含 href 属性的元素</button>
   <button>获取 href 属性值为 test.html 的元素</button>
   <button>获取 href 属性值不为 test.html 的元素</button>
   <button>获取 href 属性值以.html 结尾的元素</button>
<script>
var btn = $("button");
var a = $("a");
btn[0].onclick = function(){
   a.html(normal);
   $("[href]").html(TARGET);
}
btn[1].onclick = function(){
   a.html(normal);
```

```
    $("[href]='test.html'").html(TARGET);
}
btn[2].onclick = function(){
    a.html(normal);
    $("[href]!='test.html'").html(TARGET);
}
btn[3].onclick = function(){
    a.html(normal);
    $("[href]$='.html'").html(TARGET);
}
</script>
</body>
</html>
```

在上面的代码中，为了检测每一种属性选择器的功能，定义了 4 个按钮，分别用来获取包含 href 属性的元素、获取 href 属性值为 test.html 的元素、获取 href 属性值不为 test.html 的元素、获取 href 属性值以.html 结尾的元素。最后，通过 html()方法改变选中元素的 HTML 内容来测试是否选择了目标元素。

18.5　表单选择器

<input>元素是前端开发过程中最常用的元素，并且<input>元素的属性复杂，用法变化很多。因此，jQuery 中专门为<input>元素制定了一系列的选择器方法，以此来获取目标的表单元素。这些选择器方法也是和 CSS 中的选择器相对应的。

18.5.1　根据 type 选择对应的 input

input 标签的 type 属性比较复杂，通过制定 type 属性，可以实现<input>标签不同的表现形式。同时，HTML5 中更加注重对于<input>元素 type 属性的应用。jQuery 专门针对<input>标签的 type 属性制定了一系列的选择器方法。

比如，希望选择一个表单中负责提交表单按钮的<input>标签，这部分的 HTML 代码如下：

```
<input type="submit" value="提交"/>
```

要想使用表单选择器获取这个元素，可以使用下面这段代码：

```
$(":submit")
```

使用:开头，代表这是一个表单选择器，后面直接跟上希望选择的 type 值，就可以选中需要的<input>元素了。需要注意，这个方法返回的也是一个数组，因为在一个 HTML 文档中，可能有多个<input>元素符合要求。

表 18-1 中是全部的根据 type 属性选择元素的表单选择器。

表 18-1 type 属性选择元素的表单选择器

名　　称	使用方法	说　　明
:input	$(":input")	所有 <input> 元素
:text	$(":text")	所有 type="text" 的 <input> 元素
:password	$(":password")	所有 type="password" 的 <input> 元素
:radio	$(":radio")	所有 type="radio" 的 <input> 元素
:checkbox	$(":checkbox")	所有 type="checkbox" 的 <input> 元素
:submit	$(":submit")	所有 type="submit" 的 <input> 元素
:reset	$(":reset")	所有 type="reset" 的 <input> 元素
:button	$(":button")	所有 type="button" 的 <input> 元素
:image	$(":image")	所有 type="image" 的 <input> 元素
:file	$(":file")	所有 type="file" 的 <input> 元素

18.5.2 状态选择器

除了可以根据<input>元素的 type 属性选择元素外，jQuery 中还提供了根据<input>标签的状态选择元素的方法。

表单中的一个 input 元素可能有如下状态。

- a.激活：input 标签可以正常进行编辑内容等操作。
- b.禁用：input 标签不能进行编辑等操作。
- c.选取：被选取的 input 元素，这里指的是被选中的<option>元素。
- d.选中：被选中的 input 元素，这里指的是被选中的<checkbox>元素。

这种状态选择器非常有用。在开发过程中，开发者经常需要对用户选取或者选择的表单部分做特殊操作，这时就可以使用状态选择器来进行处理，轻而易举地选择到开发者想要的元素。

【示例】

```
<!DOCTYPE>
<html>
<head>
<meta charSet="utf-8" />
<meta name="viewport" content="width=device-width, initial-scale=1, maximum-scale=1"/>
<script src="http://code.jquery.com/jquery-1.8.0.min.js"></script>
<style type="text/css">
</style>
</head>
<body>
  <div class="container">
    <select id="choose">
      <option>未选中</option>
      <option>未选中</option>
      <option>未选中</option>
      <option>未选中</option>
```

```
            <option>未选中</option>
        </select>
    </div>
<script>
$("#choose").onchange = function(){
    var target = $(":selected");
    target.html("选中");
}
</script>
</body>
</html>
```

在上面的例子中，不管在浏览器中如何选择，最后显示的内容都是选中。这是因为我们为 select 元素绑定了一个 onchange 方法，每次 select 所选取的项目发生变化时，都会获取当前选中的元素并修改其 html 内容。这里就是通过$(":selected")获取到的被选中的元素。

18.6　灵活使用各种选择器

上面的内容对 jQuery 中最重要的一些选择器进行了介绍。实际开发中，单独使用某一个选择器所能达成的功效并不是最大的，更多情况下是综合使用各种类型的选择器来选择所需要的元素。

【场景】

某 H5 视频平台，每周需要为最受欢迎的视频进行排序，将排名前五位的视频置于首页某板块展示。需求规定，上榜视频中前三位的视频名称需要用特殊样式标注，以下是 HTML 代码。

【示例】

```
<!DOCTYPE>
<html>
<head>
<meta charSet="utf-8" />
<meta name="viewport" content="width=device-width, initial-scale=1, maximum-scale=1"/>
<script src="http://code.jquery.com/jquery-1.8.0.min.js"></script>
<style type="text/css">
</style>
</head>
<body>
    <div class="weekTop">
        <p class="name">Mark</p>
        <p class="name">Mark</p>
        <p class="name">Mark</p>
        <p class="name">Mark</p>
        <p class="name">Mark</p>
```

```
        <p class="name">Mark</p>
    </div>
<script>
</script>
</body>
</html>
```

【解决方法】采用 jQuery 中基本选择器与任意位置选择器结合的办法，很容易实现该功能。周榜前三名的视频，即所有获取到的视频中索引值小于 3 的，因此下面的代码即可获取到目标元素：

```
$(".name:lt(3)")
```

第 19 章

jQuery 中的 DOM 方法

本章内容要点：

- DOM 选择元素方法的使用

选择器是 jQuery 中获取 DOM 元素的神器。在 jQuery 中，还有一些方法可以通过元素之间的关系获取到不同的元素。jQuery 中存在着丰富的通过 DOM 节点关系获取元素的方法，这些方法是对原生 JavaScript 的一个扩展，使用起来非常方便。

jQuery 中关于 DOM 节点关系选择元素的方法基于的是 DOM 元素的遍历。在一个 HTML 文档中，DOM 元素的关系包括父元素和子元素的关系、祖先元素与子孙元素的关系、兄弟元素之间的关系等。jQuery 中 DOM 相关的元素选择方法其实就是一种根据元素关系的定位方法。

19.1 获取上层元素

所谓上层元素，是指一个元素的父元素、父元素的父元素等，jQuery 中有三种方法可用来获取元素的上层元素。

19.1.1 parent()方法

parent()方法用来获取一个元素的直接上层元素，也就是父元素。这个方法不会选择更外层的上层元素，虽然 parent()方法返回的只是一个元素，但是返回值也是使用数组进行包装的。下面的例子展现了如何利用 parent()方法获取直接上层元素的功能。

【示例】

```
<!DOCTYPE>
<html>
<head>
<meta charSet="utf-8" />
<meta name="viewport" content="width=device-width, initial-scale=1, maximum-scale=1"/>
<script src="http://code.jquery.com/jquery-1.8.0.min.js"></script>
<style type="text/css">
.one{
   width: 500px;
   height: 80px;
   border: 2px solid green;
   margin: 10px;
}
.two{
   width: 350px;
   height: 60px;
   border: 2px solid green;
   margin: 10px;
}
.three{
   width: 200px;
   height: 45px;
   border: 2px solid green;
   margin: 5px;
}
</style>
</head>
<body>
   <div class="one">
      <div class="two">
         <div class="three"></div>
      </div>
   </div>
<script>
var parent = $(".three").parent()
console.log(parent);
parent.css({"border":"2px solid red"})
</script>
</body>
</html>
```

在上面的代码中，使用$(".three").parent()获取到 three 元素的直接上层父元素（这里为 two 元素）并将其边框设定为红色。可以看到，最终的效果是 two 元素的边框被设置成了红色，而 one 元素的边框颜色没有发生变化。

19.1.2　parents()方法

parents()方法返回的是一个元素的所有上层元素，即包括父元素、父元素的父元素等，这个上层元素一直到<html>根元素。下面是一个 HTML 结构，通过 Chrome 控制台来看一下这个 HTML 结构中 son 元素的 parents()方法的返回值是什么样的。

```
<body>
  <div class="parents">
    <div class="parent1"></div>
    <div class="parent2">
      <div class="son"></div>
      <div class="son"></div>
    </div>
  </div>
</body>
```

接下来，通过 parents()方法获取 son 元素的父元素。在 Chrome 控制台下查看返回元素，如图 19-1 所示。

```
▶ [div.parent2, div.parents, body, html, prevObject: init[2], context: document, selector:
  ".son.parents()"]
```

图 19-1

可以看到，son 元素通过 parents()方法返回的上层元素包含 4 个元素：parent2 元素、parents 元素、body 元素和 html 元素。哪些元素是一个元素的上层元素，通过上面的图像和真正返回的值相比对就可以明确了。

需要注意的是，parent1 元素虽然位于 son 元素的上级，但是它并不包含 son 元素，因此是 parents()方法返回不了的。就好比 parent1 和 parent2 是两个部分的 leader，但是 son 元素是 parent2 部分的，因此虽然在级别上 parent1 是 son 元素的上级，但是 parent1 和 son 元素其实没有直接关系。

parents()方法的使用场景是，当开发者想获取一个元素的某个非直接上层元素时使用。parens()方法比较方便的一点是，由于一个元素每一级上层元素只有一个元素，因此通过索引访问某一级元素时，直接传入的索引值 n 就代表要选取的第 n 层元素。比如想选取第三层上级元素，就是 parents(2)。这样可以很好地控制元素的选择，不至于层级过多导致元素选取混乱。

下面的例子使用 parents()方法选取特定元素。

【示例】

```
<!DOCTYPE>
<html>
<head>
<meta charSet="utf-8" />
<meta name="viewport" content="width=device-width, initial-scale=1, maximum-scale=1"/>
<script src="http://code.jquery.com/jquery-1.8.0.min.js"></script>
<style type="text/css">
.parents{
```

```
    width: 300px;
    height: 150px;
    border: 2px solid black;
    margin: 30px;
  }
  .parent1, .parent2{
    display: inline-block;
    width: 80px;
    height: 80px;
    margin: 10px;
    border: 1px solid black;
  }
  .son{
    width: 30px;
    height: 30px;
    background: green;
  }
  </style>
  </head>
  <body>
    <div class="parents">
        <div class="parent1"></div>
        <div class="parent2">
            <div class="son"></div>
        </div>
    </div>
  <script>
  var parents = $(".son").parents()
  $(parents[1]).css({"border": "2px solid green"});
  </script>
  </body>
  </html>
```

注 意

在上面的例子中，直接对 parents 变量使用 jQuery 中的方法是可以的，因为 parents()方法返回的是一个 jQuery 包装的元素数组。对返回值直接调用 jQuery 方法会对数组中所有元素使用 jQuery 方法。如果使用 parents[1]方法获取某个元素，那么返回的是 HTML 对象，还需要进行 jQuery 包装才能调用 jQuery 方法，否则会报错。

19.1.3 parentsUntil() 方法

parentsUntil()方法返回的是两个元素之间的所有上层元素，这个元素需要传入一个元素作为参数，表示选取调用者与这个元素之间的上层元素。如何理解这个方法返回的元素呢？给定一段 HTML 代码结构：

```
  <body>
```

```
    <div class="parents">
        <div class="parent1"></div>
        <div class="parent2">
            <div class="son">
                <ul>
                    <li>li 元素 1</li>
                    <li>li 元素 2</li>
                    <li>li 元素 3</li>
                </ul>
            </div>
        </div>
    </div>
</body>
```

$('li')[0].parentsUntil(".parent2")返回的是什么元素呢？在 Chrome 浏览器控制台下，输出的返回元素如下：

```
▶ [ul, div.son, prevObject: init[1], context: li, selector:
  ".parentsUntil(.parent2)"]
```

可以看到，返回的元素为 ul 元素和 son 元素。这是因为，上面使用 parentsUntil()方法返回的元素是 li 元素和 parent2 元素之间的父元素，从 DOM 结构来看，就是 son 元素和 ul 元素了。

如果 parentsUntil()方法传入的参数和调用的元素之间不包含上层元素，或者不传入元素参数，那么返回值和调用 parents()方法一样，会返回全部上层元素。例如，在上面的例子中，当传入 parents1 元素作为参数时，就会返回 li 的所有上层元素，因为 li 元素和 parents1 元素之间没有上层元素（parents1 元素不是 li 的直接上级元素）。

19.2　获取后代元素

后代元素和上层元素意义相反，即获取一个元素内部包含的子元素。jQuery 中有两个方法和获取后代元素相关。

19.2.1　children()方法

children()方法返回被选元素的所有直接子元素。这个方法和 parent()方法相对应，只会选择下面的一层子元素，而不会进行深度的遍历。下面的例子使用 children()方法为子元素添加样式，请观察哪些元素的样式被修改了、哪些元素的样式没有被修改。

【示例】

```
<!DOCTYPE>
<html>
<head>
<meta charSet="utf-8" />
<meta name="viewport" content="width=device-width, initial-scale=1, maximum-scale=1"/>
```

```
<script src="http://code.jquery.com/jquery-1.8.0.min.js"></script>
<style type="text/css">
.parents{
  width: 300px;
  height: 100px;
  border: solid 2px green;
}
.son{
  width: 150px;
  height: 50px;
  margin: 10px;
  border: 2px solid green;
}
.grandson{
  width: 30px;
  height: 30px;
  margin: 10px;
  background: green;
}
</style>
</head>
<body>
  <div class="parents">
    <div class="son">
      <div class="grandson"></div>
    </div>
  </div>
<script>
var children = $(".parents").children();
children.css({"border": "2px solid red"});
</script>
</body>
</html>
```

效果如图 19-2 所示。

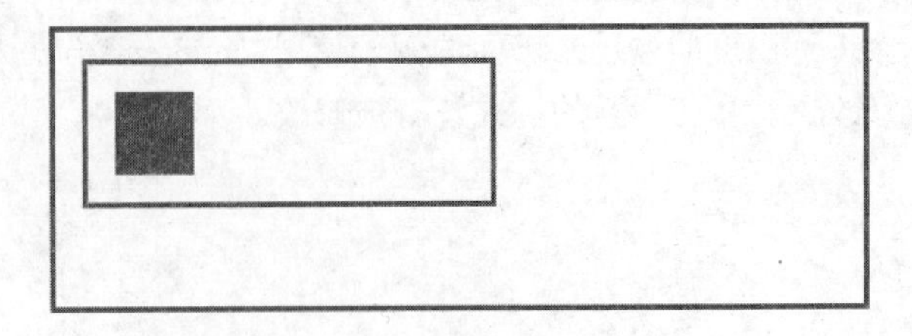

图 19-2

在这段代码中，使用 children()方法选取了 parents 元素的直接子元素 son 元素，因此 son 元素的边框颜色变为红色，而其更下层的后代元素 grandson 元素并没有红色的边框，说明 children()方法只会获取下面一层子元素。

children()方法会返回一个数组，这个数组中包括调用元素包含的所有直接子元素。

19.2.2 find()方法

想获取某个元素的所有子元素时，可以使用 find()方法。find()方法会一直向下层遍历，获取每一个子元素，直到没有子元素为止。使用 find()不同于 parents()方法，一个元素的父元素只能有一个，而一个元素的子元素可以有多个。因此在使用 find()方法获取某一层后代元素时，不能再像使用 parents()方法一样，只通过索引来简单地决定想要获取哪一层后代元素。

find()方法需要传入一个参数，可以使用任何元素的选择器，表示要获取后代元素中的哪一些元素。例如，div.find('p')表示的就是获取 div 元素的所有标签名为 p 的后代元素。如果想单纯地获取全部后代元素，也可以使用*选择器，例如 div.find('*')获取到的就是 div 元素的所有后代元素。find()方法返回的也是由所有符合条件的元素组成的 jQuery 数组。

同样是上面的例子，现在使用 find()方法尝试一下，看看效果会不会发生变化。

【示例】

```
<!DOCTYPE>
<html>
<head>
<meta charSet="utf-8" />
<meta name="viewport" content="width=device-width, initial-scale=1, maximum-scale=1"/>
<script src="http://code.jquery.com/jquery-1.8.0.min.js"></script>
<style type="text/css">
.parents{
  width: 300px;
  height: 100px;
  border: solid 2px green;
}
.son{
  width: 150px;
  height: 50px;
  margin: 10px;
  border: 2px solid green;
}
.grandson{
  width: 30px;
  height: 30px;
  margin: 10px;
  background: green;
}
</style>
</head>
```

```
<body>
  <div class="parents">
    <div class="son">
      <div class="grandson"></div>
    </div>
  </div>
<script>
var children = $(".parents").find('*');
children.css({"border": "2px solid red"});
</script>
</body>
</html>
```

打开浏览器，效果如图 19-3 所示。

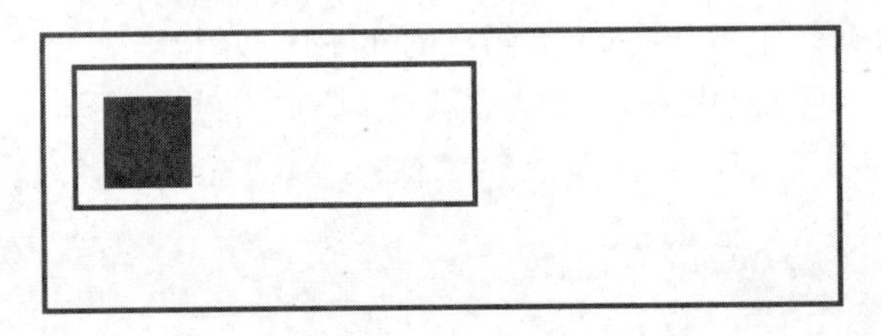

图 19-3

可以看到，parents 元素的所有子元素都变成了红色的边框，这是因为 find("*")选择了所有子元素。

19.3 选择兄弟节点

jQuery 中提供了许多用来进行同级元素访问的方法。

19.3.1 siblings()方法

siblings()方法可以选取到某一个元素的所有同级元素，返回一个 jQuery 元素数组。siblings()方法也可以传入一个选择器参数，用来筛选出符合条件的同级元素。

siblings()返回一个元素的同级元素时不包括原来的元素。

【示例】

```
<!DOCTYPE>
<html>
<head>
<meta charSet="utf-8" />
<meta name="viewport" content="width=device-width, initial-scale=1, maximum-scale=1"/>
<script src="http://code.jquery.com/jquery-1.8.0.min.js"></script>
<style type="text/css">
```

```
</style>
</head>
<body>
  <div class="container">
    <div class="target">div 元素</div>
    <span>span 元素 1</span>
    <span>span 元素 2</span>
    <p>p 元素</p>
  </div>
<script>
var target = $(".target").siblings();
console.log(target);
target.css({"border":"2px solid green"});
</script>
</body>
</html>
```

在上面的代码中，使用 siblings()方法获取到 target 元素的所有兄弟节点，并为它们设定了边框——两个 span 标签和一个 p 标签都被设定成了蓝色边框。接下来，为 siblings()方法传入参数，看一看效果的变化。

【示例】

```
<!DOCTYPE>
<html>
<head>
<meta charSet="utf-8" />
<meta name="viewport" content="width=device-width, initial-scale=1, maximum-scale=1"/>
<script src="http://code.jquery.com/jquery-1.8.0.min.js"></script>
<style type="text/css">
</style>
</head>
<body>
  <div class="container">
    <div class="target">div 元素</div>
    <span>span 元素 1</span>
    <span>span 元素 2</span>
    <p>p 元素</p>
  </div>
<script>
var target = $(".target").siblings('span');
console.log(target);
target.css({"border":"2px solid green"});
</script>
</body>
</html>
```

修改后，target 元素的兄弟节点只有 span 标签的边框被修改成了红色，而其他兄弟节点的样式没有发生变化。

和其他方法一样，如果想获取某一个元素，可以使用索引，但是所返回的元素是一个 HTML 对象。如果想使用 jQuery 相关方法，就需要使用$()进行元素封装。

19.3.2 next()方法、nextAll()方法和 nextUntil()方法

next()方法返回某个元素的下一个同级元素。注意，这里只返回紧接着的下一个同级元素。nextAll()方法返回的是某个元素后面跟着的所有同级元素。nextUntil()方法可以传递一个元素选择器参数，用来选择两个元素之间的同级元素。

【示例】

```
<!DOCTYPE>
<html>
<head>
<meta charSet="utf-8" />
<meta name="viewport" content="width=device-width, initial-scale=1, maximum-scale=1"/>
<script src="http://code.jquery.com/jquery-1.8.0.min.js"></script>
<style type="text/css">
</style>
</head>
<body>
  <div class="container">
    <p>p1 元素</p>
    <p>p2 元素</p>
    <p class="target">p3 元素</p>
    <p>p4 元素</p>
    <p>p5 元素</p>
    <p>p6 元素</p>
    <p>p7 元素</p>
  </div>
<script>
var target = $(".target").next();
target.css({"border": "2px solid green"});
</script>
</body>
</html>
```

在上面的代码中，使用 next()获取 3 号元素的下一个元素，因此第 4 个元素的边框被设定成了绿色。下面使用 nextAll()方法获取同级元素。

【示例】

```
<!DOCTYPE>
<html>
<head>
```

```
<meta charSet="utf-8" />
<meta name="viewport" content="width=device-width, initial-scale=1, maximum-scale=1"/>
<script src="http://code.jquery.com/jquery-1.8.0.min.js"></script>
<style type="text/css">
</style>
</head>
<body>
  <div class="container">
    <p>p1 元素</p>
    <p>p2 元素</p>
    <p class="target">p3 元素</p>
    <p>p4 元素</p>
    <p>p5 元素</p>
    <p>p6 元素</p>
    <p>p7 元素</p>
  </div>
<script>
var target = $(".target").nextAll();
target.css({"border": "2px solid green"});
</script>
</body>
</html>
```

这次，从 4 号元素到 7 号元素都被设定成了绿色边框，因为 nextAll()方法获取到 3 号元素后续的所有同级元素。

下面使用 nextUntil()方法获取 3 号元素和 6 号元素之间的 p 元素。

【示例】

```
<!DOCTYPE>
<html>
<head>
<meta charSet="utf-8" />
<meta name="viewport" content="width=device-width, initial-scale=1, maximum-scale=1"/>
<script src="http://code.jquery.com/jquery-1.8.0.min.js"></script>
<style type="text/css">
</style>
</head>
<body>
  <div class="container">
    <p>p1 元素</p>
    <p>p2 元素</p>
    <p class="target">p3 元素</p>
    <p>p4 元素</p>
    <p>p5 元素</p>
    <p>p6 元素</p>
```

```
        <p class="end">p7 元素</p>
    </div>
<script>
var target = $(".target").nextUntil(".end");
target.css({"border": "2px solid green"});
</script>
</body>
</html>
```

在这个例子中，4、5、6 三个元素的边框颜色变为绿色，其他元素边框颜色不变。

与 next 系列方法相对应的，向前获取元素在 jQuery 中也有对应的方法，分别是 prev()方法、prevAll()方法和 prevUntil()方法，这几个方法的用法和 next 系列方法完全相同。

19.4 jQuery 与 JavaScript 的 DOM 选择对比

jQuery 中提供了丰富的通过 DOM 节点之间的关系获取元素的方法。学过 jQuery 中的方法后，让我们再来回顾一下 JavaScript 中提供的 DOM 节点关系选择方法。

原生的 JavaScript 中只有如下几个和节点关系相关的 DOM 元素选择属性：

- 和父子节点相关的属性：parentNode 属性和 childNodes 属性。
- 和同级节点相关的属性：previousSibling 属性和 nextSibling 属性。

与 JavaScript 相比，jQuery 首先将这些元素选择属性封装成了方法；其次，jQuery 对这种 DOM 节点关系选择元素的方式进行了很大的扩展，让开发者可以十分方便地根据需要获取一些元素。

例如，下面的这段 HTML 结构：

```
<div id="container">
    <div clsss="header"></div>
    <div clsss="main">
        <ul>
    <li></li>
    <li></li>
    <li></li>
        </ul>
    </div>
    <div clsss="footer"></div>
</div>
```

这里，我们想通过 container 元素获取到 li 元素，如果是原声 JavaScript 代码，可能是这样的：

```
var container = document.getElementById("container");
var target = container.childNodes[2].childNodes[0].childNodes;
```

这样的代码很复杂，需要多次调用某一个属性来一层一层地获取到目标元素。如果使用 jQuery，就是下面这样的：

```
var target = $("#coontainer").find("li")
```

可以看到，代码量减少了不少，并且代码语义更加清晰了。

同样的，在兄弟节点的获取上，使用原生 JavaScript 属性时需要逐层次获取，而在 jQuery 中可以更加简便地快速获取目标元素。

19.5 jQuery 中其他 DOM 节点选择方法

jQuery 中还有一些其他关于元素选择的方法，下面对它们进行介绍。

19.5.1 first()和 last()

first()方法返回被选元素中的第一个元素。last()方法返回被选元素中的最后一个元素。

【示例】

```
<!DOCTYPE>
<html>
<head>
<meta charSet="utf-8" />
<meta name="viewport" content="width=device-width, initial-scale=1, maximum-scale=1"/>
<script src="http://code.jquery.com/jquery-1.8.0.min.js"></script>
<style type="text/css">
</style>
</head>
<body>
  <div class="container">
    <p>p1 元素</p>
    <p>p2 元素</p>
    <p>p3 元素</p>
  </div>
<script>
$("p").first().css({"border": "2px solid green"});
$("p").last().css({"border": "2px solid red"});
</script>
</body>
</html>
```

第一个 p 元素被添加了绿色边框，第三个 p 元素被添加了红色边框，这就是 first()方法和 last()方法的筛选元素功能。

19.5.2 eq()

如果想访问一些元素中间的某几个元素，在 jQuery 中也有办法。eq()方法传入一个索引值，表示获取第几个元素，索引值从 0 开始。当索引值传入 0 时，和调用 first()方法是等价的；当索引值传入 n-1 时，和调用 last()方法是等价的。

eq()方法也可以传入负数，传入-1 时表示选择最后一个元素，和使用 last()方法等价。

【示例】

```
<!DOCTYPE>
<html>
<head>
<meta charSet="utf-8" />
<meta name="viewport" content="width=device-width, initial-scale=1, maximum-scale=1"/>
<script src="http://code.jquery.com/jquery-1.8.0.min.js"></script>
<style type="text/css">
</style>
</head>
<body>
  <div class="container">
    <p>p1 元素</p>
    <p>p2 元素</p>
    <p>p3 元素</p>
  </div>
<script>
$("p").eq(1).css({"border": "2px solid green"});
</script>
</body>
</html>
```

19.5.3 filter()方法和 not()方法

filter()方法可以用来筛选元素。filter()方法需要传入一个选择器作为参数，返回从一些元素中筛选出的具有选择器性质的元素。not()方法和 filter()的含义正好相反，也需要传入一个选择器作为参数。

【示例】

```
<!DOCTYPE>
<html>
<head>
<meta charSet="utf-8" />
<meta name="viewport" content="width=device-width, initial-scale=1, maximum-scale=1"/>
<script src="http://code.jquery.com/jquery-1.8.0.min.js"></script>
<style type="text/css">
</style>
</head>
<body>
  <div class="container">
    <p>p1 元素</p>
    <p class="target">p2 元素</p>
    <p>p3 元素</p>
```

```
    </div>
<script>
$("p").filter(".target").css({"border": "2px solid green"});
</script>
</body>
</html>
```

在上面的代码中，使用filter()方法在所有p元素中找到类名为target的元素。not()的使用同理，如下面的例子。

【示例】

```
<!DOCTYPE>
<html>
<head>
<meta charSet="utf-8" />
<meta name="viewport" content="width=device-width, initial-scale=1, maximum-scale=1"/>
<script src="http://code.jquery.com/jquery-1.8.0.min.js"></script>
<style type="text/css">
</style>
</head>
<body>
    <div class="container">
        <p>p1 元素</p>
        <p class="target">p2 元素</p>
        <p>p3 元素</p>
    </div>
<script>
$("p").not(".target").css({"border": "2px solid green"});
</script>
</body>
</html>
```

在这段代码中使用了not()方法，结果为不带有target类名的元素被设定成了绿色边框。

第20章

jQuery 操纵 CSS 样式

本章内容要点：

- css()方法——直接控制元素样式
- 其他 CSS 方法

在原生的 JavaScript 代码中，想要对元素的 CSS 样式进行动态操作比较困难，其中只有少量的方法可以实现对 CSS 样式的操作。在 jQuery 中，提供了丰富的对 CSS 样式操作的方法，使用这些方法动态操纵 CSS 样式，可以大幅提升开发效率。

20.1 css()方法——直接控制元素样式

在 jQuery 中有一个 css()方法，顾名思义，这个方法可以直接对一个元素的各个 CSS 属性进行操作。

20.1.1 获取某个元素的 CSS 属性值

如果想获取某一个元素的 CSS 属性值，可以直接向 css()方法中传入想要获取的属性值对应的属性名。下面使用 css()返回元素的属性值。

【示例】

```
<!DOCTYPE>
<html>
<head>
```

```
<meta charSet="utf-8" />
<meta name="viewport" content="width=device-width, initial-scale=1, maximum-scale=1"/>
<script src="http://code.jquery.com/jquery-1.8.0.min.js"></script>
<style type="text/css">
.main{
    background-color: green;
    width: 200px;
    height: 200px;
    border: 2px solid   rbg(0, 0, 0);
}
</style>
</head>
<body>
<div class="main"></div>
<script>
var border = $(".main").css("border")
console.log(border);
</script>
</body>
</html>
```

在上面的代码中，使用 CSS 方法返回元素 border 属性值，结果为：

```
2px solid rbg(0, 0, 0)
```

这是一个字符串值，内容就是在 CSS 中为元素设定的对应属性的属性值。

如果为 css()方法传入的属性名是调用该方法的元素在 CSS 中没有设置的属性，那么返回的结果是这个属性的默认值，而不是 undefined。

20.1.2 设置元素的 CSS 属性

css()方法主要被用来进行元素 CSS 属性的设置。如果相对某个元素的一个属性 property 值进行设定，将其设定为 value，可以使用如下代码：

```
element.css("property", "value")
```

这里为 css()方法传入了两个参数，第一个参数是要设置属性的字符串值，第二个参数是要设置的属性值。在下面的例子中，单击不同的按钮，可以为元素设定不同的背景颜色。

【示例】

```
<!DOCTYPE>
<html>
<head>
<meta charSet="utf-8" />
<meta name="viewport" content="width=device-width, initial-scale=1, maximum-scale=1"/>
<script src="http://code.jquery.com/jquery-1.8.0.min.js"></script>
<style type="text/css">
```

```
    .main{
        background-color: green;
        width: 200px;
        height: 200px;
        border: 2px solid black;
    }
    </style>
    </head>
    <body>
    <div class="main"></div>
    <input value="red" type="button" id="red" />
    <input value="green" type="button" id="green" />
    <input value="yellow" type="button" id="yellow" />
    <script>
    $("input").click(function(e){
        $(".main").css("background-color", e.target.value);
    })
    </script>
    </body>
    </html>
```

上面的代码效果为，单击不同的按钮，原来的 div 元素就会切换为不同的颜色，如图 20-1 所示。

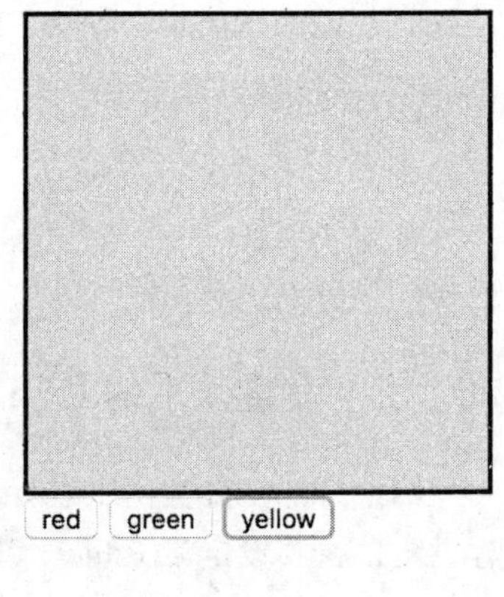

图 20-1

这里在 HTML 结构中定义了三个按钮，每个按钮对应不同的 value 值。接下来，使用 jQuery 中的选择器获取这些元素，并且绑定单击事件。每次单击某一个按钮，就将单击对象的 value 值通过 css()方法设定为元素的 background-color 属性值，从而实现元素的背景颜色变化。

css()方法还可以同时改变一个元素多个属性的属性值。如果给元素设定多个属性值，可以为 css()方法传入一个键值对组成的对象。例如，同时改变一个元素的 width 属性值和 height 属性值，可以使用如下代码实现：

```
element.css({"width": "100px", "height": "100px;"})
```

在上面例子的基础上增加改变多个属性值的功能。

【示例】

```
<!DOCTYPE>
<html>
<head>
<meta charSet="utf-8" />
<meta name="viewport" content="width=device-width, initial-scale=1, maximum-scale=1"/>
<script src="http://code.jquery.com/jquery-1.8.0.min.js"></script>
<style type="text/css">
```

```
.main{
    background-color: green;
    width: 200px;
    height: 200px;
    border: 2px solid black;
}
</style>
</head>
<body>
<div class="main"></div>
<input value="red" type="button" id="red" />
<input value="green"   type="button" id="green" />
<input value="yellow"   type="button" id="yellow" />
<script>
$("input").click(function(e){
    console.log(e.dataSize)
    $(".main").css({"background-color": e.target.value, "width": "100px", "height": "100px"});
})
</script>
</body>
</html>
```

在上面的代码中，为 css()方法传入了一个对象，这样单击按钮时就会同时改变元素的 width 属性、height 属性和 background-color 属性。

下面结合 css()获取、设置元素样式的功能，制作一个可以逐渐改变元素大小的例子。

【示例】

```
<!DOCTYPE>
<html>
<head>
<meta charSet="utf-8" />
<meta name="viewport" content="width=device-width, initial-scale=1, maximum-scale=1"/>
<script src="http://code.jquery.com/jquery-1.8.0.min.js"></script>
<style type="text/css">
.main{
    background-color: green;
    width: 50px;
    height: 50px;
    border: 2px solid black;
}
</style>
</head>
<body>
<div class="main"></div>
<button id="size">修改尺寸</button>
```

```
<script>
$("#size").click(function(){
	var sizeOrigin = $(".main").css("width").split('p')[0];
	var sizeNew = sizeOrigin * 2;
	$(".main").css({"width": sizeNew + "px", "height": sizeNew + "px"});
})
</script>
</body>
</html>
```

在上面的代码中，当单击“修改尺寸”按钮时，首先通过 css()方法获取当时元素的 width 属性值和 height 属性值，之后再使用 css()方法为元素设定放大后的尺寸。

在下面的例子中，可以根据用户输入的宽度或高度对元素的样式进行设定。

【示例】

```
<!DOCTYPE>
<html>
<head>
<meta charSet="utf-8" />
<meta name="viewport" content="width=device-width, initial-scale=1, maximum-scale=1"/>
<script src="http://code.jquery.com/jquery-1.8.0.min.js"></script>
<style type="text/css">
.main{
	background-color: green;
	width: 50px;
	height: 50px;
	border: 2px solid black;
}
</style>
</head>
<body>
<div class="main"></div>
<input placeholder="输入宽度数值" type="text"/>
<input placeholder="输入高度值" type="text" />
<button id="size">修改尺寸</button>
<script>
$("#size").click(function(){
	var width = $("input")[0].value + "px";
	var height = $("input")[1].value + "px";
	$(".main").css({"height": height, "width": width});
})
</script>
</body>
</html>
```

20.2　其他 CSS 方法

在 jQuery 中，还对一些常用的样式修改方法进行了单独的封装，下面对这些方法进行简单介绍。

20.2.1　和元素尺寸相关的方法

在 jQuery 中有两个方法 height()和 width()，可以直接对元素的高度和宽度进行设定，而无须使用 css()方法进行设定。

在下面的代码中，使用 height()方法和 width()方法直接对元素的宽度和高度进行设定。

【示例】

```
<!DOCTYPE>
<html>
<head>
<meta charSet="utf-8" />
<meta name="viewport" content="width=device-width, initial-scale=1, maximum-scale=1"/>
<script src="http://code.jquery.com/jquery-1.8.0.min.js"></script>
<style type="text/css">
.main{
    background-color: green;
    width: 50px;
    height: 50px;
    border: 2px solid black;
}
</style>
</head>
<body>
<div class="main"></div>
<button id="size">修改尺寸</button>
<script>
$("#size").click(function(){
    $('.main').width(200);
    $('.main').height(200);
})
</script>
</body>
</html>
```

如果只是调用了 width()方法和 height()方法，而不为其传递参数，就会返回当前元素的宽度或者高度，这与直接调用 element.css("width")或 element.css("height")是相同的。

20.2.2 和位置相关的方法

1. position()方法

psition()方法可以返回一个元素相对于父元素的偏移。这里的偏移指的是一个元素在父元素中距离父元素上边缘的位置和左边缘的位置。对应的，position()方法的返回值是一个对象，包括距离父元素上边缘的距离 top 和距离父元素左边缘的距离 left。

position()方法是不能对元素的位置进行设定的，是一个只能返回元素位置信息的属性。例如，下面的代码展现了如何使用 position()方法获取元素的位置。

【示例】

```
<!DOCTYPE>
<html>
<head>
<meta charSet="utf-8" />
<meta name="viewport" content="width=device-width, initial-scale=1, maximum-scale=1"/>
<script src="http://code.jquery.com/jquery-1.8.0.min.js"></script>
<style type="text/css">
.main{
    width: 500px;
    height: 500px;
    border: 2px solid black;
    position: relative;
}
.small{
    position: absolute;
    top: 100px;
    left: 200px;
    width: 100px;
    height: 100px;
    background: green;
}
</style>
</head>
<body>
<div class="main">
    <div class="small"></div>
</div>
<p class="position"></p>
<script>
var positionInfo = $('.small').position();
console.log(positionInfo)
var positionTop = positionInfo.top;
var positionLeft = positionInfo.left;
```

```
$(".position").html("距离父元素上边缘" + positionTop + "," + "距离父元素左边缘" + positionLeft);
</script>
</body>
</html>
```

2. offset()方法

offset()方法也是获取元素的位置，和 position()方法不同的是，offset()方法获取的是元素相对于整个文档的偏移，而 position()方法获取的是元素相对于父元素的偏移。为了明晰这两个之间的区别，来看下面的例子。

【示例】

```
<!DOCTYPE>
<html>
<head>
<meta charSet="utf-8" />
<meta name="viewport" content="width=device-width, initial-scale=1, maximum-scale=1"/>
<script src="http://code.jquery.com/jquery-1.8.0.min.js"></script>
<style type="text/css">
*{
    margin: 0;
    padding: 0;
}
.main{
    margin-top: 33px;
    margin-left: 55px;
    width: 500px;
    height: 500px;
    border: 2px solid black;
    position: relative;
}
.small{
    position: absolute;
    top: 100px;
    left: 200px;
    width: 100px;
    height: 100px;
    background: green;
}
</style>
</head>
<body>
<div class="main">
    <div class="small"></div>
</div>
```

```
<p class="position"></p>
<p class="offset"></p>
<script>
var positionInfo = $('.small').position();
var offsetInfo = $('.small').offset();
console.log(positionInfo)
var positionTop = positionInfo.top;
var positionLeft = positionInfo.left;
var offsetTop = offsetInfo.top;
var offsetLeft = offsetInfo.left;
$(".position").html("距离父元素上边缘" + positionTop + "," + "距离父元素左边缘" + positionLeft);
$(".offset").html("距离文档上边缘" + offsetTop + "," + "距离文档左边缘" + offsetLeft);
</script>
</body>
</html>
```

在上面的代码中，分别使用 offset()方法和 position()方法获取元素的位置信息。可以看到，二者的返回值是不同的，position()返回的值就是元素距离父元素的偏移量；offset()方法的返回值比 position()返回值大，因为 offset()计算的偏移会从整个界面的上角开始记起。

offset()方法和 position()方法的另一个区别是，offset()方法可以设定元素的偏移。使用 offset()方法为元素设定偏移，需要传入一个对象，分别指定元素距离文档左边缘和上边缘的像素值。下面的例子使用 offset()方法修改元素的偏移量。

【示例】

```
<!DOCTYPE>
<html>
<head>
<meta charSet="utf-8" />
<meta name="viewport" content="width=device-width, initial-scale=1, maximum-scale=1"/>
<script src="http://code.jquery.com/jquery-1.8.0.min.js"></script>
<style type="text/css">
*{
    margin: 0;
    padding: 0;
}
.main{
    margin-top: 33px;
    margin-left: 55px;
    width: 100px;
    height: 100px;
    border: 2px solid black;
    position: relative;
}
</style>
```

```
</head>
<body>
<div class="main"></div>
<input type="text" placeholder="设置元素距离文档上边缘偏移"/>
<input type="text" placeholder="设置元素距离文档左边缘偏移"/>
<button>修改 offset</button>
<script>
$('button').click(function(){
    var top = $("input")[0].value;
    var left = $("input")[1].value;
    $(".main").offset({
        top: top,
        left: left
    })
})
</script>
</body>
</html>
```

第 21 章

jQuery 中的动画效果

本章内容要点：

※ 基本动画效果

前端页面的交互效果好坏直接关系到整个 Web 的品质。对于移动端 HTML5 的 Web 应用，页面交互效果更加重要。在前面的 CSS 章节中曾经讲过很多实现动画效果的方法，但是在 JavaScript 中实现这些动画效果需要许多代码。好在 jQuery 封装了许多非常常用并且效果很好的动画方法，使用这些方法，可以用极少量的代码实现多种多样的动画效果。

21.1 基本动画效果

jQuery 中为元素提供了丰富的元素动画效果，学习 jQuery 中这些和动画相关的效果，可以让开发者很方便地通过调用这些方法进行开发。使用这些方法可以节省很多代码量，而且实现的方法也比较规范。

譬如拿元素的现实和隐藏为例，如果使用原生 JavaScript 方法，就需要很多行代码，而且实现方式也有很多，开发者不知道哪种实现方法不会导致问题。jQuery 为开发者提供的显示隐藏方法是比较规范的，而且用比较少的代码就能实现。

21.1.1 显示和隐藏

显示和隐藏是最基本的动画效果，在 jQuery 中，要想实现显示和隐藏效果非常简单。使用 jQuery 对象的元素调用 hide()方法和 show()方法即可。hide()方法用来隐藏元素，show()方法用来显示元素。需要注意的是，正如之前的章节所讲，要想使用 jQuery 中 hide()和 show()方法，必须保证调用的这些方法的元素是一个 jQuery 对象。

【示例】

```
<!DOCTYPE>
<html>
<head>
<meta charSet="utf-8" />
<meta name="viewport" content="width=device-width, initial-scale=1, maximum-scale=1"/>
<script src="http://code.jquery.com/jquery-1.8.0.min.js"></script>
<style type="text/css">
.container{
        width: 100px;
        height: 100px;
        background: green;
}
</style>
</head>
<body>
   <div class="container">
      效果展示
   </div>
   <button id="show">显示</button>
   <button id="hide">隐藏</button>
<script>
$("#show").click(function(){
   $(".container").show();
})
$("#hide").click(function(){
   $(".container").hide();
})
</script>
</body>
</html>
```

要操作的对象是 class 为 container 的 div 元素。下面定义两个按钮，其中一个用于显示元素，另一个用于隐藏元素。每次单击相应按钮时都会调用 hide()或者 show()方法，使得元素切换显示和隐藏的状态。

jQuery 实现这个隐藏或者展示的效果，其实是设置了这个元素的 display 属性。当调用 show()方法时，jQuery 会改变元素的 display 属性为 block，从而使元素显示。当调用 hide()方法时，jQuery 会将 display 属性设置为 none，从而使元素隐藏。

jQuery 中的 hide()方法和 show()方法比想象的复杂。试想一下，如果每次调用 show()方法，元素的 display 属性就设置为 block，那么对于那些行内元素而言，隐藏再显示会不会使得页面的布局发生混乱呢？（因为 block 元素不能显示在同一行，而 inline 元素可以显示在同一行。）来看下面的例子。

【示例】

```
<!DOCTYPE>
<html>
<head>
<meta charSet="utf-8" />
<meta name="viewport" content="width=device-width, initial-scale=1, maximum-scale=1"/>
<script src="http://code.jquery.com/jquery-1.8.0.min.js"></script>
<style type="text/css">
span{
      width: 100px;
      height: 100px;
      background: green;
   display: inline-block;
}
</style>
</head>
<body>
   <span>A</span>
   <span>B</span>
   <span>C</span>
   <button id="show">显示</button>
   <button id="hide">隐藏</button>
<script>
$("#show").click(function(){
   $("span").show();
})
$("#hide").click(function(){
   $("span").hide();
})
</script>
</body>
</html>
```

在上面的代码中，使用了 span 标签，这些元素是行内元素。单击隐藏再显示后，开发者发现，元素的位置并没有发生变化，说明 display 属性并没有修改为 block。

其实，jQuery 中的 hide()和 show()方法会根据元素的初始 display 属性值来设置展示后的 display 属性值。如果开发者为元素设定了初始的 display 属性为 inline-block，那么调用元素的 show()方法后，display 属性的属性值仍然是 inline-block，这样就再也不用担心随意调用 hide()方法和 show()方法会影响页面布局了。jQuery 已经为函数做了很好的兼容和很周到的考虑。

21.1.2　淡入和淡出

jQuery 封装了淡入和淡出的方法，即 fadeIn()和 fadeOut()。fade 系列的方法可以让元素逐渐展现或者隐藏，使用方法和 hide()、show()方法类似。

【示例】

```
<!DOCTYPE>
<html>
<head>
<meta charSet="utf-8" />
<meta name="viewport" content="width=device-width, initial-scale=1, maximum-scale=1"/>
<script src="http://code.jquery.com/jquery-1.8.0.min.js"></script>
<style type="text/css">
span{
      width: 100px;
      height: 100px;
      background: green;
   display: inline-block;
}
</style>
</head>
<body>
   <span>A</span>
   <span>B</span>
   <span>C</span>
   <button id="show">显示</button>
   <button id="hide">隐藏</button>
<script>
$("#show").click(function(){
   $("span").fadeIn();
})
$("#hide").click(function(){
   $("span").fadeOut();
})
</script>
</body>
</html>
```

在浏览器中查看，就可以看到 jQuery 中为开发者封装的淡入和淡出方法。

在上面的例子中，每次显示和隐藏元素都需要按不同的按钮。其实，jQuery 中封装了 fadeToggle()方法，这个方法可以实现一个按钮控制淡入和淡出两种效果。每次调用这个方法，jQuery 都会先判断目标元素的当前状态：如果元素没有显示，就会让其显示；如果元素处于可视状态，就会让其隐藏。

【示例】

```
<!DOCTYPE>
<html>
<head>
<meta charSet="utf-8" />
<meta name="viewport" content="width=device-width, initial-scale=1, maximum-scale=1"/>
<script src="http://code.jquery.com/jquery-1.8.0.min.js"></script>
<style type="text/css">
span{
        width: 100px;
        height: 100px;
        background: green;
    display: inline-block;
}
</style>
</head>
<body>
    <span>A</span>
    <span>B</span>
    <span>C</span>
    <button id="toggle">显示/隐藏</button>
<script>
$("#toggle").click(function(){
    $("span").fadeToggle();
})
</script>
</body>
</html>
```

上面的代码就实现了一个按钮控制元素的淡入和淡出功能。其实，jQuery 中实现元素的淡入淡出效果是通过改变元素的透明度来实现的。当调用 fadeOut()方法时，元素的透明度会在一段时间内由 1 变为 0，从而实现淡出的效果。fadeIn()方法的原理类似，只是将元素的 opacity 属性值由 0 逐渐变成 1。

利用改变 opacity 属性值的原理，jQuery 中还有一种实现淡入淡出效果的方法，就是 fadeTo()。fadeTo()方法可以任意定义想要淡入淡出的效果，即最终静止时的 opacity 值。此外，fadeTo()方法还可以传入一个字符串（“slow”或者“fast”）来表示希望的淡入淡出效果是快还是慢。例如，fadeTo("slow", 0.5)就表示将元素的 opacity 值变为 0.5，并且变化的速度为慢速变换。有了 fadeTo()，就可以很方便地实现各种定制化的淡入淡出效果了。

【示例】

```
<!DOCTYPE>
<html>
<head>
```

```
<meta charSet="utf-8" />
<meta name="viewport" content="width=device-width, initial-scale=1, maximum-scale=1"/>
<script src="http://code.jquery.com/jquery-1.8.0.min.js"></script>
<style type="text/css">
span{
    width: 100px;
    height: 100px;
    background: green;
  display: inline-block;
}
</style>
</head>
<body>
  <span>A</span>
  <span>B</span>
  <span>C</span>
  <button id="show">显示</button>
  <button id="hide">隐藏</button>
<script>
$("#show").click(function(){
  $("span").fadeTo('slow', 1);
})
$("#hide").click(function(){
  $("span").fadeTo('fast', 0.3);
})
</script>
</body>
</html>
```

在上面的代码中，单击显示或者隐藏按钮，元素不会完全隐藏，而是到一个开发者在代码中制定的透明度，并且可以通过 slow 和 fast 来控制元素渐变效果的速度。

21.1.3 滑动

在 jQuery 中，可以使用 slideUp()方法和 slideDown()方法实现元素的向上滑动或者向下滑动，使用方法和之前介绍的动作函数类似。

【示例】

```
<!DOCTYPE>
<html>
<head>
<meta charSet="utf-8" />
<meta name="viewport" content="width=device-width, initial-scale=1, maximum-scale=1"/>
<script src="http://code.jquery.com/jquery-1.8.0.min.js"></script>
<style type="text/css">
```

```
span{
    width: 100px;
    height: 100px;
    background: green;
  display: inline-block;
}
</style>
</head>
<body>
  <span>A</span>
  <span>B</span>
  <span>C</span>
  <button id="up">展开</button>
  <button id="down">收起</button>
<script>
$("#up").click(function(){
  $("span").slideDown();
})
$("#down").click(function(){
  $("span").slideUp();
})
</script>
</body>
</html>
```

在上面的例子中，每当单击“展开”时，对应的元素就回展开；单击“收起”时，对应的元素就会收起。

与 fade 类似，slide 也包含一个 slideToggle()方法，用来实现一个按钮控制元素的展开和收起。

【示例】

```
<!DOCTYPE>
<html>
<head>
<meta charSet="utf-8" />
<meta name="viewport" content="width=device-width, initial-scale=1, maximum-scale=1"/>
<script src="http://code.jquery.com/jquery-1.8.0.min.js"></script>
<style type="text/css">
span{
    width: 100px;
    height: 100px;
    background: green;
  display: inline-block;
}
</style>
</head>
```

```
<body>
  <span>A</span>
  <span>B</span>
  <span>C</span>
  <button id="toggle">展开/收起</button>
<script>
$("#toggle").click(function(){
  $("span").slideToggle();
})
</script>
</body>
</html>
```

slide 相关方法的原理是为元素添加 height 属性，通过改变元素的 height 属性来实现滑动的动画效果。

21.2　复杂动画效果

上面介绍了许多基本动画效果，这些方法使用起来非常简单，但是功能很有限，并不能满足动画效果的全部需求。

jQuery 中提供了 animate()方法，可以让开发者自己定义动画效果。

animate()方法定义的动画效果主要是通过改变元素的 CSS 属性来实现的。首先，每一个 HTML 的元素都有一个初始的静止状态，这种状态下的各种样式就是通过静态的 CSS 代码实现的。animate()方法中需要传入的就是另一个静止状态时元素的 CSS 属性及属性值，这个静止状态叫作终止状态。定义好了初始状态和终止状态之后，animate()方法就会自动地从初始状态按照一定的动画效果过渡到终止状态，下面是一个最基本的例子。

【示例】

```
<!DOCTYPE>
<html>
<head>
<meta charSet="utf-8" />
<meta name="viewport" content="width=device-width, initial-scale=1, maximum-scale=1"/>
<script src="http://code.jquery.com/jquery-1.8.0.min.js"></script>
<style type="text/css">
#animation{
     background: green;
     width: 100px;
     height: 100px;
     opacity: 1;
     position: absolute;
     top: 100px;
```

```
        left: 100px;
    }
    </style>
    </head>
    <body>
      <div id="animation"></div>
    <script>
    $("#animation").click(function(){
        $("#animation").animate({
            left: '250px',
            opacity: '0.5',
            height: '180px',
            width: '180px'
        })
    })
    </script>
    </body>
    </html>
```

animate()方法需要传入一个由多个键值对所组成的对象，这些键值对每一条都定义了元素的某一条 CSS 属性和属性值，它们组合起来就是这个元素要过渡到的终止状态。

打开浏览器，查看效果，当单击绿色 div 元素时，元素发生了相对复杂的动画效果变化。

注 意

传入 CSS 属性名时要使用驼峰名。比如在 CSS 中的 padding-top 属性，在 jQuery 中就要写成 paddingTop 的形式。

下面是另一个例子。

【示例】

```
<!DOCTYPE>
<html>
<head>
<meta charSet="utf-8" />
<meta name="viewport" content="width=device-width, initial-scale=1, maximum-scale=1"/>
<script src="http://code.jquery.com/jquery-1.8.0.min.js"></script>
<style type="text/css">
#animation{
    background: green;
    width: 100px;
    height: 100px;
}
</style>
</head>
<body>
  <div id="animation"></div>
```

```
<script>
$("#animation").click(function(){
	$("#animation").animate({
		left: '250px',
		opacity: '0.5',
		height: '180px',
		width: '180px'
	})
})
</script>
</body>
</html>
```

上面的例子是在之前的代码下修改的，删去了部分 CSS 代码。这里删除了初始状态中定义的 opacity（透明度）属性和关于位置定义的属性。打开浏览器查看效果，可以发现元素只有透明度发生了变化，而位置并没有变化，也没有产生动画效果。

答 题 解 惑

这是一个新手容易出错的地方，其实理解这里并不难。animate 方法中传入的 CSS 属性和属性值直接对应地放到定义的 CSS 代码中，就是最后的效果。在上面的代码中，即便在初始状态没有设定元素的 opacity 属性时，终止状态设定 opacity 属性为 0.5 也是可以产生效果的。反之，在初始状态中没有设定和位置有关的属性，即没有为元素指定 position 属性，即便在终止状态加入了 top 和 left 属性值，这些值也是不起作用的。这其实是一个 CSS 问题，新手在使用 jQuery 编写动画效果时，很容易掉入这个“坑”中。

在上面的例子中，一旦单击了一次元素后，再次单击元素，元素的状态就不变了。因为在 jQuery 代码中，已经指定好了终止状态的 CSS 各项属性值，当单击一次元素，元素到达指定状态后，再单击元素自然就没有效果了。jQuery 中的 animate()方法还可以传入相对值，具体例子如下。

【示例】

```
<!DOCTYPE>
<html>
<head>
<meta charSet="utf-8" />
<meta name="viewport" content="width=device-width, initial-scale=1, maximum-scale=1"/>
<script src="http://code.jquery.com/jquery-1.8.0.min.js"></script>
<style type="text/css">
#animation{
	background: green;
	width: 100px;
	height: 100px;
	opacity: 1;
```

```
        top: 100px;
        left: 100px;
}
</style>
</head>
<body>
  <div id="animation"></div>
<script>
$("#animation").click(function(){
        $("#animation").animate({
                left: '250px',
                opacity: '0.5',
                height: '+=50px',
                width: '+=50px'
        })
})
</script>
</body>
</html>
```

在上面的例子中，传入 animate()方法中的 CSS 属性，height 属性和 width 属性使用了“+=”符号。这是 jQuery 中特有的方法，表示每次指定 animate()方法时，元素的宽度和高度都会增加 50 像素。这种方法很灵活，还可以自己加入判断，让元素可以始终进行动画变换。

【示例】

```
<!DOCTYPE>
<html>
<head>
<meta charSet="utf-8" />
<meta name="viewport" content="width=device-width, initial-scale=1, maximum-scale=1"/>
<script src="http://code.jquery.com/jquery-1.8.0.min.js"></script>
<style type="text/css">
#animation{
        background: green;
        width: 100px;
        height: 100px;
        opacity: 1;
        top: 100px;
        left: 100px;
}
</style>
</head>
<body>
  <div id="animation"></div>
<script>
```

```
var count = 0;
$("#animation").click(function(){
        if(count < 5){
                $("#animation").animate({
                        left: '250px',
                        opacity: '0.5',
                        height: '+=50px',
                        width: '+=50px'
                })
                count ++;
        }else{
                $("#animation").animate({
                        left: '250px',
                        opacity: '0.5',
                        height: '-=50px',
                        width: '-=50px'
                })
                count --;
        }
})
</script>
</body>
</html>
```

我们为代码增加了一些功能，制定了一个 count 变量，用来控制 div 的变化，以免元素过大。当单击超过五次时，元素就向着缩小的方向变化，控制元素在一定大小。

在后面的学习中，还可以使用一些其他 jQuery 中的 CSS 方法和这个例子相结合，打造出交互性能很强的前端应用。

之前介绍的一直都是如何定义终止状态，并没有关注起始状态到终止状态的过渡如何控制。animate()方法还可以传入第二个参数，用于定义这个过渡过程的速度情况。第二个参数可以传入如下两种参数：

- 字符串，slow 或者 fast。
- 毫秒数，表示由起始状态到终止状态的过渡时间。

当定义为毫秒数时，时间越短，动画效果的变化越快。

【示例】

```
<!DOCTYPE>
<html>
<head>
<meta charSet="utf-8" />
<meta name="viewport" content="width=device-width, initial-scale=1, maximum-scale=1"/>
<script src="http://code.jquery.com/jquery-1.8.0.min.js"></script>
<style type="text/css">
```

```
.animate{
        background: green;
        width: 100px;
        height: 100px;
        opacity: 1;
        top: 100px;
        left: 100px;
        margin-top: 50px;
}
</style>
</head>
<body>
    <div class="animate" id="animate1"></div>
    <div class="animate" id="animate2"></div>
<script>
var count = 0;
$("#animate1").click(function(){
        $("#animate1").animate({
                left: '250px',
                opacity: '0.5',
                height: '180px',
                width: '180px'
        }, 1000)
});
$("#animate2").click(function(){
        $("#animate2").animate({
                left: '250px',
                opacity: '0.5',
                height: '180px',
                width: '180px'
        }, 3000)
});
</script>
</body>
</html>
```

在上面的代码中，为了让效果明显，定义了两个样式、动画完全相同的 div 元素，不同的是第一个元素的过渡时间为 1000 毫秒，第二个元素的过渡时间为 3000 毫秒。在浏览器中查看元素的动画效果，可以清晰地看出 animate()方法的时间参数是如何影响元素动画效果的。

animate()方法还可以传入第三个方法，就是回调函数，这个回调函数会在动画执行完成时自动调用。回调函数的使用场景很多，也十分灵活，可以根据需要进行设定。比如，在一个移动 Web 应用中，希望当欢迎界面的动画效果结束时跳转到内容页面，就可以使用 animate()方法附加一个回调函数来实现。

【示例】

```
<!DOCTYPE>
<html>
<head>
<meta charSet="utf-8" />
<meta name="viewport" content="width=device-width, initial-scale=1, maximum-scale=1"/>
<script src="http://code.jquery.com/jquery-1.8.0.min.js"></script>
<style type="text/css">
.animate{
   background: green;
   width: 100px;
   height: 100px;
   opacity: 1;
   top: 100px;
   left: 100px;
   margin-top: 50px;
}
</style>
</head>
<body>
   <div class="animate" id="animate1"></div>
   <div class="animate" id="animate2"></div>
<script>
var count = 0;
$("#animate1").click(function(){
   $("#animate1").animate({
      left: '250px',
      opacity: '0.5',
      height: '180px',
      width: '180px'
   }, 1000, function(){
      $("#animate2").animate({
         left: '250px',
         opacity: '0.5',
         height: '180px',
         width: '180px'
      }, 3000)
   })
});
</script>
</body>
</html>
```

上面的代码中，在第一个元素的动画效果执行完毕后，添加了一个回调函数，这个回调函数会自动执行第二个元素的动画效果。最后的效果是，第一个元素的动画效果和第二个元素的动画效果依次执行。

回调函数非常灵活，熟练使用回调函数可以实现很多惊人的效果。

21.3 jQuery 中的动画队列

很多时候，希望实现的动画效果是非常复杂的，这种复杂的动画效果是一个 animate()方法无法实现的。jQuery 中提供了动画队列的方式，所谓动画队列，就是按顺序定义多个 animate()方法，每个 animate()方法可以按照顺序依次执行，形成动画队列。

动画队列的意义在于将多个动画按照一定的次序分别执行，这样就可以轻松地用代码编写一些复杂的动画效果了。

【示例】

```
<!DOCTYPE>
<html>
<head>
<meta charSet="utf-8" />
<meta name="viewport" content="width=device-width, initial-scale=1, maximum-scale=1"/>
<script src="http://code.jquery.com/jquery-1.8.0.min.js"></script>
<style type="text/css">
.animate{
  background: green;
  width: 100px;
  height: 100px;
  opacity: 1;
  top: 100px;
  left: 100px;
  margin-top: 50px;
}
</style>
</head>
<body>
  <div class="animate" id="animate"></div>
<script>
var count = 0;
$("#animate").click(function(){
  $("#animate").animate({left: '250px', opacity: '0.5'});
  $("#animate").animate({width: '180px', height: '180px'});
});
</script>
</body>
</html>
```

上面的代码将之前例子中的动画效果使用动画队列的方式进行了分解。定义多个 animate()方法，这些 animate()方法所定义的动画效果会按照定义的顺序依次执行。在浏览器中查看效果，可以看到元素首先向右平移并且改变了透明度。这个动画效果执行结束之后，元素的宽度和高度发生了变化。

如果存在多个元素，这种动画队列又将是什么样的表现形式呢？来看下面的例子。

【示例】

```
<!DOCTYPE>
<html>
<head>
<meta charSet="utf-8" />
<meta name="viewport" content="width=device-width, initial-scale=1, maximum-scale=1"/>
<script src="http://code.jquery.com/jquery-1.8.0.min.js"></script>
<style type="text/css">
.animate{
  background: green;
  width: 100px;
  height: 100px;
  opacity: 1;
  top: 100px;
  left: 100px;
  margin-top: 50px;
}
</style>
</head>
<body>
  <div class="animate" id="animate1"></div>
  <div class="animate" id="animate2"></div>
<script>
var count = 0;
$("#animate1").click(function(){
  $("#animate1").animate({
    left: '250px',
    opacity: '0.5',
    height: '180px',
    width: '180px'
  });
  $("#animate2").animate({
    left: '250px',
    opacity: '0.5',
    height: '180px',
    width: '180px'
  });
});
```

```
</script>
</body>
</html>
```

上面的例子沿用了之前回调函数的示例。这里将之前例子中的回调函数中对第二个元素的动画效果设置修改为和第一个元素的动画效果方式按序定义。打开浏览器查看效果，可以发现两个元素是同时产生动画效果的。

这是因为对于每一个元素，jQuery 都会为其定义一个动画队列。每次触发元素的动画效果时，jQuery 都会读取队列中每个元素定义的动画效果，并依次执行。在上面的例子中，两个元素分别存在两个不同的动画队列中，它们之间是互不影响的。因此，当元素发生动画效果的变化时，二者是同时变化的。

21.4 停止动画

jQuery 中的 stop()方法可以让用户随时停止当前的动画效果，下面是一个简单的例子。

【示例】

```
<!DOCTYPE>
<html>
<head>
<meta charSet="utf-8" />
<meta name="viewport" content="width=device-width, initial-scale=1, maximum-scale=1"/>
<script src="http://code.jquery.com/jquery-1.8.0.min.js"></script>
<style type="text/css">
.animate{
   background: green;
   width: 100px;
   height: 100px;
   opacity: 1;
   top: 100px;
   left: 100px;
   margin-top: 50px;
   position: absolute;
}
</style>
</head>
<body>
   <div class="animate" id="animate"></div>
   <button id="stop">停止动画</button>
<script>
var count = 0;
$("#animate").click(function(){
```

```
        $("#animate").animate({left: '250px', opacity: '0.5'}, 2000);
        $("#animate").animate({width: '180px', height: '180px'}, 2000);
    });
    $("#stop").click(function(){
        $("#animate").stop();
    })
    </script>
    </body>
    </html>
```

为了让元素的变化效果更加明显，这里将元素每段动画的持续时间都设定为 2 秒钟。可以看到，要想调用 stop()方法，只需要指定想要停止动画的元素即可。这是 jQuery 封装好的，对于每一个 jQuery 对象都可以调用 stop()方法来停止动画。

打开浏览器查看效果，可以发现在元素运动的第一阶段（元素位置和透明度发生改变）调用 stop()方法时，元素停止了位置和透明度的变化，接下来继续指定宽度和高度变化的动画效果。其实，stop()方法在默认情况下只会暂停元素的当前动画效果。之前说过，每一个元素在 jQuery 中都有一个动画队列，stop()方法暂停了当前的动画效果，但是如果动画队列中还有下一个动画效果时，jQuery 就会继续让元素执行动画队列中的下一个动画效果。

这里的关键在于 stop()方法的第一个参数。这个参数是一个布尔类型值，用来指定是暂停动画队列中的所有动画还是只暂停动画队列中的当前动画。默认值是 false，即暂停当前动画。

【示例】

```
<!DOCTYPE>
<html>
<head>
<meta charSet="utf-8" />
<meta name="viewport" content="width=device-width, initial-scale=1, maximum-scale=1"/>
<script src="http://code.jquery.com/jquery-1.8.0.min.js"></script>
<style type="text/css">
.animate{
    background: green;
    width: 100px;
    height: 100px;
    opacity: 1;
    top: 100px;
    left: 100px;
    margin-top: 50px;
    position: absolute;
}
</style>
</head>
<body>
    <div class="animate" id="animate"></div>
    <button id="stop">停止动画</button>
```

```
<script>
var count = 0;
$("#animate").click(function(){
  $("#animate").animate({left: '250px', opacity: '0.5'}, 2000);
  $("#animate").animate({width: '180px', height: '180px'}, 2000);
});
$("#stop").click(function(){
  $("#animate").stop(true);
})
</script>
</body>
</html>
```

在上面的代码中，为 stop()方法传入的第一个参数为 true，也就是说，每次单击“暂停”按钮时都会暂停所有动画。打开浏览器，查看与之前效果的不同，可以发现，单击“暂停”按钮后，元素的第二阶段变化也不进行了，这就是 stop()方法第一个参数的作用。

stop()方法还有第二个参数，用来控制当停止动画效果时元素是否直接变到动画队列中当前动画执行完成后的最终状态。默认值是 false，表示不进行变化。

【示例】

```
<!DOCTYPE>
<html>
<head>
<meta charSet="utf-8" />
<meta name="viewport" content="width=device-width, initial-scale=1, maximum-scale=1"/>
<script src="http://code.jquery.com/jquery-1.8.0.min.js"></script>
<style type="text/css">
.animate{
  background: green;
  width: 100px;
  height: 100px;
  opacity: 1;
  top: 100px;
  left: 100px;
  margin-top: 50px;
  position: absolute;
}
</style>
</head>
<body>
  <div class="animate" id="animate"></div>
  <button id="stop">停止动画</button>
<script>
var count = 0;
```

```
$("#animate").click(function(){
  $("#animate").animate({left: '250px', opacity: '0.5'}, 2000);
  $("#animate").animate({width: '180px', height: '180px'}, 2000);
});
$("#stop").click(function(){
  $("#animate").stop(true, true);
})
</script>
</body>
</html>
```

对比上面的例子和之前的例子，可以发现，当 stop()方法的第二个参数指定为 true 时，单击“暂停”按钮，不论当前的动画执行到什么时候，元素都可以变化为当前动画队列执行完毕后的状态。这其实是为了满足“快速执行完毕动画效果”的需求。

熟练掌握 jQuery 中的动画效果知识，可以为 H5 页面开发打下很好的基础。在 H5 页面中，很重要的一点就是界面的交互性。jQuery 中的动画效果方法为 H5 的界面交互开发提供了方便、规范的开发方法。

第22章

jQuery 中的 AJAX

本章内容要点：

- 理解 AJAX 原理
- 掌握 AJAX 的使用

AJAX 是前端开发中最重要的内容之一，因为只要涉及数据，在前端大多数情况下都是需要使用 AJAX 进行与后台之间的数据读取的。

AJAX 指的是异步 JavaScript 和 XML，可以不用理解这个解释的含义，从最平常的例子来说，当浏览一个网页的时候，需要提交各种类型的表单数据，比如用户注册、用户登录等信息。以用户登录这一应用场景为例，当用户输入用户名、密码和验证码，单击提交之后，页面需要按顺序进行如下操作：

（1）在前端进行验证码验证，判断输入的验证码是否正确。

（2）验证码验证通过后，将用户名和密码发送到服务器端进行处理。

（3）服务器端查找用户名是否存在，如果用户名不存在，就在前端页面中显示提示信息：用户名不存在。

（4）用户名存在的话，服务器端从数据库读取出该用户名对应的密码，与浏览器传递过来的密码进行比对。如果比对通过，就说明用户名输入的密码正确，登录成功，跳转到登录成功后的页面；如果密码错误，浏览器就会进行信息提示：密码错误。

上面的 4 个过程中，在最原始的 Web 开发时，每次用户输入完信息单击提交之后，页面都需要进行刷新跳转，才能返回用户名和密码是否正确的结果。试想，表单的信息量很大，而每次按照传统方法提交表单都需要刷新页面，如果内容填写错误，还需要重新填写所有信息，这是非常不可取的做法，而且用户体验非常差。

使用 AJAX 就可以解决上面的问题，AJAX 是浏览器和服务器之间的中介。当使用 AJAX 进行数据提交时，浏览器提交数据到服务器，服务器返回响应数据的整个过程是不需要任何页面刷新的，从而实现了异步操作。这也是目前 AJAX 被广泛应用的重要原因。

在 HTML5 应用开发的过程中，使用 AJAX 的意义更加重要。H5 应用很重要的一点就是要减少页面刷新的次数，从而提升整体应用的质量和交互效果。

使用原生的 JavaScript 就可以实现 AJAX，但是传统 JavaScript 实现 AJAX 比较复杂，而且需要自己编写大量代码。jQuery 中为开发者封装好了几个非常好用的 AJAX 方法，使用这些方法可以很方便地进行 AJAX 的数据传输。

在开始本章节的学习之前，建议阅读一些 node.js 的相关内容，因为 AJAX 涉及后端代码的实现，本章的许多例子都需要使用后台的代码。

22.1　环境搭建

在开始本章的学习之前，首先进行服务器端 node.js 环境的搭建。在项目目录下执行如下命令（需要先安装 node.js 和 express 脚手架工具，请参考 node.js 章节）：

```
npm init
express
npm install
```

其中，npm init 用来进行目录的 npm 初始化，express 使用的是 express 脚手架工具，用来快速搭建一个服务器。npm install 命令用来安装 pacakge.json 文件中所依赖的各种 npm 模块包。

在命令行中执行如下命令进行服务运行：

```
node bin/www
```

打开浏览器，输入网址 localhost:3000，如果看到如图 22-1 所示的页面，就说明开发者的项目环境初始化搭建成功了。

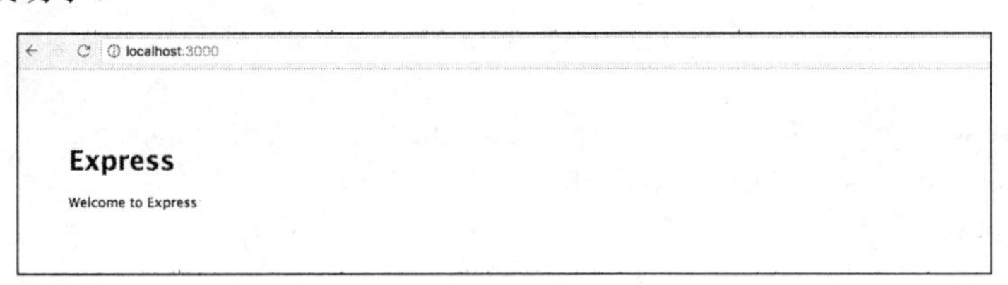

图 22-1

项目目录介绍

如果已经看过 node.js 相关章节，对 express 脚手架搭建的项目目录应该不会陌生了。没看过 node.js 相关章节也没关系，这里不需要知道具体的目录结构原理，只需要知道开发者在什么地方做什么样的代码实验即可。

在 routes/index.js 文件中，编写所有和路由相关的代码，浏览器传输的数据都会交由这个文件中对应的路由代码处理。

在 public/目录下，创建 ajax.html 文件，引入 jQuery 库，代码如下：

```
<!DOCTYPE>
<html>
<head>
<meta charSet="utf-8" />
<meta name="viewport" content="width=device-width, initial-scale=1, maximum-scale=1"/>
<script src="http://code.jquery.com/jquery-1.8.0.min.js"></script>
<style type="text/css">
</style>
</head>
<body>
```

AJAX 代码

```
<script>
</script>
</body>
</html>
```

打开浏览器，输入网址 http://localhost:3000/ajax.html，如果能正常显示这个页面，就说明已经成功搭建了服务器，所有和 AJAX 相关的代码都写在这个文件中。

22.2 load()方法

jQuery 中的一个基础方法——load()方法可以直接加载任何文件内容，这种方法在一般的开发中很少使用，这里通过 load()方法，熟悉一下使用 jQuery 中的 AJAX 的流程。

【示例】

```
<!DOCTYPE>
<html>
<head>
<meta charSet="utf-8" />
<meta name="viewport" content="width=device-width, initial-scale=1, maximum-scale=1"/>
<script src="http://code.jquery.com/jquery-1.8.0.min.js"></script>
<style type="text/css">
</style>
</head>
<body>
    <div id="content">显示 ajax 数据内容</div>
    <button id="test">获取内容</button>
<script>
    $("#test").click(function(){
        $("#content").load('a.txt');
    })
```

```
</script>
</body>
</html>
```

上面的代码展示的是一个最基本的使用 jQuery AJAX 的例子。首先，在 public/目录下创建文件 a.txt，在 txt 文件中编写内容“测试内容”，保存。每当单击“获取内容” 按钮时，就为 content 元素调用 load()方法。load()方法需要传入一个 URL，这个 URL 就是要获取数据内容的路径。这里将这个路径指定为之前定义的 a.txt 文件。这样，每当单击按钮时，jQuery 就会利用 load()方法读取 a.txt 文件中的内容并加载到 content 元素内。

打开浏览器，查看效果。当单击按钮后，content 元素内容变成了“测试内容”。在这个过程中，整个页面是没有进行刷新的，这就是 AJAX 的优势所在。

下面改进这个例子，让 AJAX 可以从服务器读取数据。

在 index.js 中编写如下代码：

```
var express = require('express');
var router = express.Router();
router.get('/', function(req, res, next) {
  res.render('index', { title: 'Express' });
});
router.get('/test', function(req, res, next){
      res.send("测试内容");
})
module.exports = router;
```

我们为 index.js 增加了一个路由，这个路由的名字叫作 test。每次当浏览器端发送 AJAX 请求时，如果指定的 URL 是 test，那么服务器端就会使用这段代码进行处理。test 路由器中定义了一行代码，使用 res.send()方法向客户端返回了一条数据，这条数据是一个文本数据，内容为“测试内容”。

在浏览器端，也需要进行代码改写，只需要将 load()方法中传入的 URL 参数改为这个路由的名字 test 即可：

```
<script>
      $("#test").click(function(){
            $("#content").load('test');
      })
</script>
```

打开浏览器，单击按钮，产生的效果和第一个例子是相同的，但是这次是从服务器读取的数据。这就是 jQuery AJAX 的一般工作模式。

load()方法还可以传入第二个参数，用来向服务器端发送一些数据，服务器端可以获取这些数据并进行处理。

【HTML 代码】

```
<!DOCTYPE>
<html>
<head>
```

```
<meta charSet="utf-8" />
<meta name="viewport" content="width=device-width, initial-scale=1, maximum-scale=1"/>
<script src="http://code.jquery.com/jquery-1.8.0.min.js"></script>
<style type="text/css">
</style>
</head>
<body>
	<div id="content">显示 ajax 数据内容</div>
	<button id="test">计算 1+1</button>
<script>
	$("#test").click(function(){
		$("#content").load('test', {a: 1, b: 1});
	})
</script>
</body>
</html>
```

【服务器端代码】

```
var express = require('express');
var router = express.Router();
router.get('/', function(req, res, next) {
  res.render('index', { title: 'Express' });
});
router.get('/test', function(req, res, next){
	console.log('aa');
	var a = req.body.a;
	var b = req.body.b;
	var result = a + b;
	res.send("result");
})
module.exports = router;
```

在这个例子中，浏览器部分传了两个参数 a 和 b 到服务器端，在服务器端对参数 a 和 b 进行了相加的操作，并返回给浏览器。浏览器通过 AJAX 动态将计算结果展示在页面上。

这个例子只是一个简单的例子，正常情况不可能将 1+1 这种简单的逻辑计算问题使用一次 AJAX 传入后端进行计算。但是，涉及数据库或必须在后台进行逻辑操作的时候，例如比对传入的密码和数据库中的是否相同，就需要使用这种方法了。

load()方法的第三个参数是一个回调函数，这个回调函数在 load()方法执行完成之后执行。

22.3 $.get()方法和$.post()方法

22.3.1 $.get()方法和$.post()方法的原理和使用

在浏览器和服务器之间的信息交流中，涉及 HTTP 的传输。每次客户端向浏览器传输数据时，都需要建立起一个 HTTP 连接。其中，有多种不同的数据传输方式，最常用的就是 get 方法和 post 方法。get 方法和 post 方法都可以从客户端向服务器端传输数据，但是二者的应用场景非常不同。

当使用 get 方法时，数据的传输是通过 URL 进行的。比如，在一个登录页面中输入用户名和密码，如果 HTTP 传输方式使用的是 get 方法，那么当提交表单之后浏览器中的 URL 是这样的（设原来的 URL 是 www.test.com）：

www.test.com?username=test&password=123456

其中，username 和 password 是表单中的<input>标签定义的 name 属性，name 属性值决定了数据是以什么样的键值传递给服务器的。当 URL 发生变化后，服务器端代码会根据这个 get 请求对应的 URL，读取出 get 方法传入的 username 和 password 属性值，并进行后续的用户检测、登录等操作。

当使用 post 方法传递数据时，情况就大不相同了。post 方法传递数据时，参数不会显示在 URL 上，而是通过“内部”传递给服务器端，服务器采用另一种方式对传递过来的数据进行读取，并进行接下来的操作。

HTTP 的信息是通过 HTTP 的报文进行传播的。其中，HTTP 报文分为报文头、报文体。报文头用来存储 HTTP 的状态、信息等，报文体存储一些其他数据。get 方法传递数据时，其实就是将数据通过报文头进行传递。post 方法传递数据时，是将数据放在报文体中进行传输的。这就是 post 方法和 get 方法传递数据的本质区别。

举一个形象的例子，如果将一次 HTTP 数据的传输比喻成一次快递，当收到快递时，看到快递的盒子表面贴着快递单、写着收件人的信息等，这就是 get 方法传递数据，它存在于表面。快递邮寄的一些具体内容封装在盒子中，对外界是封闭的，这就是 post 方法。

get 方法和 post 方法有本质上的区别，所以二者在使用上的差别也很大。首先，由于 get 方法是将信息放在“盒子表面”，URL 都可以显示通过 get 方法传递的数据，因此这个方法的安全性比较低。如果要传输用户密码等非常重要、隐私的数据，绝对不能使用 get 方法，因为其他人可以立刻从 URL 或者 HTTP 报文头中看到。相对而言，post 将数据封装在报文体中，因此安全性很高。其次，get 方法传递的数据只在“盒子表面”存在，因此一次可以传递的数据大小有限，适合少量数据的传递。post 方法传递的数据是“快递盒子中的内容”，因此可以传递数量比较大的数据。

那么什么时候使用 get 方法、什么时候使用 post 方法呢？在 HTTP 对方法的定义中，get 方法主要用来获取数据，post 方法用来向服务器传输数据。举一个实际的例子，在一个电商网站中，当需要查询用户名为 Martin 的用户购买记录时，使用 get 方法，传递 username 属性值，服务器从数据库读取数据并返回。这就是 get 获取数据的含义。当需要提交一次购买记录时，需要传递用户名、购买日期、商品编号、快递单号等一系列的信息时，这些信息需要上传到服务器，服务器将数据保存到数据库，这时就需要使用 post 方法。

在 jQuery AJAX 中，为开发者封装了$.get()方法和$.post()方法，这两个方法可以分别把实现 HTTP 中通过 get 方法和 post 方法进行的数据传输。

$.get()方法可以传入两个参数，第一个参数传入请求的 URL，第二个参数是一个回调函数，回调函数当 get 方法执行完毕后执行。

【HTML 代码】

```
<!DOCTYPE>
<html>
<head>
<meta charSet="utf-8" />
<meta name="viewport" content="width=device-width, initial-scale=1, maximum-scale=1"/>
<script src="http://code.jquery.com/jquery-1.8.0.min.js"></script>
<style type="text/css">
</style>
</head>
<body>
    <div id="content">显示 ajax 数据内容</div>
    <button id="test">发送 get 请求</button>
<script>
    $("#test").click(function(){
        $("#content").get('getTest', function(data){
            $("content").html(data);
        });
    })
</script>
</body>
</html>
```

【服务器端代码】

```
var express = require('express');
var router = express.Router();
router.get('/', function(req, res, next) {
  res.render('index', { title: 'Express' });
});
router.get('/getTest', function(req, res, next){
  res.send('Return Data');
})
module.exports = router;
```

在上面的代码中，使用$.get()方法向服务器的/getTest 路由发送了一个请求，服务器端返回'Return Data'字符串。在回调函数中，回调函数的参数 data 就是从服务器传递过来的数据，这里的回调函数将返回的数据显示到页面的对应位置上。

$.post()的使用方法类似。post 主要用来传送数据。$.post()方法传入三个参数：第一个参数是请求服务器的 URL，第二个参数是传到服务器中的数据，第三个参数是一个回调函数。

【HTML 代码】

```
<!DOCTYPE>
<html>
```

```
<head>
<meta charSet="utf-8" />
<meta name="viewport" content="width=device-width, initial-scale=1, maximum-scale=1"/>
<script src="http://code.jquery.com/jquery-1.8.0.min.js"></script>
<style type="text/css">
</style>
</head>
<body>
    <div id="content">显示 ajax 数据内容</div>
    <button id="test">发送 get 请求</button>
<script>
    $("#test").click(function(){
        $.post('postTest',{testData: 1}, function(data){
            console.log(data);
            $("#content").html(data);
        });
    })
</script>
</body>
</html>
```

【服务器端代码】

```
var express = require('express');
var router = express.Router();
router.get('/', function(req, res, next) {
  res.render('index', { title: 'Express' });
});
router.post('/postTest', function(req, res, next){
  console.log(req.body.testData);
  res.send('Return Data');
})
module.exports = router;
```

首先看服务器端代码，这里使用$.post 方法发送数据，发送到的服务器 URL 为'postTest'，第二个参数是传递的数据，这里使用了 JSON 的数据结构。

JSON 数据结构是客户端发送数据到服务器端、服务器端返回数据到客户端最常用的数据结构。下面是一个 JSON 数据对象的示例：

```
{
    username: 'Martin',
    password: '123456',
    email: 'test.163.com'
}
```

JSON 对象是一种数据对象，用大括号包围起来，其内容为键和值所组成的键值对。数据中的键名指定每条数据的标识，而数据的值表示这个键对应的数据内容。在上面的例子中，前端通过$.post 传递给服务器端的数据就是一个 JSON 对象。在服务器端，通过 req.body.testData 可以获取testData 这个键对应的具体数据的值。关于服务器端的数据获取，可以参考 node.js 相关章节。

在服务器端，通过 console.log()打印出客户端传递过来的数据，以测试开发者的数据是否正确地获取到。注意，服务器端在接收 get 方法传递过来的数据时要使用 router.get 方法，在接受 post 方法传递过来的数据时要使用 router.post 方法。

了解了$.get()方法和$post()方法，就可以使用 jQuery 中的 AJAX 进行前后端的数据交互了。

22.3.2 实战训练

浏览器端需要用户输入用户名和密码，服务器端对用户名和密码进行校验，校验通过后，返回对应用户的其他信息，并无刷新地显示在浏览器界面上。

【HTML 代码】

```
<!DOCTYPE>
<html>
<head>
<meta charSet="utf-8" />
<meta name="viewport" content="width=device-width, initial-scale=1, maximum-scale=1"/>
<script src="http://code.jquery.com/jquery-1.8.0.min.js"></script>
<style type="text/css">
</style>
</head>
<body>
    请输入用户名：<input id="username" name="username" type="text" placeholder="请输入用户名"/>
    请输入密码：<input id="password" name="password" type="password" placeholder="请输入用户名"/>
    <button id="submit">提交</button>
    查询结果：<div id="result"></div>
<script>
    $("#submit").click(function(){
        var username = $('#username').val();
        var password = $('#password').val();
        $.post('search', {username: username, password: password}, function(data){
            var tel = data.tel;
            var email = data.email;
            var age = data.age;
            var content = "电话号码：" + data.tel + "</br></br>邮箱地址：" + data.email + "</br></br>
年龄" + data.age;
            $("#result").html(content)
        });
    })
</script>
</body>
</html>
```

【服务器端代码】

```
var express = require('express');
var router = express.Router();
var info = [
        {username: 'Martin', password: '123', tel: '1111111', email: 'martin@163.com', age: 11},
        {username: 'Tom', password: '456', tel: '2222222', email: 'tom@163.com', age: 21},
        {username: 'Mary', password: '789', tel: '3333333', email: 'mary@163.com', age: 18}
]
router.get('/', function(req, res, next) {
   res.render('index', { title: 'Express' });
});
router.post('/search', function(req, res, next){
   var username = req.body.username;
   var password = req.body.password;
   for(var i = 0; i < info.length; i ++){
      if(username == info[i].username && password == info[i].password){
            res.send({tel: info[i].tel, email: info[i].email, age: info[i].age});
      }
   }
})
module.exports = router;
```

效果图如图 22-2 所示。

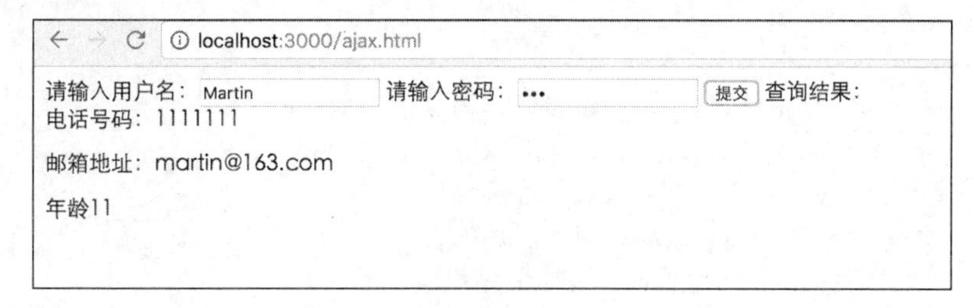

图 22-2

由于还没有涉及数据库知识，因此在服务器端定义了一些固定数据。这里固定可以查询三个人的数据，info 是一个数组，数组中的每一个元素都是 JSON 对象。

在客户端，使用几个<input>元素来接收用户输入的用户名和密码。当用户单击提交按钮时，会触发 JavaScript 相关代码。JavaScript 代码首先会获取用户输入的内容，并将这些数据组合成一个 JSON 数据。这里组合成的 JSON 如下：

```
{
    username: 'Martin',
    password: 123
}
```

然后，通过 jQuery 中的$.post()方法将 JSON 数据通过 AJAX 传送到服务器端。

在服务器端，首先根据 JSON 对象获取到 username 和 password 键分别对应的值，然后用这两个值和之前定义的 info 数据进行对比，当用户名和密码都正确的时候，表示可以进行查询，返回对应的电话号码、年龄等相关信息。同样，开发者需要将这些相关信息组合成一个 JSON 对象，通过 res.send()返回给客户端。这就是 AJAX 异步传输数据的过程。

在浏览器端，回调函数用来处理返回的数据。这里将数据内容格式化后展现在查询结果区域，完成本次的整个 AJAX 传输数据过程。

为了强调 get 方法和 post 方法各自使用的场景，第二个例子为应用增加了功能。用户根据用户名进行数据的查询，还可以添加新的用户信息。

【HTML 代码】

```
<!DOCTYPE>
<html>
<head>
<meta charSet="utf-8" />
<meta name="viewport" content="width=device-width, initial-scale=1, maximum-scale=1"/>
<script src="http://code.jquery.com/jquery-1.8.0.min.js"></script>
<style type="text/css">
</style>
</head>
<body>
    请输入用户名：<input id="find" name="find" type="text" placeholder="请输入用户名"/>
    <button id="submit">提交</button>
    查询结果：<div id="result"></div>
    <p>添加数据</p>
    <form>
        用户名：<input id="username" type="text" name="username"/>
        密码：<input id="password" type="password" name="password"/>
        电话：<input id="tel" type="text" name="tel"/>
        年龄：<input id="age" type="text" name="age"/>
        邮箱：<input id="email" type="text" name="email" />
    </form>
    <button id="add">添加数据</button>
    <p id="back"></p>
<script>
    $("#submit").click(function(){
        var username = $('#find').val();
        $.get('search?username=' + username, function(data){
            var tel = data.tel;
            var email = data.email;
            var age = data.age;
            var content = "电话号码：" + data.tel + "</br></br>邮箱地址：" + data.email + "</br></br>
年龄" + data.age;
            $("#result").html(content)
        });
    })
```

```
        $("#add").click(function(){
            var username = $("#username").val();
            var password = $("#password").val();
            var tel = $("#tel").val();
            var age = $("age").val();
            var email = $("email").val();
            var data = {
                username: username,
                password: password,
                tel: tel,
                age: age,
                email: email
            }
            $.post('add', data, function(data){
                $("#back").html(data);
            })
        })
    </script>
    </body>
    </html>
```

【服务器端代码】

```
var express = require('express');
var router = express.Router();
var info = [
    {username: 'Martin', password: '123', tel: '1111111', email: 'martin@163.com', age: 11},
    {username: 'Tom', password: '456', tel: '2222222', email: 'tom@163.com', age: 21},
    {username: 'Mary', password: '789', tel: '3333333', email: 'mary@163.com', age: 18}
]
router.get('/', function(req, res, next) {
  res.render('index', { title: 'Express' });
});
router.get('/search', function(req, res, next){
  var username = req.query.username;
  for(var i = 0; i < info.length; i ++){
    if(username == info[i].username){
        res.send({tel: info[i].tel, email: info[i].email, age: info[i].age});
    }
  }
})
router.post('/add', function(req, res, next){
    var username = req.body.username;
    var password = req.body.password;
    var tel = req.body.tel;
    var age = req.body.age;
```

```
        var email = req.body.email;
        info.push({
            username: username,
            password: password,
            tel: tel,
            age: age,
            email: email
        })
        res.send("添加完成");
})
module.exports = router;
```

这个例子比较复杂，在前端使用 get 方法获取信息，需要传入的是 username 参数，根据 username 参数进行信息的获取。之前讲过，get 方法传递数据的时候，数据都放在 URL 中，因此这里的 URL 为带参数的 URL，例如：

```
test.com?usrsername=Martin
```

在服务器端，可以通过req.query来获取所有URL传递过来的参数。如果URL对应的是这样的：

```
test.com?username=Martin&age=13
```

那么，在后台服务器中 req.query 也是一个 JSON 对象：

```
{
    username: 'Martin'
    age: '13'
}
```

在上面的例子中，通过 req.query.username 获取到客户端通过 get 方法传递的 username 值，服务器端利用这个参数在 info 中进行查询，并返回数据，剩下的部分和上一个例子相同。

接下来，增加了添加用户的功能。用户输入要添加的用户内容信息之后，通过 post 方法传递到后端服务器中，后台服务器将 JSON 数据进行整理后，使用 push 方法添加到 info 数组中，这样，下次搜索数据的时候就能够搜索出来了。这样就利用 jQuery 中的 AJAX 完成了一个不带数据库的简易用户信息 Demo。

22.4 ajax()方法

在 jQuery 中，最常用的 AJAX 是 ajax()方法，这个方法整合了 jQuery AJAX 所有相关的方法，只需要传入一个配置项，就可以完成各种各样的 AJAX 操作。此外，jQuery 中的 ajax()方法还提供了一些其他的方法，可以很方便地实现很多功能。

使用 ajax()方法，主要是向其中传入一个配置对象，这个配置对象是 JSON 格式的数据。在 jQuery API 中，定义了二十多个可选择的配置项，用来实现丰富的 AJAX 请求。下面将介绍比较常用的一些配置项，以学习 ajax()的使用方法。

一个基本的 ajax()方法格式如下：

```
$.ajax({
    type: "POST",
    url: "test",
    dataType: "json",
    data: yourData,
    success: function(){},
    error: function(){}
})
```

上面列举的配置对象就是使用最常用的 ajax()方法，下面逐一进行介绍。

- type 配置项用来定义发送的 AJAX 请求是什么类型的，默认为 get 请求。上面的示例中定义为 POST，表明这个 AJAX 请求为 post 请求。jQuery 中 ajax()方法的 type 配置项只能指定为 get 或者 post。其他的方法会存在浏览器兼容性问题，建议不要使用。
- url 配置项定义了发送请求的服务器端 URL，这里发送到服务器中的路由为 test。
- data 配置项定义了客户端向服务器发送的数据，可以使用 JSON 数据格式或者其他数据格式。
- dataType 配置项定义了数据类型。注意，要和 data 中传递的数据格式相同。因为 jQuery 会根据 dataType 传入的值决定如何解析 data 中的数据，如果传入的 dataType 和 data 配置项不搭配，解析 data 数据时就会出错。
- success 配置项定义的是一个回调函数，这个回调函数将在 AJAX 成功向服务器发送请求并且服务器成功做出响应之后执行。该回调函数传入一个参数，这个参数包含的是服务器端返回的数据。success 配置项定义的回调函数主要用来处理服务器端返回的数据，比如异步显示返回数据等。
- error 配置项定义的也是回调函数，这个回调函数当发送 AJAX 请求时发生错误执行。error 回调函数传入两个参数，第一个参数是错误信息，第二个参数是返回的数据。error 回调函数可以用来捕捉发送 AJAX 请求时的错误信息。

下面是一个具体的例子，用 ajax()方法改写之前的 demo。

【HTML 代码】

```
<!DOCTYPE>
<html>
<head>
<meta charSet="utf-8" />
<meta name="viewport" content="width=device-width, initial-scale=1, maximum-scale=1"/>
<script src="http://code.jquery.com/jquery-1.8.0.min.js"></script>
<style type="text/css">
</style>
</head>
<body>
    请输入用户名：<input id="find" name="find" type="text" placeholder="请输入用户名"/>
    <button id="submit">提交</button>
    查询结果：<div id="result"></div>
    <p>添加数据</p>
```

```
        <form>
            用户名：<input id="username" type="text" name="username"/>
            密码：<input id="password" type="password" name="password"/>
            电话：<input id="tel" type="text" name="tel"/>
            年龄：<input id="age" type="text" name="age"/>
            邮箱：<input id="email" type="text" name="email" />
        </form>
        <button id="add">添加数据</button>
        <p id="back"></p>
    <script>
        $("#submit").click(function(){
            var username = $('#find').val();
            $.ajax({
                url: 'search?username=' + username,
                type: 'GET',
                success: function(data){
                    var tel = data.tel;
                    var email = data.email;
                    var age = data.age;
                    var content = "电话号码：" + data.tel + "</br></br>邮箱地址：" + data.email +
"</br></br>年龄" + data.age;
                    $("#result").html(content)
                },
                error: function(msg, data){
                    console.log(msg);
                }
            })
        })
        $("#add").click(function(){
            var username = $("#username").val();
            var password = $("#password").val();
            var tel = $("#tel").val();
            var age = $("age").val();
            var email = $("email").val();
            var data = {
                username: username,
                password: password,
                tel: tel,
                age: age,
                email: email
            }
            $.ajax({
                url: 'add',
                dataType: 'json',
                data: data,
```

```
                type: 'POST',
                success: function(data){
                    $("#back").html(data);
                },
                error: function(msg, data){
                    console.log(msg);
                }
            })
        })
    </script>
    </body>
    </html>
```

【服务器端代码】

```
var express = require('express');
var router = express.Router();
var info = [
    {username: 'Martin', password: '123', tel: '1111111', email: 'martin@163.com', age: 11},
    {username: 'Tom', password: '456', tel: '2222222', email: 'tom@163.com', age: 21},
    {username: 'Mary', password: '789', tel: '3333333', email: 'mary@163.com', age: 18}
]
router.get('/', function(req, res, next) {
  res.render('index', { title: 'Express' });
});
router.get('/search', function(req, res, next){
  var username = req.query.username;
  for(var i = 0; i < info.length; i ++){
    if(username == info[i].username){
        res.send({tel: info[i].tel, email: info[i].email, age: info[i].age});
    }
  }
})
router.post('/add', function(req, res, next){
    var username = req.body.username;
    var password = req.body.password;
    var tel = req.body.tel;
    var age = req.body.age;
    var email = req.body.email;
    info.push({
        username: username,
        password: password,
        tel: tel,
        age: age,
        email: email
    })
```

```
        res.send("添加完成");
})
module.exports = router;
```

使用 ajax()方法，可以统一使用 get、post 或者其他的 jQuery 中 AJAX 方法，十分方便和规范。

22.5 ajaxStart()和 ajaxComplete()方法

当 AJAX 请求正在发送，服务器端正在处理时，有的时候当数据量很大时，这个 AJAX 发送过程可能会很长。好的用户体验是当 AJAX 请求没有处理完成时，就给用户一个提示信息，显示数据正在处理。ajaxStart()和 ajaxComplete()方法就可以实现这个功能，ajaxStart()方法可以在 AJAX 请求开始发送的时候触发，而 ajaxComplete()方法会当 AJAX 请求执行结束之后执行。

修改上节例子的代码，添加用户提示功能。

【HTML 代码】

```
<!DOCTYPE>
<html>
<head>
<meta charSet="utf-8" />
<meta name="viewport" content="width=device-width, initial-scale=1, maximum-scale=1"/>
<script src="http://code.jquery.com/jquery-1.8.0.min.js"></script>
<style type="text/css">
</style>
</head>
<body>
    请输入用户名：<input id="find" name="find" type="text" placeholder="请输入用户名"/>
    <button id="submit">提交</button>
    查询结果：<div id="result"></div>
    <p>添加数据</p>
    <form>
        用户名：<input id="username" type="text" name="username"/>
        密码：<input id="password" type="password" name="password"/>
        电话：<input id="tel" type="text" name="tel"/>
        年龄：<input id="age" type="text" name="age"/>
        邮箱：<input id="email" type="text" name="email" />
    </form>
    <button id="add">添加数据</button>
    <p id="back"></p>
    <p id="status"></p>
<script>
    $("#submit").click(function(){
        var username = $('#find').val();
        $.ajax({
```

```
                url: 'search?username=' + username,
                type: 'GET',
                success: function(data){
                    var tel = data.tel;
                    var email = data.email;
                    var age = data.age;
                    var content = "电话号码：" + data.tel + "</br></br>邮箱地址：" + data.email + "
</br></br>年龄" + data.age;
                    $("#result").html(content)
                },
                error: function(msg, data){
                    console.log(msg);
                }
            })
        })
        $("#add").click(function(){
            var username = $("#username").val();
            var password = $("#password").val();
            var tel = $("#tel").val();
            var age = $("age").val();
            var email = $("email").val();
            var data = {
                username: username,
                password: password,
                tel: tel,
                age: age,
                email: email
            }
            $.ajax({
                url: 'add',
                dataType: 'json',
                data: data,
                type: 'POST',
                success: function(data){
                    $("#back").html(data);
                },
                error: function(msg, data){
                    console.log(msg);
                }
            })
        })
        $(document).ajaxStart(function(){
            $("#status").html("正在加载，请稍后");
        })
        $(document).ajaxComplete(function(){
            $("#status").html("");
```

```
    })
</script>
</body>
</html>
```

【服务器端代码】

```
var express = require('express');
var router = express.Router();
var info = [
        {username: 'Martin', password: '123', tel: '1111111', email: 'martin@163.com', age: 11},
        {username: 'Tom', password: '456', tel: '2222222', email: 'tom@163.com', age: 21},
        {username: 'Mary', password: '789', tel: '3333333', email: 'mary@163.com', age: 18}
]
router.get('/', function(req, res, next) {
   res.render('index', { title: 'Express' });
});
router.get('/search', function(req, res, next){
   var username = req.query.username;
   for(var i = 0; i < info.length; i ++){
        if(username == info[i].username){
                res.send({tel: info[i].tel, email: info[i].email, age: info[i].age});
        }
   }
})
router.post('/add', function(req, res, next){
        var username = req.body.username;
        var password = req.body.password;
        var tel = req.body.tel;
        var age = req.body.age;
        var email = req.body.email;
        info.push({
                username: username,
                password: password,
                tel: tel,
                age: age,
                email: email
        })
        res.send("添加完成");
})
module.exports = router;
```

在上面的代码中，为页面添加了一个部分，这个部分用来显示等待提示信息。之后为 document 元素绑定了 ajaxStart()和 ajaxComplete()事件，当整个文档发生 AJAX 事件时，就会显示或者隐藏提示信息。

第23章

jQuery Mobile组件

本章内容要点：

- 定义一个移动应用界面——page组件
- 添加功能按钮——button组件
- 定义可滑动的面板——panel

jQuery Mobile中提供了丰富的组件，灵活使用这些组件，可以快速定义出开发移动Web应用需要的各个界面部分和对应功能，本章主要介绍这些组件的功能和使用。

23.1 定义一个移动应用界面——page组件

23.1.1 指定一个页面

开发移动应用最基础的就是定义一个个的移动界面，然后在界面上添加各种各样的功能。jQuery Mobile中的page组件就是用来生成一个个界面的。在jQuery Mobile中，通过为某一个div元素指定data-role属性为page，就可以将其定义为一个页面。

【示例】

```
<!DOCTYPE>
<html>
<head>
<meta charSet = "utf-8" />
<meta name = "viewport" content = "width = device-width, initial-scale = 1, maximum-scale = 1"/>
```

```
<script src = "http://code.jquery.com/jquery-1.8.0.min.js"> </script>
<script src = "http://code.jquery.com/mobile/1.4.5/jquery.mobile-1.4.5.min.js"> </script>
<link rel = "stylesheet" href = "http://code.jquery.com/mobile/1.4.5/jquery.mobile-1.4.5.min.css">
<style type = "text/css">
</style>
</head>
<body>
<div data-role = "page">一个页面</div>
<script>
</script>
</body>
</html>
```

打开浏览器，使用 Chrome 控制器打开移动调试功能查看效果，如图 23-1 所示。

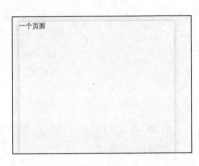

图 23-1

再查看一下对应元素的代码，可以发现，被指定了 data-role 属性的 div 元素样式也发生了变化。在对应元素的样式审查中，可以看到 jQuery Mobile 为开发者添加了新的样式，并自动添加了媒体查询等响应式功能。其实，jQuery Mobile 会根据元素设置的属性自动为其添加一些样式和功能。在 jQuery Mobile 中，data-role 属性可以指定一个元素在一个页面中属于什么“角色”。jQuery Mobile 会获取这个属性值并解析，然后根据 data-role 属性来为元素添加样式或功能。

需要注意的是，jQuery Mobile 并没有扩展 HTML，仅仅是为元素自定义了一些属性，然后通过 JavaScript 代码获取属性值，进行对应的功能设置。

23.1.2 为页面划分不同的区域

在一个页面中，可能分为头部、页面主题以及页面下方菜单栏三个部分。在一个 page 元素中，开发者可以继续使用 data-role 属性，为一个 page 定义出不同的部分。

【示例】

```
<!DOCTYPE>
<html>
<head>
<meta charSet = "utf-8" />
<meta name = "viewport" content = "width = device-width, initial-scale = 1, maximum-scale = 1"/>
<script src = "http://code.jquery.com/jquery-1.8.0.min.js"> </script>
<script src = "http://code.jquery.com/mobile/1.4.5/jquery.mobile- 1.4.5.min.js"> </script>
<link rel = "stylesheet" href = "http://code.jquery.com/mobile/1.4.5/ jquery.mobile-1.4.5.min.css">
<style type = "text/css">
</style>
</head>
<body>
```

```
<div data-role = "page">
  <div data-role = "header">
    <h1>页面头部</h1>
  </div>
  <div data-role = "main">
    <p>主体部分</p>
  </div>
  <div data-role = "footer">
    <h1>底部菜单栏</h1>
  </div>
</div>
<script>
</script>
</body>
</html>
```

上面的代码就将一个页面划分成了头、身、尾三个部分，效果如图 23-2 所示。

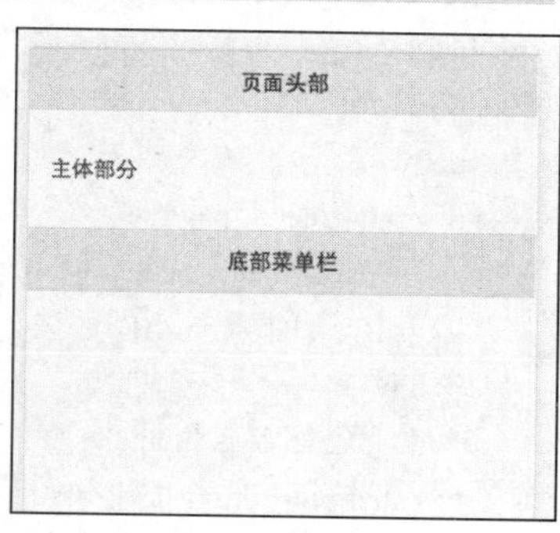

图 23-2

没有使用任何一行 CSS 代码或者 JavaScript 代码就实现了这样一个移动端经常出现的布局，这就是 jQuery Mobile 的方便之处。通过对 data-role 属性设定不同的属性值，jQuery Mobile 就可以自动对这些不同的组件进行样式和功能设定。

data-role 设定为 head，就声明了这个 div 代表头部组件；data-role 设定为 main，代表这个 div 是主体部分组件；data-role 设定为 footer，代表这个 div 是页脚组件。

23.2 添加功能按钮——button 组件

有了界面，接下来就需要在界面中添加一些按钮了。

23.2.1 按钮组件的定义方式

在 jQuery Mobile 中，下面三种方式都可以生成样式相同的按钮。

（1）使用<button>标签声明按钮，例如：

```
<button>button 按钮</button>
```

jQuery Mobile 会自动将 button 标签的按钮进行 jQuery Mobile 处理。

（2）使用<input>标签声明按钮，指定 input 标签的 type 属性为 button，例如：

```
<input type = "button" value = "input 按钮"/>
```

jQuery Mobile 会识别这些 type 属性值为 button 的 input 标签，并为它们设定按钮的样式。

（3）使用<a>标签声明按钮，要指定 data-role 属性值为 button，例如：

```
<a data-role = "button">a 按钮</a>
```

下面展示三种按钮的定义方法。

【示例】

```
<!DOCTYPE>
<html>
<head>
<meta charSet = "utf-8" />
<meta name = "viewport" content = "width = device-width, initial-scale = 1, maximum-scale = 1"/>
<script src = "http://code.jquery.com/jquery-1.8.0.min.js"> </script>
<script src = "http://code.jquery.com/mobile/1.4.5/jquery.mobile- 1.4.5.min.js"> </script>
<link rel = "stylesheet" href = "http://code.jquery.com/mobile/1.4.5/ jquery.mobile-1.4.5.min.css">
<style type = "text/css">
</style>
</head>
<body>
<div data-role = "page">
   <div data-role = "header">
      <h1>页面头部</h1>
   </div>
   <div data-role = "main">
      <button>button 按钮</button>
      <input type = "button" value = "input 按钮"/>
      <a data-role = "button">a 按钮</a>
   </div>
   <div data-role = "footer">
      <h1>底部菜单栏</h1>
   </div>
</div>
<script>
</script>
</body>
</html>
```

效果如图 23-3 所示。

因为有的 a 标签可能只是用来当正常的超链接，所以要想让 jQuery Mobile 将某一个 a 标签当作按钮处理，就必须设定 data-role 属性为 button。

在开发过程中，如果需要进行页面间的跳转，一般都会使用 a 标签这种声明按钮的方法。因为 a 标签自带的 href 属性可以方便地进行 URL 跳转。

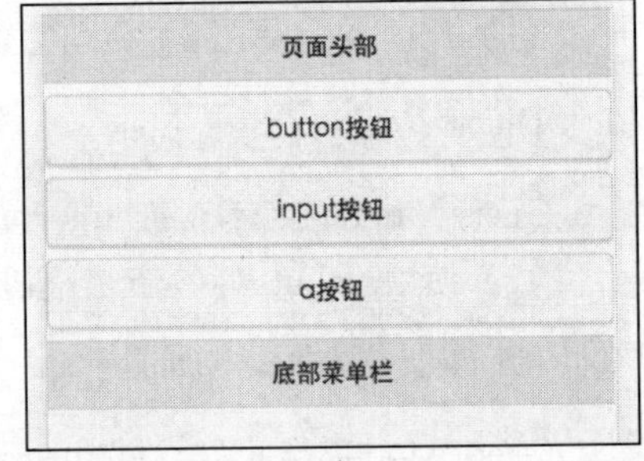

图 23-3

23.2.2 按钮组件样式设定

对于这些按钮样式的设定，可以使用 CSS 直接设定。当然，jQuery Mobile 中也提供了很多定义好的样式，为设定按钮样式节省了很多时间。

1. 设定按钮的排列方式

上面直接定义的按钮都是每个按钮单独占用一行，这是默认的块级按钮显示方式。如果想让按钮修改为行内显示（在一行内显示），就可以为按钮添加 ui-btn-inline 类。

【示例】

```
<!DOCTYPE>
<html>
<head>
<meta charSet = "utf-8" />
<meta name = "viewport" content = "width = device-width, initial-scale = 1, maximum-scale = 1"/>
<script src = "http://code.jquery.com/jquery-1.8.0.min.js"> </script>
<script src = "http://code.jquery.com/mobile/1.4.5/jquery.mobile- 1.4.5.min.js"> </script>
<link rel = "stylesheet" href = "http://code.jquery.com/mobile/1.4.5/ jquery.mobile-1.4.5.min.css">
<style type = "text/css">
</style>
</head>
<body>
<div data-role = "page">
  <div data-role = "header">
    <h1>页面头部</h1>
  </div>
  <div data-role = "main">
    <a data-role = "button" class = "ui-btn ui-btn-inline">按钮 1</a>
    <a data-role = "button" class = "ui-btn ui-btn-inline">按钮 2</a>
    <a data-role = "button" class = "ui-btn ui-btn-inline">按钮 3</a>
    <a data-role = "button">按钮 4</a>
  </div>
  <div data-role = "footer">
    <h1>底部菜单栏</h1>
  </div>
</div>
<script>
</script>
</body>
</html>
```

在上面的代码中，前三个按钮添加了 ui-btn-inline 类，这三个按钮会自适应地显示在一行中。第四个按钮没有设定 ut-btn-inline 类，因此这个按钮还是块级的。jQuery Mobile 其实是通过改变按钮的 display 属性值来控制按钮是行内显示还是块级显示的。

在上面的例子中，除了为元素添加 ui-btn-inline 类以外，还为元素添加了一个 ui-btn 类，这个 ui-btn 类的作用是什么呢？

ui-btn 类的作用是声明这个元素要被按照 jQuery Mobile 中 ui-btn 类型的样式来处理，也就是说，只有设定了 ui-btn，一个元素的 ui-btn 系列的样式设定才能被激活，才能开始使用 qita 和 ui-btn 相关的样式。在上面的例子中，使用了 ui-btn-inline，这是按钮组件的样式类，要想它起作用，就必须先声明元素的类为 ui-btn。这是 jQuery Mobile 中关于样式设定比较特殊的一种模式。

2. 其他常用 ui-btn 样式类

除了排列方式的类之外，jQuery Mobile 中还提供了一些其他的 ui-btn 样式类：

- ui-corner-all —— 为按钮添加圆角。
- ui-mini —— 指定按钮为小尺寸按钮。
- ui-shadow —— 为按钮添加阴影效果。

为了寻求方便，可以直接使用这样的样式类，同时直接使用自己编写的 CSS 代码对按钮的样式进行设定也是一个很好的选择。

3. 为按钮添加小图标

为了让按钮的表现力更好，有时需要为按钮添加一些小图标，jQuery Mobible 内置了一套精心绘制的图标，可以直接使用。

jQuery Mobile 中的小图标可以使用类的方式进行调用，每一个小图标，对应着不同的类名，这些小图标的类名都是以 ui-icon-作为前缀的。下面使用 icon 系统为搜索按钮添加搜索图标。

【示例】

```
<!DOCTYPE>
<html>
<head>
<meta charSet = "utf-8" />
<meta name = "viewport" content = "width = device-width, initial-scale = 1, maximum-scale = 1"/>
<script src = "http://code.jquery.com/jquery-1.8.0.min.js"> </script>
<script src = "http://code.jquery.com/mobile/1.4.5/ jquery.mobile-1.4.5.min.js"> </script>
<link rel = "stylesheet" href = "http://code.jquery.com/mobile/1.4.5/ jquery.mobile-1.4.5.min.css">
<style type = "text/css">
</style>
</head>
<body>
<div data-role = "page">
  <div data-role = "header">
    <h1>页面头部</h1>
  </div>
  <div data-role = "main">
    <a data-role = "button" class = "ui-btn ui-icon-search ui-btn-icon-left">搜索</a>
  </div>
```

```
    <div data-role = "footer">
      <h1>底部菜单栏</h1>
    </div>
  </div>
  <script>
  </script>
  </body>
  </html>
```

效果如图 23-4 所示。

这里除了设置 ui-icon-search 指定按钮的小图标外，还设定了 ui-btn-icon-left，这个类表明的是要将图标设定在按钮中的哪个方位，其他可选值还包括 ui-btn-icon-top、ui-btn-icon-buttom、ui-btn-icon-right。不设定这个类只设定元素的 ui-icon-属性的话，小图标是不起作用的，图 23-5 展示了不同 ui-btn-icon-属性值所产生的效果。

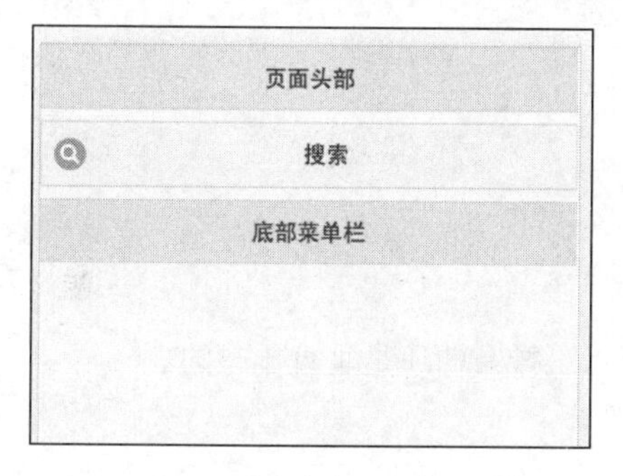

图 23-4

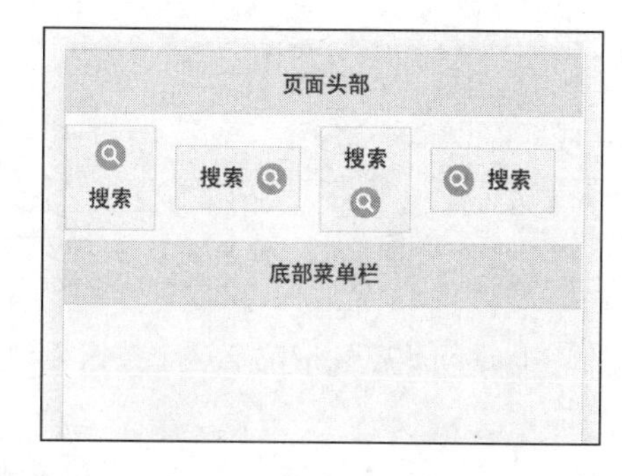

图 23-5

此外，如果想只显示图标，而不显示按钮内的文字，可以为元素添加 ui-btn-icon-notext 类名。

23.2.3 按钮组

当需要将一些功能相近或相关的按钮组合成一个按钮组放在一起时，就需要使用 jQuery Mobile 中的按钮组了。按钮组需要定义一个 div 来包含这些想要组合到一起的按钮。

【示例】

```
<!DOCTYPE>
<html>
<head>
<meta charSet = "utf-8" />
<meta name = "viewport" content = "width = device-width, initial-scale = 1, maximum-scale = 1"/>
<script src = "http://code.jquery.com/jquery-1.8.0.min.js"> </script>
<script src = "http://code.jquery.com/mobile/1.4.5/jquery.mobile-1.4.5.min.js"> </script>
<link rel = "stylesheet" href = "http://code.jquery.com/mobile/1.4.5/jquery.mobile-1.4.5.min.css">
<style type = "text/css">
</style>
</head>
<body>
```

```
<div data-role = "page">
  <div data-role = "header">
    <h1>页面头部</h1>
  </div>
  <div data-role = "main">
    <div data-role = "controlgroup" data-type = "horizontal">
      <p>水平组合按钮:</p>
      <a href = "#" class = "ui-btn">按钮 1</a>
      <a href = "#" class = "ui-btn">按钮 2</a>
      <a href = "#" class = "ui-btn">按钮 3</a>
    </div>
  </div>
  <div data-role = "footer">
    <h1>底部菜单栏</h1>
  </div>
</div>
<script>
</script>
</body>
</html>
```

其中，data-type 属性指定了这个按钮组中的按钮是水平排布的还是垂直排布的。

23.3 菜 单 栏

移动端的菜单栏是非常常用的，而且移动应用的菜单栏与普通的 PC 端应用菜单栏有很大不同。在 jQuery Mobile 中，一整块菜单栏可以用一个 div 来实现，并把这个 div 的 data-role 属性设定成 navbar。这样，这个 div 就会被 jQuery Mobile 认为是菜单栏，而里面的所有 a 标签都会被视为按钮，即便不为其指定 data-role 属性为 button。

在菜单栏中，使用的基本 HTML 结构是 ul 和 li，每个列表存放一个按钮，这样 jQuery Mobile 就会为这些按钮的排布指定适用于移动端应用菜单栏的样式。下面是一个基本例子。

【示例】

```
<!DOCTYPE>
<html>
<head>
<meta charSet = "utf-8" />
<meta name = "viewport" content = "width = device-width, initial-scale = 1, maximum-scale = 1"/>
<script src = "http://code.jquery.com/jquery-1.8.0.min.js"> </script>
<script src = "http://code.jquery.com/mobile/1.4.5/jquery.mobile-1.4.5.min.js"> </script>
<link rel = "stylesheet" href = "http://code.jquery.com/mobile/1.4.5/jquery.mobile-1.4.5.min.css">
<style type = "text/css">
```

```
</style>
</head>
<body>
<div data-role = "page">
  <div data-role = "header">
    <h1>页面头部</h1>
  </div>
  <div data-role = "main">
    <div data-role = "navbar">
      <ul>
        <li> <a href = "#">导航 1</a> </li>
        <li> <a href = "#">导航 2</a> </li>
        <li> <a href = "#">导航 3</a> </li>
      </ul>
    </div>
  </div>
  <div data-role = "footer">
    <h1>底部菜单栏</h1>
  </div>
</div>
<script>
</script>
</body>
</html>
```

效果如图 23-6 所示。

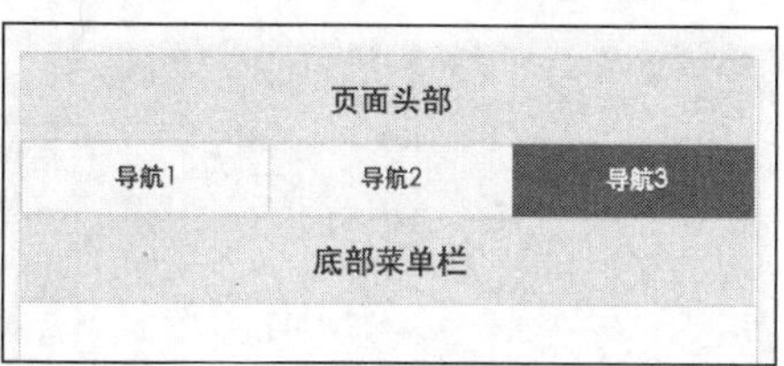

图 23-6

通过这样的设定，每个 a 标签都被视为了按钮，并且单击按钮的样式、默认的样式都已经被设定好了。从整个导航区域的排布样式来看，占满了屏幕，无论开发者在 Chrome 中变换成什么样的机型，样式都不会乱。

一般的导航按钮中都会有对应的图片，navbar 也可以添加类似于 button 按钮的小图标。通过为 a 标签添加 data-icon 属性，就可以指定小图标了。同时，可以配合 data-iconpos 属性来设置图标的位置。

【示例】

```
<!DOCTYPE>
<html>
<head>
<meta charSet = "utf-8" />
<meta name = "viewport" content = "width = device-width, initial-scale = 1, maximum-scale = 1"/>
<script src = "http://code.jquery.com/jquery-1.8.0.min.js"> </script>
<script src = "http://code.jquery.com/mobile/1.4.5/ jquery.mobile-1.4.5.min.js"> </script>
<link rel = "stylesheet" href = "http://code.jquery.com/mobile/1.4.5/ jquery.mobile-1.4.5.min.css">
<style type = "text/css">
```

```
</style>
</head>
<body>
<div data-role = "page">
   <div data-role = "header">
      <h1>页面头部</h1>
   </div>
   <div data-role = "main">
      <div data-role = "navbar">
         <ul>
            <li> <a href = "#" data-icon = "home" data-iconpos = "top">导航 1</a> </li>
            <li> <a href = "#" data-icon = "home" data-iconpos = "top">导航 2</a> </li>
            <li> <a href = "#" data-icon = "home" data-iconpos = "top">导航 3</a> </li>
         </ul>
      </div>
   </div>
   <div data-role = "footer">
      <h1>底部菜单栏</h1>
   </div>
</div>
<script>
</script>
</body>
</html>
```

效果如图 23-7 所示。

图 23-7

23.4 定义可滑动的面板——panel 组件

在移动应用中，基本都存在一种可滑动的面板。这部分内容最开始处于隐藏状态，在单击某个按钮时自动滑出来，展现一些功能或内容。这种滑动面板在移动端应用很常见，在 jQuery Mobile 中也有对应的组件。

panel 组件可以定义可滑动的面板，定义方式和其他 jQuery Mobile 组件类似，只要将一个 div 元素指定 data-role 属性值为 panel 即可。

如何触发这个面板的打开和关闭呢？每次定义一个面板的时候，开发者都需要为这个面板所在的 div 定义一个 id 属性值。然后通过某个 a 标签的 href 属性值指向这个 id 值，就可以触发面板的开启了。在面板开启状态，单击其他位置，就可以实现面板关闭了。

panel 组件要放置在 page 组件中，但是要放在 head 组件之前或者 foot 组件之后，不能插入放到由 head、main、foot 组成的页面主体之中。可以将 panel 组件定义在 page 组件之前或者之后。下面是一个面板组件定义的例子。

【示例】

```
<!DOCTYPE>
<html>
<head>
<meta charSet = "utf-8" />
<meta name = "viewport" content = "width = device-width, initial-scale = 1, maximum-scale = 1"/>
<script src = "http://code.jquery.com/jquery-1.8.0.min.js"> </script>
<script src = "http://code.jquery.com/mobile/ 1.4.5/jquery.mobile-1.4.5.min.js"> </script>
<link rel = "stylesheet" href = "http://code.jquery.com/mobile/ 1.4.5/jquery.mobile-1.4.5.min.css">
<style type = "text/css">
</style>
</head>
<body>
<div data-role = "page">
  <div data-role = "panel" id = "panelTest">
    可滑动的面板
  </div>
  <div data-role = "header">
    <h1>页面头部</h1>
  </div>
  <div data-role = "main">
    <p>主体部分</p>
    <a href = "#panelTest" class = "ui-btn ui-btn-inline">打开面板</a>
  </div>
  <div data-role = "footer">
    <h1>底部菜单栏</h1>
  </div>
</div>
<script>
</script>
</body>
</html>
```

默认情况下，可滑动的面板在整个页面的左边出现，可以通过 data-position 属性值来修改滑动面板的位置。下面的例子将 data-position 的属性值设置为 right，让面板在右侧出现。

【示例】

```
<!DOCTYPE>
<html>
<head>
<meta charSet = "utf-8" />
<meta name = "viewport" content = "width = device-width, initial-scale = 1, maximum-scale = 1"/>
<script src = "http://code.jquery.com/jquery-1.8.0.min.js"> </script>
<script src = "http://code.jquery.com/mobile/1.4.5/jquery.mobile-1.4.5.min.js"> </script>
<link rel = "stylesheet" href = "http://code.jquery.com/mobile/1.4.5/jquery.mobile-1.4.5.min.css">
<style type = "text/css">
</style>
</head>
<body>
<div data-role = "page">
  <div data-role = "panel" id = "panelTest" data-position = "right">
    可滑动的面板
  </div>
  <div data-role = "header">
    <h1>页面头部</h1>
  </div>
  <div data-role = "main">
    <p>主体部分</p>
    <a href = "#panelTest" class = "ui-btn ui-btn-inline">打开面板</a>
  </div>
  <div data-role = "footer">
    <h1>底部菜单栏</h1>
  </div>
</div>
<script>
</script>
</body>
</html>
```

除了可以设置滑动面板的位置，还可以设置滑动面板出现动画的方式，data-display 属性值可以进行出现动画方式的设置。下面将 data-display 属性值设置为 overlay，让面板的出现变成覆盖内容的动画效果。

【示例】

```
<!DOCTYPE>
<html>
<head>
<meta charSet = "utf-8" />
<meta name = "viewport" content = "width = device-width, initial-scale = 1, maximum-scale = 1"/>
<script src = "http://code.jquery.com/jquery-1.8.0.min.js"> </script>
```

```
<script src = "http://code.jquery.com/mobile/1.4.5/jquery.mobile-1.4.5.min.js"> </script>
<link rel = "stylesheet" href = "http://code.jquery.com/mobile/1.4.5/jquery.mobile-1.4.5.min.css">
<style type = "text/css">
</style>
</head>
<body>
<div data-role = "page">
  <div data-role = "panel" id = "panelTest" data-position = "right" data-display = "overlay">
    可滑动的面板
  </div>
  <div data-role = "header">
    <h1>页面头部 </h1>
  </div>
  <div data-role = "main">
    <p>主体部分</p>
    <a href = "#panelTest" class = "ui-btn ui-btn-inline">打开面板</a>
  </div>
  <div data-role = "footer">
    <h1>底部菜单栏</h1>
  </div>
</div>
<script>
</script>
</body>
</html>
```

23.5　弹框组件

在移动端应用中另一个比较常见的组件是弹窗，在jQuery Mobile中弹窗也有对应的组件。

23.5.1　定义基本弹框

创建弹窗，只要将一个div元素指定data-role属性值为popup就可以了。

要想调用这个弹窗，需要定义一个对应的 a 标签。和滑动面板的调用方式类似，为这个弹窗组件所在的div设定id属性值，并为a标签设定href属性，指向这个id。此外，为a标签添加一个data-rel属性，将属性值设置为“popup”，表示调用弹框组件。

下面的例子定义一个最基本的弹框组件。

【示例】

```
<!DOCTYPE>
<html>
<head>
<meta charSet = "utf-8" />
```

```
<meta name = "viewport" content = "width = device-width, initial-scale = 1, maximum-scale = 1"/>
<script src = "http://code.jquery.com/jquery-1.8.0.min.js"> </script>
<script src = "http://code.jquery.com/mobile/1.4.5/jquery.mobile- 1.4.5.min.js"> </script>
<link rel = "stylesheet" href = "http://code.jquery.com/mobile/1.4.5/ jquery.mobile-1.4.5.min.css">
<style type = "text/css">
</style>
</head>
<body>
<div data-role = "page">
  <div data-role = "header">
    <h1>页面头部</h1>
  </div>
  <div data-role = "main">
    <div data-role = "popup" id = "popupTest">
      <p>弹窗组件</p>
    </div>
    <p>主体部分</p>
    <a href = "#popupTest" data-rel = "popup" class = "ui-btn ui-btn-inline">打开弹窗</a>
  </div>
  <div data-role = "footer">
    <h1>底部菜单栏</h1>
  </div>
</div>
<script>
</script>
</body>
</html>
```

可以直接使用 CSS 对定义这个弹窗的 div 元素添加样式，以达到更好的效果。

弹窗默认会显示在调用它弹出的元素的位置，也可以通过 data-position-to 来指定弹框出现的位置。如果将 data-position-to 属性值设置为 window，弹框就会在屏幕的正中间显示。还可以将 dataposition-to 属性值设置为某个元素的 id 值，这样弹窗就会在对应 id 值的元素位置显示。

【示例】

```
<!DOCTYPE>
<html>
<head>
<meta charSet = "utf-8" />
<meta name = "viewport" content = "width = device-width, initial-scale = 1, maximum-scale = 1"/>
<script src = "http://code.jquery.com/jquery-1.8.0.min.js"> </script>
<script src = "http://code.jquery.com/mobile/1.4.5/jquery.mobile- 1.4.5.min.js"> </script>
<link rel = "stylesheet" href = "http://code.jquery.com/mobile/1.4.5/ jquery.mobile-1.4.5.min.css">
<style type = "text/css">
</style>
</head>
```

```
<body>
<div data-role = "page">
  <div data-role = "header">
    <h1>页面头部</h1>
  </div>
  <div data-role = "main">
    <div data-role = "popup" id = "popupTest" data-position-to = "window">
      <p>弹窗组件</p>
    </div>
    <p>主体部分</p>
    <a href = "#popupTest" data-rel = "popup" class = "ui-btn ui-btn-inline">打开弹窗</a>
  </div>
  <div data-role = "footer">
    <h1>底部菜单栏</h1>
  </div>
</div>
<script>
</script>
</body>
</html>
```

上面的代码让弹窗在屏幕的正中间显示，效果如图 23-8 所示。

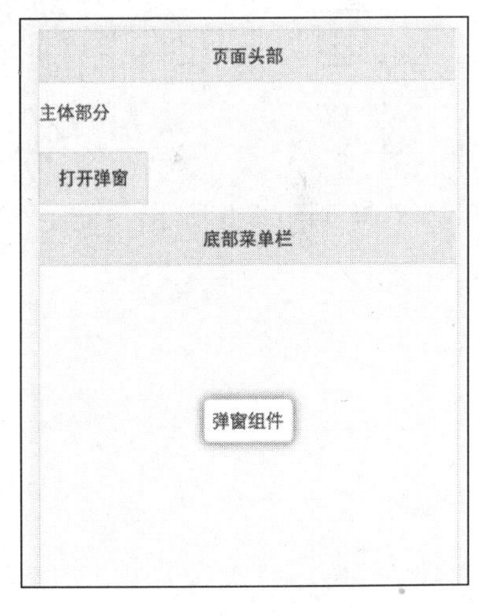

图 23-8

23.5.2 装饰弹窗

1. 添加关闭按钮

默认情况下，打开的弹窗可以通过单击其他任何非弹窗的位置关闭。jQuery Mobile 也为开发者提供了内置的弹窗关闭按钮，这种按钮实际用处不大，更多的是用来装饰。

通过为弹窗定义一个按钮，并且指定一些类，就可以为弹窗添加关闭按钮了。下面的例子为弹框右上角添加了一个关闭按钮。

【示例】

```
<!DOCTYPE>
<html>
<head>
<meta charSet = "utf-8" />
<meta name = "viewport" content = "width = device-width, initial-scale = 1, maximum-scale = 1"/>
<script src = "http://code.jquery.com/jquery-1.8.0.min.js"> </script>
<script src = "http://code.jquery.com/mobile/1.4.5/jquery.mobile-1.4.5.min.js"> </script>
<link rel = "stylesheet" href = "http://code.jquery.com/mobile/1.4.5/jquery.mobile-1.4.5.min.css">
<style type = "text/css">
```

```
    </style>
    </head>
    <body>
    <div data-role = "page">
      <div data-role = "header">
        <h1>页面头部</h1>
      </div>
      <div data-role = "main">
        <div data-role = "popup" id = "popupTest" data-position-to = "window">
          <a href = "#" data-rel = "back" class = "ui-btn ui-corner-all ui-shadow ui-btn ui-icon-delete
ui-btn-icon-notext ui-btn-right">关闭</a>
          <p>弹窗组件</p>
        </div>
        <p>主体部分</p>
        <a href = "#popupTest" data-rel = "popup" class = "ui-btn ui-btn-inline">打开弹窗</a>
      </div>
      <div data-role = "footer">
        <h1>底部菜单栏</h1>
      </div>
    </div>
    <script>
    </script>
    </body>
    </html>
```

效果如图 23-9 所示。

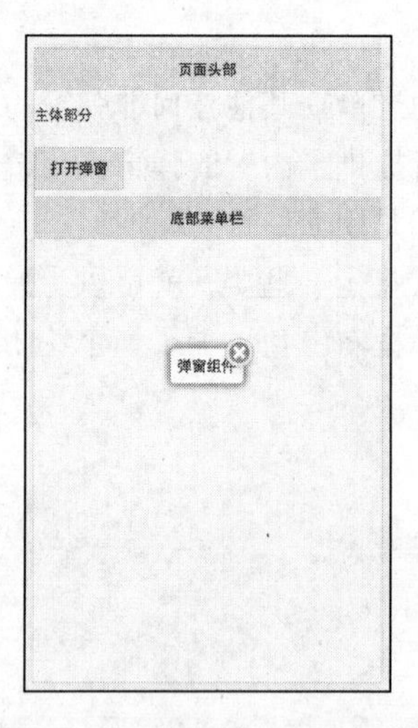

图 23-9

2. 为弹框添加对话边框

可以将弹框制作成对话框类型。通过指定 data-arrow 属性来为弹框添加小尖角，可以在 "l"（左边）、"t"（顶部）、"r"（右边）或者"b"（底部）4 个位置添加尖角。下面是一个例子。

【示例】

```
<!DOCTYPE>
<html>
<head>
<meta charSet = "utf-8" />
<meta name = "viewport" content = "width = device-width, initial-scale = 1, maximum-scale = 1"/>
<script src = "http://code.jquery.com/jquery-1.8.0.min.js"> </script>
<script src = "http://code.jquery.com/mobile/1.4.5/jquery.mobile- 1.4.5.min.js"> </script>
<link rel = "stylesheet" href = "http://code.jquery.com/mobile/1.4.5/ jquery.mobile-1.4.5.min.css">
<style type = "text/css">
</style>
</head>
<body>
<div data-role="page">
  <div data-role="header">
    <h1>页面头部</h1>
  </div>
  <div data-role="main">
    <div data-role="popup" id="popupTest" data-arrow="l">
      <p>弹窗组件</p>
    </div>
    <p>主体部分</p>
    <a href="#popupTest" data-rel="popup" class="ui-btn ui-btn-inline">打开弹窗</a>
  </div>
  <div data-role="footer">
    <h1>底部菜单栏</h1>
  </div>
</div>
<script>
</script>
</body>
</html>
```

3. 添加遮罩层

有的时候，需要在弹出弹窗后为整个界面添加一个遮罩层，以此来凸显弹框，这个在 jQuery Mobile 中也有实现方法。

在被设置为弹框的 div 元素中设置 data-overlay-theme 属性，就可以实现遮罩层的设置了。data-overlay-theme 属性有两个属性值，分别是 a 和 b。如果将 data-overlay-theme 的属性值设置为 a，就会生成一个颜色比较浅的遮罩层。如果将 data-overpay-theme 的属性值设置为 b，就会生成一个颜色比较深的遮罩层。

【示例】

```
<!DOCTYPE>
<html>
```

```
<head>
<meta charSet = "utf-8" />
<meta name = "viewport" content = "width = device-width, initial-scale = 1, maximum-scale = 1"/>
<script src = "http://code.jquery.com/jquery-1.8.0.min.js"> </script>
<script src = "http://code.jquery.com/mobile/1.4.5/jquery.mobile- 1.4.5.min.js"> </script>
<link rel = "stylesheet" href = "http://code.jquery.com/mobile/1.4.5/ jquery.mobile-1.4.5.min.css">
<style type = "text/css">
</style>
</head>
<body>
<div data-role="page">
  <div data-role="header">
    <h1>页面头部</h1>
  </div>
  <div data-role="main">
    <div data-role="popup" id="popupTest" data-overlay-theme="b" data-position-to="window">
      <p>弹窗组件</p>
    </div>
    <p>主体部分</p>
    <a href="#popupTest" data-rel="popup" class="ui-btn ui-btn-inline">打开弹窗</a>
  </div>
  <div data-role="footer">
    <h1>底部菜单栏</h1>
  </div>
</div>
<script>
</script>
</body>
</html>
```

效果如图 23-10 所示。

图 23-10

23.6 在移动应用中添加响应式表格

在 jQuery Mobile 中，赋予了表格可以自动适应屏幕大小的响应式功能。只要为表格添加一个 jQuery Mobile 自定义的类名，就可以实现表格的自适应，使表格可以根据屏幕的大小自动改变展现形式。要想让一个表格成为 jQuery Mobile 中的表格，只要为一个 table 标签指定 data-role 属性值为 table 即可。

jQuery Mobile 中的响应式表格有两种：一种为回流表格；另一种为列切换表格。

23.6.1 回流表格

回流表格有这样的特征：当屏幕能够显示表格中的所有列时，表格正常显示；当屏幕小到不能完全容纳所有列时，表格的展现形式会变成垂直展示。下面给出一个回流表格的例子。

【示例】

```
<!DOCTYPE>
<html>
<head>
<meta charSet = "utf-8" />
<meta name = "viewport" content = "width = device-width, initial-scale = 1, maximum-scale = 1"/>
<script src = "http://code.jquery.com/jquery-1.8.0.min.js"> </script>
<script src = "http://code.jquery.com/mobile/1.4.5/jquery.mobile- 1.4.5.min.js"> </script>
<link rel = "stylesheet" href = "http://code.jquery.com/mobile/1.4.5/ jquery.mobile-1.4.5.min.css">
<style type = "text/css">
</style>
</head>
<body>
<div data-role="page">
  <div data-role="header">
    <h1>页面头部</h1>
  </div>
  <div data-role="main">
    <table data-role="table" class="ui-responsive">
      <thead>
        <tr>
          <td>商品 ID</td>
          <td>商品名称</td>
          <td>商品单价</td>
          <td>进货渠道</td>
          <td>销售量</td>
        </tr>
      </thead>
      <tbody>
```

```
            <tr>
              <td>11111111</td>
              <td>苹果手机</td>
              <td>5000</td>
              <td>苹果专卖店</td>
              <td>100</td>
            </tr>
            <tr>
              <td>23332211</td>
              <td>Mac Pro 电脑</td>
              <td>9000</td>
              <td>苹果专卖店</td>
              <td>50</td>
            </tr>
            <tr>
              <td>12343421</td>
              <td>苹果手机</td>
              <td>5000</td>
              <td>苹果专卖店</td>
              <td>100</td>
            </tr>
          </tbody>
        </table>
      </div>
      <div data-role="footer">
        <h1>底部菜单栏</h1>
      </div>
    </div>
    <script>
    </script>
    </body>
    </html>
```

在上面的代码中，定义的 table 就是一个响应式的表格，会根据屏幕的大小调整布局。打开 Chrome 浏览器的控制台，首先查看这个表格在 Ipad 上的展现形式，如图 23-11 所示。可以看到，表格是正常展示的，这时屏幕的宽度足以展现所有列。

现在改变设备为 iPhone 6，再查看效果，如图 23-12 所示。由于设备的宽度不够，表格自动变成了垂直展现的，这就是回流表格的响应式效果。

想将一个表格定义为回流表格，首先要将这个表格声明为 table 组件，将 table 标签的 table-role 属性值设置为 table，接下来为这个表格添加一个 ui-responsive 类。

另外需要注意的是，如果想使用 jQuery Mobile 中的响应式表格，就必须指定它们完整的 table 结构，包括 thead 和 tbody 等标签，因为这样 jQuery Mobile 才能根据表格的不同组成成分来决定在屏幕尺寸变幻时如何展现表格。例如，在回流表格中，jQuery Mobile 其实需要获取 thead 中的表头信息和 tbody 中的表格内容才能制作出对应的垂直展现效果。如果没有设置 thead 和 tbody，表格的布局就会乱。

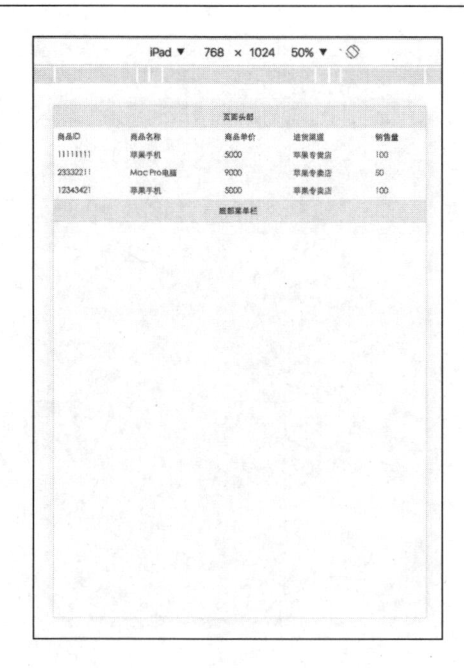

图 23-11

图 23-12

23.6.2　列切换表格

如果不想在屏幕缩小时改变表格的布局，响应式表格还有另一种展现方式，即列切换表格。这种表格的特点是，当屏幕缩小时表格的排列方式不变，而是隐藏掉某些列，也就是显示一个不完整的表格。这样做虽可以保证表格的展现方式不变，但需要隐藏一些次要的列。

【示例】

```
<!DOCTYPE>
<html>
<head>
<meta charSet = "utf-8" />
<meta name = "viewport" content = "width = device-width, initial-scale = 1, maximum-scale = 1"/>
<script src = "http://code.jquery.com/jquery-1.8.0.min.js"> </script>
<script src = "http://code.jquery.com/mobile/1.4.5/jquery.mobile- 1.4.5.min.js"> </script>
<link rel = "stylesheet" href = "http://code.jquery.com/mobile/1.4.5/ jquery.mobile-1.4.5.min.css">
<style type = "text/css">
</style>
</head>
<body>
<div data-role="page">
  <div data-role="panel" id="panelTest" data-position="right" data-display="overlay">
     可滑动的面板
  </div>
  <div data-role="header">
     <h1>页面头部</h1>
  </div>
```

```
    <div data-role="main">
      <table data-role="table" data-mode="columntoggle" class="ui-responsive" id="myTable">
        <thead>
          <tr>
            <td data-priority="1">商品 ID</td>
            <td data-priority="2">商品名称</td>
            <td data-priority="3">商品单价</td>
            <td data-priority="4">进货渠道</td>
            <td data-priority="5">销售量</td>
          </tr>
        </thead>
        <tbody>
          <tr>
            <td>11111111</td>
            <td>苹果手机</td>
            <td>5000</td>
            <td>苹果专卖店</td>
            <td>100</td>
          </tr>
          <tr>
            <td>23332211</td>
            <td>Mac Pro 电脑</td>
            <td>9000</td>
            <td>苹果专卖店</td>
            <td>50</td>
          </tr>
          <tr>
            <td>12343421</td>
            <td>苹果手机</td>
            <td>5000</td>
            <td>苹果专卖店</td>
            <td>100</td>
          </tr>
        </tbody>
      </table>
    </div>
    <div data-role="footer">
      <h1>底部菜单栏</h1>
    </div>
  </div>
  <script>
  </script>
  </body>
  </html>
```

在上面的代码中，表头中的 data-priority 属性用来指定各个列之间的重要程度关系。其值越大，表示越不重要，在显示表格时就会优先省略这些不重要的列。

第 24 章

jQuery Mobile 的触摸事件

本章内容要点：

- ❋ 理解 jQuery Mobile 移动开发框架
- ❋ jQuery Mobile 事件

开发者可以选择使用原生的方式进行移动应用开发。原生开发指的是只使用 JavaScript、jQuery、HTML、CSS 等技术实现。每次进行移动应用原生开发可能需要一些重复的工作，而且有很多移动开发的细节会让开发者“踩坑”。这时，使用一些移动开发的框架会大大提高开发效率。

移动端的开发框架能带来什么呢？

首先，移动端开发框架可以为开发者提供一些内置的组件，这些组件都是移动端应用常用的组件，样式是经过精心设计的。每当开发一个移动端应用时，都想使用一些组件，例如底部的菜单栏。有了 jQuery Mobile 封装好的组件，就可以大大减少工作量。同时，由于 jQuery Mobile 中的组件都经过很好的封装和设计，因此只要调用组件的方式没有问题，使用的组件一般不会出现 bug 等问题，同时会有很好的样式展现。

其次，在移动端需要触发的事件与电脑端不同。在前面的内容中曾经介绍过，click 事件（单击事件）在移动端是无法触发的，用户用手单击屏幕并不会触发 click 事件。此外，例如长按、滑动等事件，使用 JavaScript 中提供的基本事件已经无法满足需求了。jQuery 则为开发者提供了丰富的移动端事件。

最后，jQuery Mobile 的兼容性很好。对于不同操作系统的移动设备，jQuery Mobile 的底层实现语言不同，jQuery Mobile 借助的 HTML、CSS、JavaScript 语言也都是目前的标准语言。

24.1 开始使用 jQuery Mobile

使用 jQuery Mobile 和使用 jQuery 一样，只要引入对应的文件就可以了。jQuery Mobile 对应需要引入三个文件。因为 jQuery Mobile 是依赖于 jQuery 的，所以要引入 jQuery 文件。此外，还需要引入 jQuery Mobile 的样式文件和 JavaScript 文件。

一定要注意文件的引入顺序。在 JavaScript 部分中，曾经强调过，文件的引入顺序决定了文件被编译执行的顺序。这里必须先引入 jQuery 的 JavaScript 文件，再引入 jQuery Mobile 的 JavaScript 文件，因为 jQuery Mobile 是依赖于 jQuery 的，jQuery Mobile 文件中的代码会引用 jQuery 中的方法。

完整的 jQuery Mobile 文件代码如下：

```
<!DOCTYPE>
<html>
<head>
<meta charSet = "utf-8" />
<meta name = "viewport" content = "width = device-width, initial-scale = 1, maximum-scale = 1"/>
<script src = "http://code.jquery.com/jquery-1.8.0.min.js"></script>
<script src = "http://code.jquery.com/mobile/1.4.5/jquery.mobile-1.4.5.min.js"></script>
<link rel = "stylesheet" href = "http://code.jquery.com/mobile/1.4.5/jquery.mobile-1.4.5.min.css">
<style type = "text/css">
</style>
</head>
<body>
<div class = "main"> </div>
<input value = "red" type = "button" id = "red" / >
<input value = "green"   type = "button" id = "green" / >
<input value = "yellow"   type = "button" id = "yellow" / >
<script>
//JQuery Mobile 的代码
</script>
</body>
</html>
```

接下来，就可以使用 jQuery Mobile 中提供的丰富 API 进行移动应用开发了。

24.2 jQuery Mobile 事件

在原生的 JavaScript 中，有很多常用的事件，如单击事件、鼠标滑动、键盘按键等事件，这些事件涵盖了 PC 端所有用户可能触发的交互事件。然而，在移动端，有一些事件就派不上用场了。同时，移动端又出现了很多新的事件，使用原来的 JavaScript 中定义的事件是无法触发的，如触摸事件、滑动屏幕等事件。好在 jQuery Mobile 为开发者封装了很多移动端可能触发的事件，使用 jQuery Mobile 封装的事件可以很方便地处理移动端用户的交互行为。

如何模拟触发这些 jQuery Mobile 中提供的移动端事件呢？一种方法是使用在本书最开始介绍的移动端应用一般调试方法，直接在手机中进行调试。另一种方式是在 Chrome 浏览器中的设备调试中进行调试。在这种调试方法中，鼠标的单击模拟的就是用户手指的触摸事件。

如果开发者定义了一个 click 事件，那么在 Chrome 浏览器中的设备调试中使用鼠标单击进行测试时 click 事件是不会被触发的。在 device 调试中，鼠标就变成了人的手指，鼠标的操作对应的都是手指的操作，便于开发者进行代码的调试。

24.3 触摸事件

触摸事件是移动端的常用事件之一，用户在移动应用上的各种操作都需要在智能手机屏幕上触摸。下面就介绍 jQuery Mobile 中提供的和触摸相关的事件。

24.3.1 tap——手指单击一次

在 jQuery Mobile 中，手指单击一次的事件是 tap 事件。在 jQuery Mobile 中，监听事件可以使用 jQuery 中的 on 方法。下面的例子为一个按钮元素绑定了 tap 事件。

【示例】

```
<!DOCTYPE>
<html>
<head>
<meta charSet = "utf-8" />
<meta name = "viewport" content = "width = device-width, initial-scale = 1, maximum-scale = 1"/>
<script src = "http://code.jquery.com/jquery-1.8.0.min.js"></script>
<script src = "http://code.jquery.com/mobile/1.4.5/jquery.mobile-1.4.5.min.js"></script>
<link rel = "stylesheet" href = "http://code.jquery.com/mobile/1.4.5/jquery.mobile-1.4.5.min.css">
<style type = "text/css">
</style>
</head>
<body>
<div data-role = "page">
  <div data-role = "header">
    <h1>页面头部</h1>
  </div>
  <div data-role = "main">
    <a id = "tap" href = "#" data-role = "button">触摸我会触发事件</a>
    <p class = "content"></p>
  </div>
  <div data-role = "footer">
    <h1>底部菜单栏</h1>
```

```
    </div>
</div>
<script>
$("#tap").on("tap", function () {
    $(".content").html("触发了手指单击事件")
})
</script>
</body>
</html>
```

单击按钮，效果如图 24-1 所示。

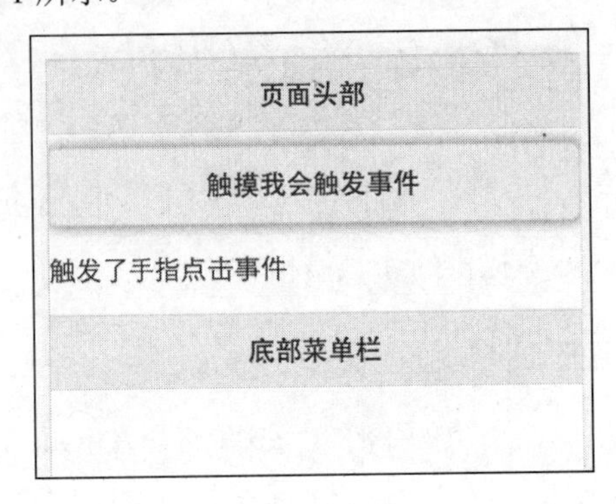

图 24-1

jQuery Mobile 中封装的这些事件对象和原生的 JavaScript 中的事件对象类似，也有 target 等属性。下面的代码使用 tap 事件对象的 target 属性，单击按钮后修改按钮的样式。

【示例】

```
<!DOCTYPE>
<html>
<head>
<meta charSet = "utf-8" />
<meta name = "viewport" content = "width = device-width, initial-scale = 1, maximum-scale = 1"/>
<script src = "http://code.jquery.com/jquery-1.8.0.min.js"></script>
<script src = "http://code.jquery.com/mobile/1.4.5/jquery.mobile-1.4.5.min.js"></script>
<link rel = "stylesheet" href = "http://code.jquery.com/mobile/1.4.5/jquery.mobile-1.4.5.min.css">
<style type="text/css">
</style>
</head>
<body>
<div data-role="page">
    <div data-role="header">
        <h1>页面头部</h1>
    </div>
    <div data-role="main">
        <a id="tap" href="#" data-role="button">触摸我会触发事件</a>
```

```
        <p class="content"></p>
      </div>
      <div data-role="footer">
        <h1>底部菜单栏</h1>
      </div>
    </div>
    <script>
    $("#tap").on("tap", function (e) {
      $(".content").html("触发了手指单击事件")
      $(e.target).addClass('ui-btn-b');
    })
    </script>
    </body>
    </html>
```

效果如图 24-2 所示。

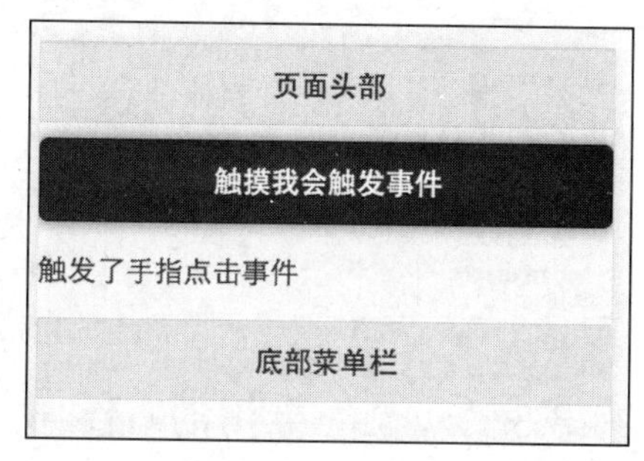

图 24-2

在上面的代码中，当开发者单击按钮时触发 tap 事件。tap 事件使用$()方法将 e.target 封装成一个 jQuery 对象，并调用 jQuery 中的 addClass()方法为其添加一个 jQuery Mobile 中的类，将按钮颜色变为黑色。e.target 获取到的就是这个单击的目标元素，这跟 JavaScript 中的事件对象是一样的。

24.3.2 taphold——手指长按事件

如果手指在屏幕上长按，就会触发 taphold 事件。例如，iPhone 手机在发送短信的时候，在输入文本的文本框中长按，就会生成一个工具栏，包括复制、粘贴、选择等按钮。这时触发的就是 taphold 事件。下面是一个使用 taphold 的例子。

【示例】

```
<!DOCTYPE>
<html>
<head>
<meta charSet = "utf-8" />
<meta name = "viewport" content = "width = device-width, initial-scale = 1, maximum-scale = 1"/>
<script src = "http://code.jquery.com/jquery-1.8.0.min.js"></script>
<script src = "http://code.jquery.com/mobile/1.4.5/ jquery.mobile-1.4.5.min.js"></script>
<link rel = "stylesheet" href = "http://code.jquery.com/mobile/1.4.5/ jquery.mobile-1.4.5.min.css">
<style type = "text/css">
</style>
</head>
<body>
<div data-role = "page">
  <div data-role = "header">
```

```
        <h1>页面头部</h1>
    </div>
    <div data-role = "main">
        <input type = "text" id = "taphold" placeholder = "长按触发事件" />
        <p style = "display:none">隐藏内容展现</p>
    </div>
    <div data-role="footer">
        <h1>底部菜单栏</h1>
    </div>
</div>
<script>
$("#taphold").on("taphold", function () {
    $("p").show();
})
</script>
</body>
</html>
```

上面的代码定义了一个文本框，并为这个模板块绑定了一个 taphold 事件。长按这个输入框的时候，就会触发 taphold 事件，将隐藏的内容展现出来，效果如图 24-3 所示。

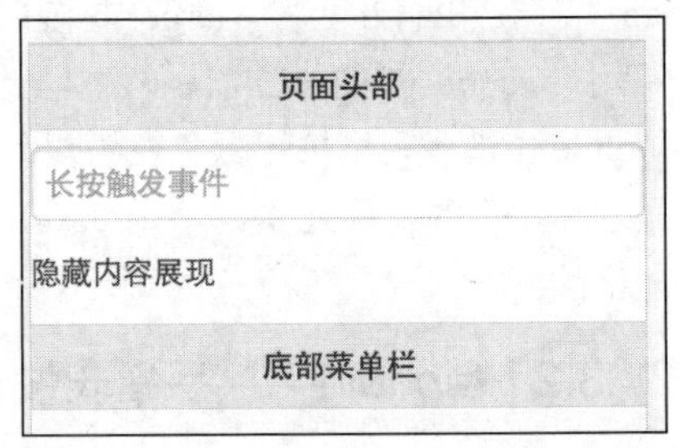

图 24-3

24.3.3 swipe——滑动事件

当用户手指在屏幕上滑动时，就会触发 swipe 相关的事件。当手指在屏幕上向上、下、左、右滑动一定距离时就会触发 swipe 事件。下面的示例使用 swipe 事件来实现手指滑动更换界面背景色的功能。

【示例】

```
<!DOCTYPE>
<html>
<head>
<meta charSet = "utf-8" />
<meta name = "viewport" content = "width = device-width, initial-scale = 1, maximum-scale = 1"/>
<script src = "http://code.jquery.com/jquery-1.8.0.min.js"></script>
<script src = "http://code.jquery.com/mobile/1.4.5/jquery.mobile- 1.4.5.min.js"></script>
<link rel = "stylesheet" href = "http://code.jquery.com/mobile/1.4.5/ jquery.mobile-1.4.5.min.css">
<style type = "text/css">
</style>
</head>
<body>
<div data-role = "page">
    <div data-role = "header">
        <h1>页面头部</h1>
```

```
    </div>
    <div data-role = "main">
      页面主体部分
    </div>
    <div data-role = "footer">
      <h1>底部菜单栏</h1>
    </div>
</div>
<script>
$("[data-role = 'page']").on('swipe', function (e) {
    $("[data-role = 'page']").css("background", "blue");
})
</script>
</body>
</html>
```

除了 swipe 方法外，还有两个和滑动相关的事件，分别是 swipeleft 和 swiperight，这两个事件分别在向左或向右滑动时触发。下面使用这两个方法在向不同方向滑动时为元素指定不同的背景颜色。

【示例】

```
<!DOCTYPE>
<html>
<head>
<meta charSet = "utf-8" />
<meta name = "viewport" content = "width = device-width, initial-scale = 1, maximum-scale = 1"/>
<script src = "http://code.jquery.com/jquery-1.8.0.min.js"></script>
<script src = "http://code.jquery.com/mobile/1.4.5/ jquery.mobile-1.4.5.min.js"></script>
<link rel = "stylesheet" href = "http://code.jquery.com/mobile/1.4.5/ jquery.mobile-1.4.5.min.css">
<style type = "text/css">
</style>
</head>
<body>
<div data-role = "page">
    <div data-role = "header">
      <h1>页面头部</h1>
    </div>
    <div data-role = "main">
      页面主体部分
    </div>
    <div data-role = "footer">
      <h1>底部菜单栏</h1>
    </div>
</div>
<script>
$("[data-role='page']").on('swipeleft', function (e) {
```

```
    $("[data-role='page']").css("background", "blue");
})
$("[data-role='page']").on('swiperight', function (e) {
    $("[data-role='page']").css("background", "yellow");
})
</script>
</body>
</html>
```

当手指向左滑动时，界面背景颜色变为蓝色；当手指向右滑动时，界面背景颜色变为黄色。

24.3.4 设备转动事件

当使用移动设备时，经常会出现旋转屏幕的情况。例如，在看视频的时候，可能就需要将设备转换为水平，界面也会发生相应变化。

1. orientationchange 事件

在 jQuery Mobile 中，提供了监听设备转动的事件 orientationchange。设备转动的事件绑定到 window 对象上，当设备转动的时候就会触发 orientationchange 事件。在下面的例子中，当旋转屏幕使屏幕的方向发生变化时，将界面的背景颜色变为绿色。

【示例】

```
<!DOCTYPE>
<html>
<head>
<meta charSet = "utf-8" />
<meta name = "viewport" content = "width = device-width, initial-scale = 1, maximum-scale = 1"/>
<script src = "http://code.jquery.com/jquery-1.8.0.min.js"></script>
<script src = "http://code.jquery.com/mobile/1.4.5/jquery.mobile-1.4.5.min.js"></script>
<link rel = "stylesheet" href = "http://code.jquery.com/mobile/1.4.5/jquery.mobile-1.4.5.min.css">
<style type="text/css">
</style>
</head>
<body>
<div data-role="page">
    <div data-role="header">
        <h1>页面头部</h1>
    </div>
    <div data-role="main">
        页面主体部分
    </div>
    <div data-role="footer">
        <h1>底部菜单栏</h1>
    </div>
</div>
```

```
<script>
$(window).on("orientationchange",function () {
  $("[data-role='page']").css("background", 'blue');
});
</script>
</body>
</html>
```

可以直接在自己的手机中调试，除此之外，在 Chrome 浏览器的设备调试中也可以模拟出屏幕旋转的效果。在 Chrome 浏览器设备调试界面中单击如图 24-4 所示的图标，即可模拟设备旋转。

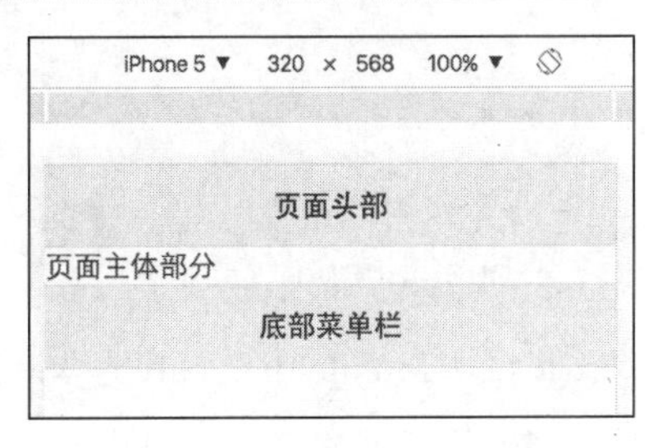

图 24-4

如何判断设备在旋转后是纵向的还是横向的？orientationchange 事件对象中有一个 orientation 属性值，可以返回当前设备的方向。当设备是纵向的时候，orientationchange 事件对象的 orientation 属性值为 portrait；当设备是横向的时候，orientationchange 事件对象的 orientation 属性值为 landscape。下面利用 orientation 属性值根据屏幕朝向的不同改变界面内容。

【示例】

```
<!DOCTYPE>
<html>
<head>
<meta charSet = "utf-8" />
<meta name = "viewport" content = "width = device-width, initial-scale = 1, maximum-scale = 1"/>
<script src = "http://code.jquery.com/jquery-1.8.0.min.js"></script>
<script src = "http://code.jquery.com/mobile/1.4.5/jquery.mobile-1.4.5.min.js"></script>
<link rel = "stylesheet" href = "http://code.jquery.com/mobile/1.4.5/jquery.mobile-1.4.5.min.css">
<style type = "text/css">
</style>
</head>
<body>
<div data-role="page">
  <div data-role="header">
    <h1>页面头部</h1>
  </div>
  <div data-role="main">
    页面主体部分
  </div>
  <div data-role="footer">
    <h1>底部菜单栏</h1>
  </div>
</div>
<script>
$(window).on("orientationchange", function (e) {
```

```
        if (e.orientation == 'portrait') {
            $("[data-role='main']").html("设备是纵向的");
            $("[data-role='page']").css("background", "blue");
        }else if (e.orientation == 'landscape') {
            $("[data-role='main']").html("设备是横向的");
            $("[data-role='page']").css("background", "yellow");
        }
    });
</script>
</body>
</html>
```

2. orientation 属性

jQuery Mobile 中还直接为 window 对象绑定了一个 orientation 属性，这个属性可以在任何位置直接获取到当前设备的方向状态。window.orientation 属性值有三种返回值。当设备是纵向朝向的时候，window.orientation 属性值返回 0；当顺时针转动屏幕 90 度时，window.orientation 属性值返回 90；当逆时针转动屏幕 90 度时，window.orientation 属性值返回-90 度。

24.3.5 屏幕滚动事件

当用户使用手指滑动屏幕，进行屏幕滚动时，可以触发相应的滚动事件。在 jQuery Mobile 中，scrollstart 事件在屏幕开始滚动时触发，scrollstop 事件在屏幕结束滚动时触发。屏幕滚动可以监听用户在屏幕上的滚动事件，这在一些新闻客户端等浏览类的移动应用中很常用。开发者可以使用这个事件来监听用户在界面上的浏览情况。例如，判断用户浏览一部分新闻内容所花的时间，可以使用滚动相关事件来获取滚动持续的时间。

下面使用 scrollstart 事件和 scrollstop 事件在浏览器滑动的时候改变界面样式。

【示例】

```
<!DOCTYPE>
<html>
<head>
<meta charSet = "utf-8" />
<meta name = "viewport" content = "width = device-width, initial-scale = 1, maximum-scale = 1"/>
<script src = "http://code.jquery.com/jquery-1.8.0.min.js"></script>
<script src = "http://code.jquery.com/mobile/1.4.5/jquery.mobile- 1.4.5.min.js"></script>
<link rel = "stylesheet" href = "http://code.jquery.com/mobile/1.4.5/ jquery.mobile-1.4.5.min.css">
<style type = "text/css">
</style>
</head>
<body>
<div data-role = "page">
    <div data-role = "header">
        <h1>页面头部</h1>
    </div>
```

```
        <div data-role = "main">
            页面主体部分
        </div>
        <div data-role = "footer">
            <h1>底部菜单栏</h1>
        </div>
    </div>
    <script>
    $(document).on("scrollstart", function () {
        $("[data-role = 'page']").css("background", "blue");
    });
    $(document).on("scrollstop", function () {
        $("[data-role = 'page']").css("background", "yellow");
    });
    </script>
    </body>
    </html>
```

24.3.6 页面事件

页面事件是 jQuery Mobile 中封装的另一类事件。这些事件往往发生在页面之间的切换、过渡、页面初始化等上。页面事件的用处很广泛，因为它和页面的加载展现息息相关。下面对 jQuery Mobile 中的四类页面事件进行介绍。

1. 页面初始化相关事件

在 jQuery Mobile 中，一个界面在展现给用户之前需要先进行界面的初始化。界面在初始化的过程中会触发三种事件，如表 24-1 所示。

表 24-1 界面初始化事件

事 件	说 明
pagebeforecreate	当页面即将初始化，并且在 jQuery Mobile 已开始增强页面之前触发该事件
pagecreate	当页面已创建，但增强完成之前触发该事件
pageinit	当页面已初始化，并且在 jQuery Mobile 已完成页面增强之后触发该事件

2. 页面加载相关事件

界面在加载过程中会触发两种事件，如表 24-2 所示。

表 24-2 界面加载事件

事 件	说 明
pagebeforeload	在任何页面加载请求做出之前触发
pageload	在页面已成功加载并插入 DOM 后触发

如果界面加载失败，则会触发表 24-3 中的事件。

表 24-3 界面加载失败事件

事 件	说 明
pageloadfailed	如果页面加载请求失败，就触发该事件，默认显示 "Error Loading Page"消息

3. 页面过渡相关事件

在界面之间过渡时，可能会触发表 24-4 中的事件。

表 24-4 界面过渡事件

事 件	说 明
pagebeforeshow	在“去的”页面触发，在过渡动画开始前
pageshow	在“去的”页面触发，在过渡动画完成后
pagebeforehide	在“来的”页面触发，在过渡动画开始前
pagehide	在“来的”页面触发，在过渡动画完成后

4. 页面变化相关事件

界面发生变化时，可能会触发表 24-5 中的事件。

表 24-5 界面变化事件

事 件	说 明
pagebeforechange	在页面变化周期内触发两次：任意页面加载或过渡之前触发一次；接下来在页面成功完成加载后，但是在浏览器历史记录被导航进程修改之前触发一次
pagechange	在 changePage()请求已完成将页面载入 DOM 并且所有页面过渡动画已完成后触发
pagechangefailed	当 changePage()请求对页面的加载失败时触发

第 25 章

jQuery Mobile 表单

本章内容要点：

❋ jQuery Mobile 中表单的基本结构

在 jQuery Mobile 中，针对开发者最常用的表单提供了样式和功能上的封装，jQuery Mobile 会自动为表单添加一些适用于移动设备的样式，极大地减少了在样式上进行开发的工作量。本章将介绍 jQuery Mobile 中表单的基本使用方法。

25.1 jQuery Mobile 中表单的基本结构

jQuery Mobile 中的表单结构和一般的 HTML 结构类似。下面给出一个典型的 jQuery Mobile 表单结构。

【示例】

```
<!DOCTYPE>
<html>
<head>
<meta charSet = "utf-8" />
<meta name = "viewport" content = "width = device-width, initial-scale = 1, maximum-scale = 1" />
<script src = "http://code.jquery.com/jquery-1.8.0.min.js"></script>
<script src = "http://code.jquery.com/mobile/1.4.5/jquery.mobile- 1.4.5.min.js"></script>
<link rel = "stylesheet" href = "http://code.jquery.com/mobile/1.4.5/ jquery.mobile-1.4.5.min.css">
<style type = "text/css">
```

```
</style>
</head>
<body>
<div data-role = "page">
  <div data-role = "header">
    <h1>页面头部</h1>
  </div>
  <div data-role = "main">
    <form method = "post" action = "do">
      <label for = "username">姓名:</label>
      <input type = "text" name = "username" id = "username">
      <label for = "age">年龄:</label>
      <input type = "text" name = "age" id = "age">
      <input type = "submit" data-inline = "true" value = "提交">
    </form>
  </div>
  <div data-role = "footer">
    <h1>底部菜单栏</h1>
  </div>
</div>
<script>
</script>
</body>
</html>
```

在 jQuery Mobile 中，所有表单元素包含在一个 form 标签中，必须为 form 标签指定 method 属性和 action 属性来表示数据提交的方式和提交路径。每一个表单元素都包括一个 label 标签和一个 input 标签，二者称为一组表单项。最后，可能还要设定一个提交按钮，用来提交表单，这和一般的 HTML 表单结构类似。jQuery Mobile 自动为这些表单添加了适应于移动端的 CSS 样式，效果如图 25-1 所示。

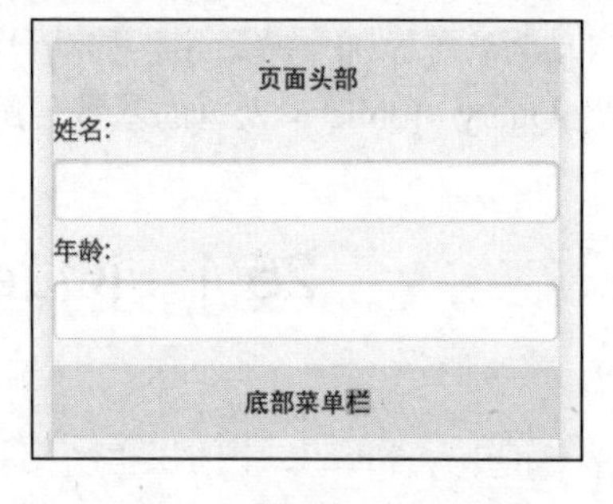

图 25-1

25.2 表单样式

25.2.1 隐藏标签内容

在移动开发的更多情况下，不希望使用 label 标签中的文字，而是使用输入框内部的提示信息来表示不同输入框输入的内容，这样更加美观。可以为 label 标签指定 ui-hidden-accessible 类，隐藏标签内容。同时，可以使用 HTML 中的 placeholder 属性来设定输入框的提示信息。

【示例】

```
<!DOCTYPE>
<html>
<head>
<meta charSet = "utf-8" />
<meta name = "viewport" content = "width = device-width, initial-scale = 1, maximum-scale = 1" />
<script src = "http://code.jquery.com/jquery-1.8.0.min.js"></script>
<script src = "http://code.jquery.com/mobile/1.4.5/jquery.mobile-1.4.5.min.js"></script>
<link rel = "stylesheet" href = "http://code.jquery.com/mobile/1.4.5/jquery.mobile-1.4.5.min.css">
<style type = "text/css">
</style>
</head>
<body>
<div data-role = "page">
  <div data-role = "header">
    <h1>页面头部</h1>
  </div>
  <div data-role = "main">
    <form method = "post" action = "do">
      <label for = "username" class = "ui-hidden-accessible">姓名:</label>
      <input type = "text" name = "username" id = "username" placeholder = "请输入姓名">
      <label for = "age" class = "ui-hidden-accessible">年龄:</label>
      <input type = "text" name = "age" id = "age" placeholder = "请输入年龄">
      <input type = "submit" data-inline = "true" value = "提交">
    </form>
  </div>
  <div data-role = "footer">
    <h1>底部菜单栏</h1>
  </div>
</div>
<script>
</script>
</body>
</html>
```

效果如图 25-2 所示。

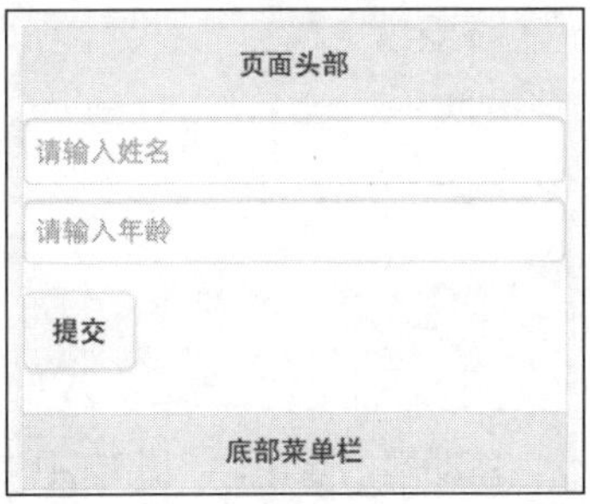

图 25-2

25.2.2 为输入框添加小图标

为表单添加图标很简单，使用之前介绍的 data-icon 完成。下面使用 data-icon 为表单添加一些对应的图标。

【示例】

```
<!DOCTYPE>
<html>
<head>
<meta charSet = "utf-8" />
<meta name = "viewport" content = "width = device-width, initial-scale = 1, maximum-scale = 1" />
<script src = "http://code.jquery.com/jquery-1.8.0.min.js"></script>
<script src = "http://code.jquery.com/mobile/1.4.5/jquery.mobile- 1.4.5.min.js"></script>
<link rel = "stylesheet" href = "http://code.jquery.com/mobile/1.4.5/ jquery.mobile-1.4.5.min.css">
<style type = "text/css">
</style>
</head>
<body>
<div data-role = "page">
  <div data-role = "header">
    <h1>页面头部</h1>
  </div>
  <div data-role = "main">
    <form method = "post" action = "do">
      <label for = "username" class = "ui-hidden-accessible">姓名:</label>
      <input type = "text" name = "username" id = "username" placeholder = "请输入姓名" data-icon =
"edit" data-iconpos="left">
      <label for = "age" class = "ui-hidden-accessible">年龄:</label>
      <input type = "text" name = "age" id = "age" placeholder = "请输入年龄" data-icon = "comment"
data-iconpos="left">
      <input type = "submit" data-inline = "true" value = "提交">
    </form>
  </div>
  <div data-role = "footer">
    <h1>底部菜单栏</h1>
  </div>
</div>
<script>
</script>
</body>
</html>
```

25.3 表单的种类

移动端的表单输入框有很多种，下面对常用的表单输入框进行介绍。

25.3.1　搜索框

如果想定义一个搜索框，可以直接使用 HTML5 中的 search 类型 input 标签，jQuery Mobile 会自动为定义的这种输入框指定搜索框的样式，包括图标等。

【示例】

```
<!DOCTYPE>
<html>
<head>
<meta charSet = "utf-8" />
<meta name = "viewport" content = "width = device-width, initial-scale = 1, maximum-scale = 1" />
<script src = "http://code.jquery.com/jquery-1.8.0.min.js"></script>
<script src = "http://code.jquery.com/mobile/1.4.5/jquery.mobile- 1.4.5.min.js"></script>
<link rel = "stylesheet" href = "http://code.jquery.com/mobile/1.4.5/ jquery.mobile-1.4.5.min.css">
<style type = "text/css">
</style>
</head>
<body>
<div data-role = "page">
  <div data-role = "header">
    <h1>页面头部</h1>
  </div>
  <div data-role = "main">
    <form method = "post" action = "do">
      <label for = "sear" class = "ui-hidden-accessible">搜索:</label>
      <input type = "search" name = "sear" id = "sear" placeholder = "请输入搜索内容" />
      <input type = "submit" data-inline = "true" value = "提交">
    </form>
  </div>
  <div data-role = "footer">
    <h1>底部菜单栏</h1>
  </div>
</div>
<script>
</script>
</body>
</html>
```

效果如图 25-3 所示。

可以看到，我们没有为这个输入框指定任何样式，jQuery Mobile 自动为搜索类型的输入框添加了小图标。

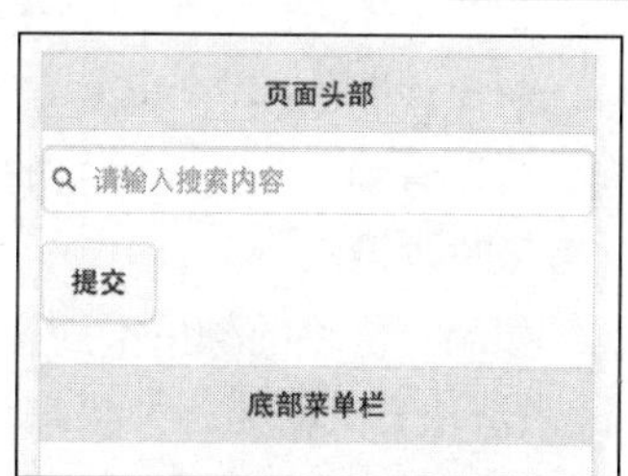

图 25-3

25.3.2　滑块输入

滑块输入是移动端比较常见的输入框，单击滑块输入会从一个状态切换为另一个状态。jQuery Mobile 中提供了这种滑块输入框，要想将一个 input 标签设定为滑块输入框，就需要将这个 input 标签的 type 属性设置为 checkbox，并且设定 data-role 属性值为 flipswitch。

默认情况下，显示的两种状态的文本内容为 On 和 Off，要想改变提示文本，可以分别对 data-on-text 属性和 data-off-text 属性进行设定。

【示例】

```
<!DOCTYPE>
<html>
<head>
<meta charSet = "utf-8" />
<meta name = "viewport" content = "width = device-width, initial-scale = 1, maximum-scale = 1" />
<script src = "http://code.jquery.com/jquery-1.8.0.min.js"></script>
<script src = "http://code.jquery.com/mobile/1.4.5/jquery.mobile- 1.4.5.min.js"></script>
<link rel = "stylesheet" href = "http://code.jquery.com/mobile/1.4.5/ jquery.mobile-1.4.5.min.css">
<style type = "text/css">
</style>
</head>
<body>
<div data-role = "page">
  <div data-role = "header">
    <h1>页面头部</h1>
  </div>
  <div data-role = "main">
    <form method = "post" action = "do">
      <label for = "switch">上线提醒功能</label>
      <input type = "checkbox" data-role = "flipswitch" name = "switch" id = "switch" data-on-text = "打开
" data-off-text = "关闭">
    </form>
  </div>
  <div data-role = "footer">
    <h1>底部菜单栏</h1>
  </div>
</div>
<script>
</script>
</body>
</html>
```

效果如图 25-4 所示。

可以看到，指定为滑块的 input 标签，会有和原生应用上的滑块相同的效果。

如果对滑块的颜色不满意，可以自行修改。查看 Chrome 控制台，当滑块开关变为打开状态时，jQuery Mobile 其实是为这个 input 标签添加了 ui-flipswitch-active 类，在这个类上进行了颜色的设定。

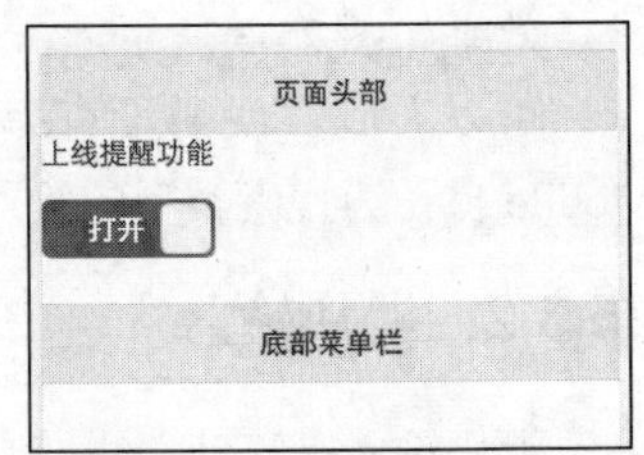

图 25-4

因此，如果想修改开启状态的颜色，可以直接利用选择器叠加优先级的原理进行设定。

【示例】

```
<!DOCTYPE>
<html>
<head>
<meta charSet = "utf-8" />
<meta name = "viewport" content = "width = device-width, initial-scale = 1, maximum-scale = 1" />
<script src = "http://code.jquery.com/jquery-1.8.0.min.js"></script>
<script src = "http://code.jquery.com/mobile/1.4.5/jquery.mobile- 1.4.5.min.js"></script>
<link rel = "stylesheet" href = "http://code.jquery.com/mobile/1.4.5/ jquery.mobile-1.4.5.min.css">
<style type = "text/css">
.mainForm .ui-flipswitch-active{
  background-color: green;
}
</style>
</head>
<body>
<div data-role = "page">
  <div data-role = "header">
    <h1>页面头部</h1>
  </div>
  <div data-role = "main">
    <form method = "post" action = "do" class = "mainForm">
      <label for = "switch">上线提醒功能</label>
      <input type = "checkbox" data-role = "flipswitch" name = "switch" id = "switch" data-on-text = "打开
" data-off-text = "关闭">
    </form>
  </div>
  <div data-role = "footer">
    <h1>底部菜单栏</h1>
  </div>
</div>
<script>
</script>
</body>
</html>
```

效果如图 25-5 所示。

其他的样式，也可以使用同样的方式进行设定。

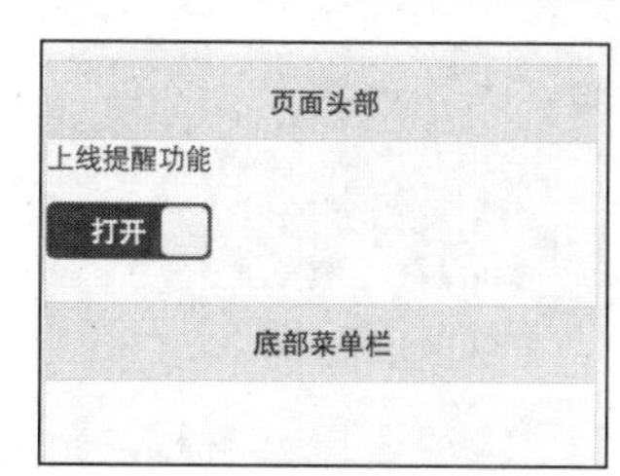

图 25-5

25.3.3 单选框和复选框

jQuery Mobile 中的单选框和复选框的定义方式和 HTML 类似，单选框对应的 input 标签 type 属性值为 radio，复选框对应的 input 标签 type 属性值为 checkbox。不同的是，jQuery Mobile 需要使用 fieldset 将单选框或者复选框包围起来，并且指定 data-role 属性为 controlgroup，表明其内部的内容为一组选择框。

【示例】 单选框的定义

```
<!DOCTYPE>
<html>
<head>
<meta charSet = "utf-8" />
<meta name = "viewport" content = "width = device-width, initial-scale = 1, maximum-scale = 1" />
<script src = "http://code.jquery.com/jquery-1.8.0.min.js"></script>
<script src = "http://code.jquery.com/mobile/1.4.5/jquery.mobile- 1.4.5.min.js"></script>
<link rel = "stylesheet" href = "http://code.jquery.com/mobile/1.4.5/ jquery.mobile-1.4.5.min.css">
<style type = "text/css">
.mainForm .ui-flipswitch-active{
  background-color: green;
}
</style>
</head>
<body>
<div data-role = "page">
  <div data-role = "header">
    <h1>页面头部</h1>
  </div>
  <div data-role = "main">
    <form method = "post" action = "do">
      <fieldset data-role = "controlgroup">
        <legend>选择性别</legend>
        <label for = "male">男</label>
        <input type = "radio" name = "gender" id = "male" value = "male">
        <label for = "female">女</label>
        <input type = "radio" name = "gender" id = "female" value = "female">
      </fieldset>
    </form>
  </div>
  <div data-role = "footer">
    <h1>底部菜单栏</h1>
  </div>
</div>
<script>
</script>
</body>
</html>
```

【示例】 多选框的定义

```
<!DOCTYPE>
<html>
```

```
<head>
<meta charSet = "utf-8" />
<meta name = "viewport" content = "width = device-width, initial-scale = 1, maximum-scale = 1" />
<script src = "http://code.jquery.com/jquery-1.8.0.min.js"></script>
<script src = "http://code.jquery.com/mobile/1.4.5/jquery.mobile- 1.4.5.min.js"></script>
<link rel = "stylesheet" href = "http://code.jquery.com/mobile/1.4.5/ jquery.mobile-1.4.5.min.css">
<style type = "text/css">
.mainForm .ui-flipswitch-active{
  background-color: green;
}
</style>
</head>
<body>
<div data-role = "page">
  <div data-role = "header">
    <h1>页面头部</h1>
  </div>
  <div data-role = "main">
    <form method = "post" action = "do">
      <fieldset data-role = "controlgroup">
        <legend>选择您要购买的水果</legend>
        <label for = "apple">苹果</label>
        <input type = "checkbox" name = "favcolor" id = "apple" value = "apple">
        <label for = "banana">香蕉</label>
        <input type = "checkbox" name = "favcolor" id = "banana" value = "banana">
        <label for = "orange">橙子</label>
        <input type = "checkbox" name = "favcolor" id = "orange" value = "orange">
      </fieldset>
    </form>
  </div>
  <div data-role = "footer">
    <h1>底部菜单栏</h1>
  </div>
</div>
<script>
</script>
</body>
</html>
```

第 26 章

jQuery Mobile 列表

本章内容要点：

※ 列表的制定

列表是移动端应用中一个十分常用的组件。在移动端应用中，列表一般用来陈列应用的功能，或者进行消息显示。在常用的聊天软件 QQ、微信等即时聊天工具中，主页面的聊天部分就是由列表组成的。本章将介绍列表的使用。

26.1 简单列表

在 jQuery Mobile 中，提供了一个列表组件 list。初始化一个列表项目的方法是，为一个 ul 标签或者 ol 标签设置 data-role 属性值为 listview。这样，这个 ul 或者 ol 元素就变成了一个列表容器，其内部的列表项就是 jQuery Mobile 中的一个个列表项目。

下面的示例制定了一个基本的 jQuery Mobile 列表。

【示例】

```
<!DOCTYPE>
<html>
<head>
<meta charSet = "utf-8" />
<meta name = "viewport" content = "width = device-width, initial-scale = 1, maximum-scale = 1" />
<script src = "http://code.jquery.com/jquery-1.8.0.min.js"></script>
<script src = "http://code.jquery.com/mobile/1.4.5/jquery.mobile- 1.4.5.min.js"></script>
```

```
<link rel = "stylesheet" href = "http://code.jquery.com/mobile/1.4.5/ jquery.mobile-1.4.5.min.css">
<style type = "text/css">
</style>
</head>
<body>
<div data-role = "page">
  <div data-role = "header">
    <h1>页面头部</h1>
  </div>
  <div data-role = "main">
    <ul data-role = "listview">
      <li>
        <a href = "#links">我是列表中的项目</a>
      </li>
      <li>
        <a href = "#links">我是列表中的项目</a>
      </li>
      <li>
        <a href = "#links">我是列表中的项目</a>
      </li>
    </ul>
  </div>
  <div data-role = "footer">
    <h1>底部菜单栏</h1>
  </div>
</div>
<script>
</script>
</body>
</html>
```

效果如图 26-1 所示。

上面就是 jQuery Mobile 声明的列表的基本样式。

有的列表内容比较多，需要按照层次显示。jQuery Mobile 中提供了列表分割组件 list-divider，被设置了 data-role 为 list-divider 的 li 标签会表现为列表分割部分的不同样式。

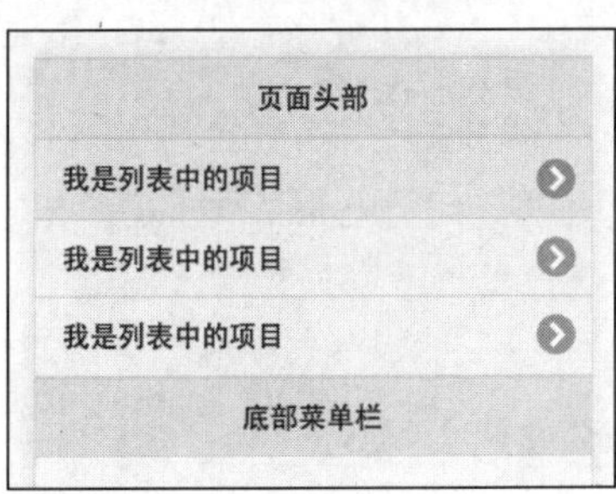

图 26-1

【示例】

```
<!DOCTYPE>
<html>
<head>
<meta charSet = "utf-8" />
```

```
<meta name = "viewport" content = "width = device-width, initial-scale = 1, maximum-scale = 1" />
<script src = "http://code.jquery.com/jquery-1.8.0.min.js"></script>
<script src = "http://code.jquery.com/mobile/1.4.5/jquery.mobile- 1.4.5.min.js"></script>
<link rel = "stylesheet" href = "http://code.jquery.com/mobile/1.4.5/ jquery.mobile-1.4.5.min.css">
<style type = "text/css">
</style>
</head>
<body>
<div data-role = "page">
  <div data-role = "header">
    <h1>页面头部</h1>
  </div>
  <div data-role = "main">
    <ul data-role = "listview">
      <li data-role = "list-divider">
        项目一
      </li>
      <li>
        <a href = "#links">我是列表中的项目</a>
      </li>
      <li>
        <a href = "#links">我是列表中的项目</a>
      </li>
      <li>
        <a href = "#links">我是列表中的项目</a>
      </li>
      <li data-role = "list-divider">
        项目二
      </li>
      <li>
        <a href = "#links">我是列表中的项目</a>
      </li>
      <li>
        <a href = "#links">我是列表中的项目</a>
      </li>
      <li>
        <a href = "#links">我是列表中的项目</a>
      </li>
    </ul>
  </div>
  <div data-role = "footer">
    <h1>底部菜单栏</h1>
  </div>
</div>
<script>
```

```
</script>
</body>
</html>
```

效果如图 26-2 所示。

默认情况下，每一个列表项目右侧的图标都是右箭头。这个图标可以通过 data-icon 属性进行设置，为 li 标签设定 data-icon 属性。如果将 data-icon 属性设置为 false，那么右侧不会出现小图标。下面为列表项设置不同的图标。

【示例】

```
<!DOCTYPE>
<html>
<head>
<meta charSet = "utf-8" />
<meta name = "viewport" content = "width = device-width, initial-scale = 1, maximum-scale = 1" />
<script src = "http://code.jquery.com/jquery-1.8.0.min.js"></script>
<script src = "http://code.jquery.com/mobile/1.4.5/jquery.mobile- 1.4.5.min.js"></script>
<link rel = "stylesheet" href = "http://code.jquery.com/mobile/1.4.5/ jquery.mobile-1.4.5.min.css">
<style type = "text/css">
</style>
</head>
<body>
<div data-role = "page">
  <div data-role = "header">
    <h1>页面头部</h1>
  </div>
  <div data-role = "main">
    <ul data-role = "listview">
      <li data-role = "list-divider">
        项目一
      </li>
      <li data-icon = "comment">
        <a href = "#links">我是列表中的项目</a>
      </li>
      <li data-icon = "check">
        <a href = "#links">我是列表中的项目</a>
      </li>
      <li data-icon = "eye">
        <a href = "#links">我是列表中的项目</a>
      </li>
      <li data-role = "list-divider">
        项目二
      </li>
      <li data-icon = "heart">
        <a href = "#links">我是列表中的项目</a>
```

```
            </li>
            <li data-icon = "home">
              <a href = "#links">我是列表中的项目</a>
            </li>
            <li data-icon = false>
              <a href = "#links">我是列表中的项目</a>
            </li>
          </ul>
        </div>
        <div data-role = "footer">
          <h1>底部菜单栏</h1>
        </div>
      </div>
      <script>
      </script>
      </body>
      </html>
```

效果如图 26-3 所示。

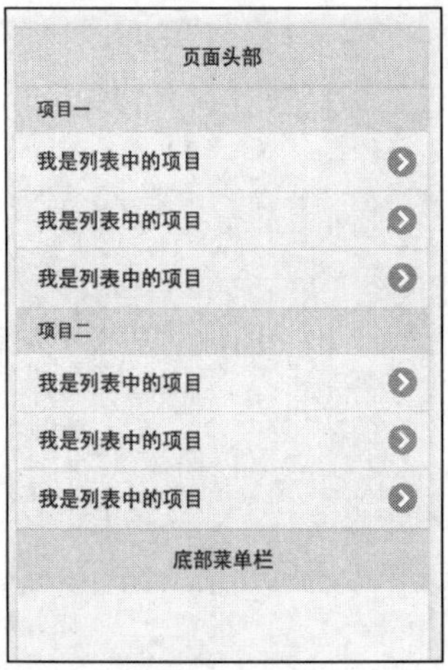

图 26-2

图 26-3

26.2 复杂样式的列表

上面展现的列表效果都比较简单，如果开发者想实现类似微信、QQ 等聊天的列表效果，还需要学习一些 jQuery Mobile 列表的其他功能。

26.2.1 气泡数字

在聊天软件中，如果有人发来一些消息，没有及时阅读，就会在列表项目的右侧出现气泡提示数字，以显示有多少条未读消息。jQuery Mobile 也提供了这种提示效果功能，可以直接使用。

如果希望在某一个列表中添加这种气泡数字的效果，可以在 li 标签中添加 span 标签，并为其指定 ul-li-count 类，这样 span 标签中的数字就会显示成气泡效果了。

【示例】

```
<!DOCTYPE>
<html>
<head>
<meta charSet = "utf-8" />
<meta name = "viewport" content = "width = device-width, initial-scale = 1, maximum-scale = 1" />
<script src = "http://code.jquery.com/jquery-1.8.0.min.js"></script>
<script src = "http://code.jquery.com/mobile/1.4.5/jquery.mobile- 1.4.5.min.js"></script>
<link rel = "stylesheet" href = "http://code.jquery.com/mobile/1.4.5/ jquery.mobile-1.4.5.min.css">
<style type = "text/css">
</style>
</head>
<body>
<div data-role = "page">
  <div data-role = "header">
    <h1>页面头部</h1>
  </div>
  <div data-role = "main">
    <ul data-role = "listview">
      <li data-icon = false>
        <a href = "#links">小张<span class = "ui-li-count">1</span></a>
      </li>
      <li data-icon = false>
        <a href = "#links">小李<span class = "ui-li-count">13</span></a>
      </li>
      <li data-icon = false>
        <a href = "#links">未知消息<span class = "ui-li-count">99+</span></a>
      </li>
    </ul>
  </div>
  <div data-role = "footer">
    <h1>底部菜单栏</h1>
  </div>
</div>
<script>
</script>
</body>
</html>
```

效果如图 26-4 所示。

还可以修改这些气泡的样式，下面让这些气泡看起来更像消息提示。

【示例】

```
<!DOCTYPE>
<html>
<head>
<meta charSet = "utf-8" />
<meta name = "viewport" content = "width = device-width, initial-scale = 1, maximum-scale = 1" />
<script src = "http://code.jquery.com/jquery-1.8.0.min.js"></script>
<script src = "http://code.jquery.com/mobile/1.4.5/jquery.mobile-1.4.5.min.js"></script>
<link rel = "stylesheet" href = "http://code.jquery.com/mobile/1.4.5/jquery.mobile-1.4.5.min.css">
<style type = "text/css">
.con .alert {
  background: red;
  color: white;
  border-radius: 20px;
}
</style>
</head>
<body>
<div data-role = "page">
  <div data-role = "header">
    <h1>页面头部</h1>
  </div>
  <div data-role = "main">
    <ul data-role = "listview">
      <li data-icon = false>
        <a href = "#links" class = "con">小张<span class = "alert ui-li-count">1</span></a>
      </li>
      <li data-icon = false>
        <a href = "#links" class = "con">小李<span class = "alert ui-li-count">13</span></a>
      </li>
      <li data-icon = false>
        <a href = "#links" class = "con">未知消息<span class = "ui-li-count">99+</span></a>
      </li>
    </ul>
  </div>
  <div data-role = "footer">
    <h1>底部菜单栏</h1>
  </div>
</div>
<script>
</script>
</body>
</html>
```

效果如图 26-5 所示。

在上面的代码中，修改了气泡的样式，如背景色、圆角等，让它们看起来更像消息提示。这里使用了 CSS 选择器章节中介绍过的优先级叠加处理，这种方式在修改元素样式的时候很常用。如果直接为类设置 CSS 样式，就可能会被框架提供的原有样式覆盖。因此，上面使用了父类选择器加类选择器的方式，为 span 元素的父元素 a 元素添加了辅助类，提高了设置样式的优先级。

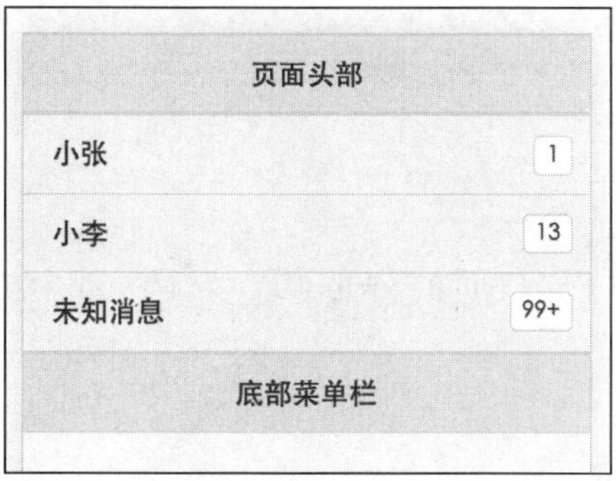

图 26-4

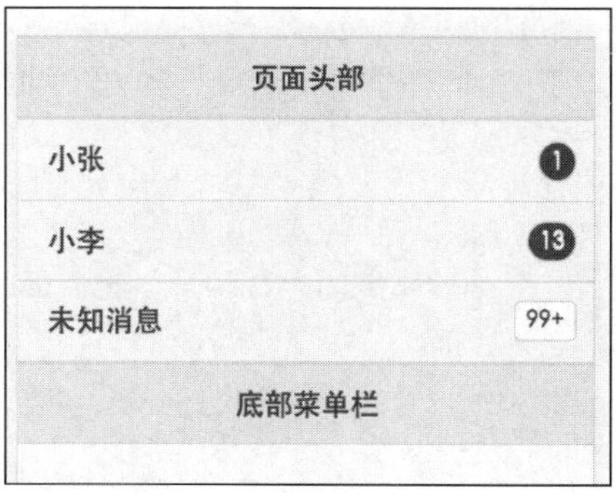

图 26-5

26.2.2 列表图标

在聊天对话框中，左侧会出现用户的头像，这在 jQuery Mobile 中也可以实现，jQuery Mobile 中的 list 组件可以为列表的左侧添加列表图标。继续使用上面的例子，为这些列表添加“用户头像”。

【示例】

```
<!DOCTYPE>
<html>
<head>
<meta charSet = "utf-8" />
<meta name = "viewport" content = "width = device-width, initial-scale = 1, maximum-scale = 1" />
<script src = "http://code.jquery.com/jquery-1.8.0.min.js"></script>
<script src = "http://code.jquery.com/mobile/1.4.5/jquery.mobile- 1.4.5.min.js"></script>
<link rel = "stylesheet" href = "http://code.jquery.com/mobile/1.4.5/ jquery.mobile-1.4.5.min.css">
<style type = "text/css">
.con .alert {
  background: red;
  color: white;
  border-radius: 20px;
}
</style>
</head>
<body>
<div data-role = "page">
  <div data-role = "header">
    <h1>页面头部</h1>
  </div>
```

```
        <div data-role = "main">
            <ul data-role = "listview">
                <li data-icon = false>
                    <a href = "#links" class = "con"><img src = "1.png" alt = "1" class = "ui-li-icon">小张<span class
= "alert ui-li-count">1</span></a>
                </li>
                <li data-icon = false>
                    <a href = "#links" class = "con"><img src = "2.png" alt = "2" class = "ui-li-icon">小李<span class
= "alert ui-li-count">13</span></a>
                </li>
                <li data-icon = false>
                    <a href = "#links" class = "con"><img src = "3.png" alt="3" class = "ui-li-icon">小王<span class =
"ui-li-count">99+</span></a>
                </li>
            </ul>
        </div>
        <div data-role = "footer">
            <h1>底部菜单栏</h1>
        </div>
    </div>
    <script>
    </script>
    </body>
    </html>
```

效果如图 26-6 所示。

现在看上去更像我们使用的聊天列表了。头像的大小也可以自行调整，方法和上面调整气泡的样式类似。需要注意的是，在jQuery Mobile中，列表图标是使用em这个单位进行设定的。如果忘记了 em 单位的含义和使用，可以到前面的相关章节进行查看。

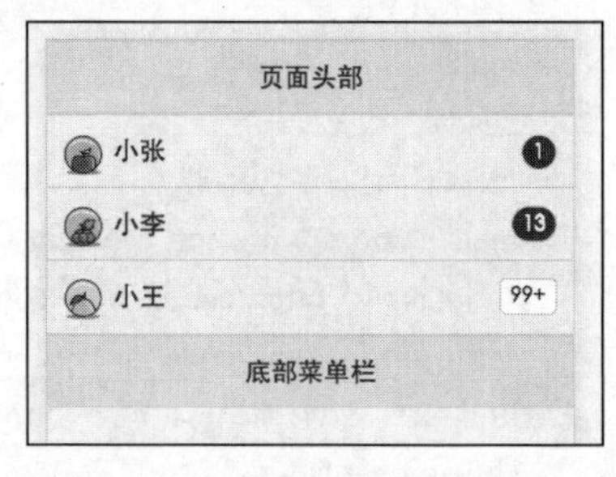

图 26-6

26.2.3 复杂结构的列表

上面的列表和最终的聊天列表还有差距，聊天列表中还会有历史聊天记录等信息，想实现这种功能很简单，只要在 li 标签中使用正常的 HTML 结构即可。下面就来优化一下这个聊天列表。

【示例】

```
<!DOCTYPE>
<html>
<head>
<meta charSet = "utf-8" />
<meta name = "viewport" content = "width = device-width, initial-scale = 1, maximum-scale = 1" />
<script src = "http://code.jquery.com/jquery-1.8.0.min.js"></script>
<script src = "http://code.jquery.com/mobile/1.4.5/jquery.mobile-1.4.5.min.js"></script>
```

```
<link rel = "stylesheet" href = "http://code.jquery.com/mobile/1.4.5/jquery.mobile-1.4.5.min.css">
<style type = "text/css">
.con .alert {
  background: red;
  color: white;
  border-radius: 20px;
}
.ui-listview > .ui-li-has-icon > .ui-btn > img:first-child{
  left: 0.3em;
  top: 1.5em;
  max-height: 2em;
  max-width: 2em;
}
</style>
</head>
<body>
<div data-role = "page">
  <div data-role = "header">
    <h1>页面头部</h1>
  </div>
  <div data-role = "main">
    <ul data-role = "listview">
      <li data-icon = false>
        <a href = "#links" class = "con">
          <img src = "1.png" alt = "1" class = "ui-li-icon icon-bg">
          <h2>小张</h2>
          <p>在么？？？</p>
        </a>
      </li>
      <li data-icon = false>
        <a href = "#links" class = "con">
          <img src = "2.png" alt = "2" class = "ui-li-icon icon-bg">
          <h2>小李</h2>
          <p>什么时候开始上班</p>
          <span class = "alert ui-li-count">13</span>
        </a>
      </li>
      <li data-icon = false>
        <a href = "#links" class = "con">
          <img src = "3.png" alt = "3" class = "ui-li-icon icon-bg">
          <h2>小王</h2>
          <p>在不在</p>
          <span class = "alert ui-li-count">99+</span>
        </a>
      </li>
```

```
        </ul>
    </div>
    <div data-role = "footer">
        <h1>底部菜单栏</h1>
    </div>
</div>
<script>
</script>
</body>
</html>
```

效果如图 26-7 所示。

图 26-7

26.2.4 为列表添加功能

可以为每一个列表项添加功能。例如，在上面的例子中，为每个列表添加一个跳转页面，单击跳转到对应的聊天详情页。这可以通过 a 标签的 href 属性值进行设定，将 a 标签的 href 属性指向某一个 page 对应的 id 值。

【示例】

```
<!DOCTYPE>
<html>
<head>
<meta charSet = "utf-8" />
<meta name = "viewport" content = "width = device-width, initial-scale = 1, maximum-scale = 1" />
<script src = "http://code.jquery.com/jquery-1.8.0.min.js"></script>
<script src = "http://code.jquery.com/mobile/1.4.5/jquery.mobile- 1.4.5.min.js"></script>
<link rel = "stylesheet" href = "http://code.jquery.com/mobile/1.4.5/ jquery.mobile-1.4.5.min.css">
<style type = "text/css">
.con .alert {
    background: red;
    color: white;
    border-radius: 20px;
```

```
}
.ui-listview > .ui-li-has-icon > .ui-btn > img:first-child{
  left: 0.3em;
  top: 1.5em;
  max-height: 2em;
  max-width: 2em;
}
</style>
</head>
<body>
<div data-role = "page">
  <div data-role = "header">
    <h1>页面头部</h1>
  </div>
  <div data-role = "main">
    <ul data-role = "listview">
      <li data-icon = false>
        <a href = "#xiaozhang" class = "con">
          <img src = "1.png" alt = "1" class = "ui-li-icon icon-bg">
          <h2 style = "margin-left: 1em;">小张</h2>
          <p style = "margin-left: 1.4em;">在么？？？</p>
        </a>
      </li>
      <li data-icon = false>
        <a href = "#links" class = "con">
          <img src = "2.png" alt = "2" class = "ui-li-icon icon-bg">
          <h2 style = "margin-left: 1em;">小李</h2>
          <p style = "margin-left: 1.4em;">什么时候开始上班</p>
          <span class = "alert ui-li-count">13</span>
        </a>
      </li>
      <li data-icon = false>
        <a href = "#links" class = "con">
          <img src = "3.png" alt = "3" class = "ui-li-icon icon-bg">
          <h2 style = "margin-left: 1em;">小王</h2>
          <p style = "margin-left: 1.4em;">在不在</p>
          <span class = "alert ui-li-count">99+</span>
        </a>
      </li>
    </ul>
  </div>
  <div data-role = "footer">
    <h1>底部菜单栏</h1>
  </div>
</div>
```

```
<div data-role = "page" id = "xiaozhang">
   <div data-role = "main">和小李的聊天记录</div>
</div>
<script>
</script>
</body>
</html>
```

每一个列表项还可以进行分割。分割的原理是在一个列表项目 li 标签内定义多个 a 标签，这样就可以实现列表项目的功能划分，每一个 a 标签会对应一个功能。如果定义了两个 a 标签，jQuery Mobile 就会自动为我们在列表项右侧添加一个分割块，单击这个分割块会对应另一个功能。下面就为之前例子中的某一个列表项添加分割功能。

【示例】

```
<!DOCTYPE>
<html>
<head>
<meta charSet = "utf-8" />
<meta name = "viewport" content = "width = device-width, initial-scale = 1, maximum-scale = 1" />
<script src = "http://code.jquery.com/jquery-1.8.0.min.js"></script>
<script src = "http://code.jquery.com/mobile/1.4.5/jquery.mobile- 1.4.5.min.js"></script>
<link rel = "stylesheet" href = "http://code.jquery.com/mobile/1.4.5/ jquery.mobile-1.4.5.min.css">
<style type = "text/css">
.con .alert {
   background: red;
   color: white;
   border-radius: 20px;
}
.ui-listview > .ui-li-has-icon > .ui-btn > img:first-child{
   left: 0.3em;
   top: 1.5em;
   max-height: 2em;
   max-width: 2em;
}
</style>
</head>
<body>
<div data-role = "page">
   <div data-role = "header">
      <h1>页面头部</h1>
   </div>
   <div data-role = "main">
      <ul data-role = "listview">
         <li data-icon = false>
            <a href = "#xiaozhang" class = "con">
```

```
            <img src = "1.png" alt = "1" class = "ui-li-icon icon-bg">
            <h2 style = "margin-left: 1em;">小张</h2>
            <p style = "margin-left: 1.4em;">在么？？？</p>
          </a>
        </li>
        <li data-icon = false>
          <a href = "#links" class = "con">
            <img src = "2.png" alt = "2" class = "ui-li-icon icon-bg">
            <h2 style = "margin-left: 1em;">小李</h2>
            <p style = "margin-left: 1.4em;">什么时候开始上班😂</p>
            <span class = "alert ui-li-count">13</span>
          </a>
          <a href = "#">其他功能</a>
        </li>
        <li data-icon = false>
          <a href = "#links" class = "con">
            <img src = "3.png" alt = "3" class = "ui-li-icon icon-bg">
            <h2 style = "margin-left: 1em;">小王</h2>
            <p style = "margin-left: 1.4em;">在不在</p>
            <span class = "alert ui-li-count">99+</span>
          </a>
        </li>
      </ul>
    </div>
    <div data-role = "footer">
      <h1>底部菜单栏</h1>
    </div>
  </div>
  <div data-role = "page" id = "xiaozhang">
    <div data-role = "main">和小李的聊天记录</div>
  </div>
  <script>
  </script>
  </body>
  </html>
```

打开浏览器，效果如图 26-8 所示。

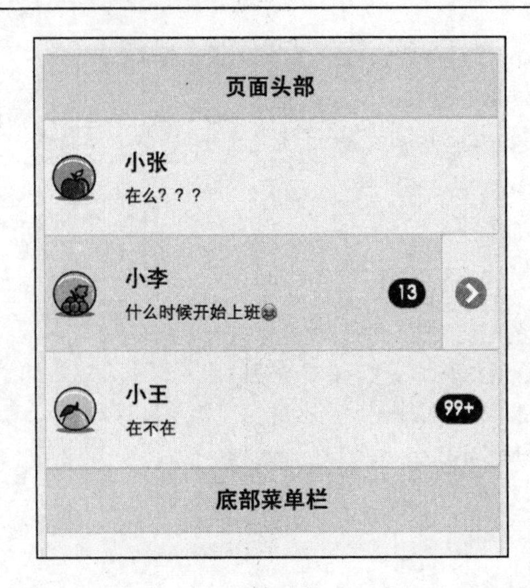

图 26-8

是不是很像 QQ 中手指滑动一个聊天列表时对应展示出的提示框？可以综合之前学过的知识，制作出这个效果。

第 27 章

jQuery Mobile 项目结构

本章内容要点：

- jQuery Mobile 项目结构及页面间的过渡效果

了解了 jQuery Mobile 中各种组件、样式设定、基本功能之后，如何搭建起一个完整的移动 App 应用呢？本章介绍 App 应用程序的项目结构，以帮助大家快速掌握 App 实际项目开发的技能。

27.1 基本结构

之前介绍过，将 data-role 属性值定义为 page，在 jQuery Mobile 中就实例化了一个移动应用界面。其实，在一个 HTML 文档中可以实例化多个 page，从而构成一个应用的不同界面。每一个 page 都需要为其设定一个 id 属性值，这个 id 属性值可以通过 a 标签的 href 进行指定。当单击了对应的 href 时，就会跳转到对应的 page 定义页面。下面给出一个基本的例子。

【示例】

```
<!DOCTYPE>
<html>
<head>
<meta charSet = "utf-8" />
<meta name = "viewport" content = "width = device-width, initial-scale = 1, maximum-scale = 1" />
<script src = "http://code.jquery.com/jquery-1.8.0.min.js"></script>
<script src = "http://code.jquery.com/mobile/1.4.5/jquery.mobile- 1.4.5.min.js"></script>
<link rel = "stylesheet" href = "http://code.jquery.com/mobile/1.4.5/ jquery.mobile-1.4.5.min.css">
```

```
<style type = "text/css">
</style>
</head>
<body>
<div data-role = "page" id="first">
  <div data-role = "header">
    <h1>第一个页面</h1>
  </div>
  <div data-role = "main">
    <a href = "#second">跳转到第二个页面</a>
  </div>
  <div data-role = "footer">
    <h1>底部菜单栏</h1>
  </div>
</div>
<div data-role = "page" id = "second">
  <div data-role = "header">
    <h1>第二个页面</h1>
  </div>
  <div data-role = "main">
    <a href="#first">返回第一个页面</a>
  </div>
  <div data-role = "footer">
    <h1>底部菜单栏</h1>
  </div>
</div>
<script>
</script>
</body>
</html>
```

打开浏览器查看效果，可以看到，当单击两个 a 标签时，会跳转到 a 标签中 href 属性指定的对应界面，而且会附带过渡效果。这就是 jQuery Mobile 中定义一个项目多个界面的方法。

简单总结一下，在 jQuery Mobile 的项目中，所有的界面都定义在一个 HTML 结构中。每个页面用 page 方法指定，其内部的内容就是某一个 page 页面的具体内容。每个 page 之间的内容互不影响。页面之间通过 a 标签的 href 属性指定 id 值，就可以完成界面之间的切换。

由于 jQuery Mobile 中的所有页面都被定义在了一个 HTML 文档中，因此在定义元素 id 的时候一定要不同于这个 HTML 文档中任何其他的 id 值。这是经常容易犯错误的地方。

此外，需要注意界面发生切换时 URL 的变化，单击某一个 a 标签后，URL 会自动在后面添加对应的 id 锚。

27.2 页面间的过渡

在上面的例子中，当单击跳转到其他页面时，可以看到 jQuery Mobile 为页面跳转自定义了动画效果。这个过渡的动画效果也是可以修改的。jQuery Mobile 内置了多重页面间的过渡效果，以供开发者选择。

jQuery Mobile 中提供的这些页面之间切换的过渡效果，都是基于 CSS3 动画的。

27.2.1 淡入过渡——fade

控制过渡效果的属性是 data-transition，这个属性值需要设置在跳转界面对应的 a 标签上。jQuery Mobile 中默认的过渡效果是 fade，是一种淡入淡出的效果。

【示例】

```
<!DOCTYPE>
<html>
<head>
<meta charSet = "utf-8" />
<meta name = "viewport" content = "width = device-width, initial-scale = 1, maximum-scale = 1" />
<script src = "http://code.jquery.com/jquery-1.8.0.min.js"></script>
<script src = "http://code.jquery.com/mobile/1.4.5/jquery.mobile- 1.4.5.min.js"></script>
<link rel = "stylesheet" href = "http://code.jquery.com/mobile/1.4.5/ jquery.mobile-1.4.5.min.css">
<style type = "text/css">
</style>
</head>
<body>
<div data-role = "page" id="first">
  <div data-role = "header">
    <h1>第一个页面</h1>
  </div>
  <div data-role = "main">
    <a href = "#second" data-transition="fade">跳转到第二个页面</a>
  </div>
  <div data-role = "footer">
    <h1>底部菜单栏</h1>
  </div>
</div>
<div data-role = "page" id = "second">
  <div data-role = "header">
    <h1>第二个页面</h1>
  </div>
  <div data-role = "main">
    <a href="#first" data-transition="fade">返回第一个页面</a>
```

```
    </div>
    <div data-role = "footer">
      <h1>底部菜单栏</h1>
    </div>
  </div>
  <script>
  </script>
  </body>
  </html>
```

27.2.2 翻转过渡——flip

将 data-transition 属性值设置为 flip，可以实现翻转的过渡效果。这种效果就像翻书一样，过渡到下一个界面。

【示例】

```
<!DOCTYPE>
<html>
<head>
<meta charSet = "utf-8" />
<meta name = "viewport" content = "width = device-width, initial-scale = 1, maximum-scale = 1" />
<script src = "http://code.jquery.com/jquery-1.8.0.min.js"></script>
<script src = "http://code.jquery.com/mobile/1.4.5/jquery.mobile- 1.4.5.min.js"></script>
<link rel = "stylesheet" href = "http://code.jquery.com/mobile/1.4.5/ jquery.mobile-1.4.5.min.css">
<style type = "text/css">
</style>
</head>
<body>
<div data-role = "page" id="first">
  <div data-role = "header">
    <h1>第一个页面</h1>
  </div>
  <div data-role = "main">
    <a href = "#second" data-transition = "flip">跳转到第二个页面</a>
  </div>
  <div data-role = "footer">
    <h1>底部菜单栏</h1>
  </div>
</div>
<div data-role = "page" id = "second">
  <div data-role = "header">
    <h1>第二个页面</h1>
  </div>
  <div data-role = "main">
    <a href="#first" data-transition="flip">返回第一个页面</a>
```

```
        </div>
        <div data-role = "footer">
            <h1>底部菜单栏</h1>
        </div>
    </div>
    <script>
    </script>
    </body>
    </html>
```

27.2.3 抛出效果——flow

将 data-transition 属性值设置为 flow，可以实现抛出效果。使用抛出效果时，界面会先进行收缩变换，再移出屏幕，转而进入下一个界面。

【示例】

```
<!DOCTYPE>
<html>
<head>
<meta charSet = "utf-8" />
<meta name = "viewport" content = "width = device-width, initial-scale = 1, maximum-scale = 1" />
<script src = "http://code.jquery.com/jquery-1.8.0.min.js"></script>
<script src = "http://code.jquery.com/mobile/1.4.5/jquery.mobile- 1.4.5.min.js"></script>
<link rel = "stylesheet" href = "http://code.jquery.com/mobile/1.4.5/ jquery.mobile-1.4.5.min.css">
<style type = "text/css">
</style>
</head>
<body>
<div data-role = "page" id="first">
    <div data-role = "header">
        <h1>第一个页面</h1>
    </div>
    <div data-role = "main">
        <a href = "#second" data-transition = "flow">跳转到第二个页面</a>
    </div>
    <div data-role = "footer">
        <h1>底部菜单栏</h1>
    </div>
</div>
<div data-role = "page" id = "second">
    <div data-role = "header">
        <h1>第二个页面</h1>
    </div>
    <div data-role = "main">
        <a href="#first" data-transition="flow">返回第一个页面</a>
```

```
    </div>
    <div data-role = "footer">
      <h1>底部菜单栏</h1>
    </div>
</div>
<script>
</script>
</body>
</html>
```

27.2.4 滑动效果——slide

jQuery Mobile 中提供了许多可以实现滑动效果的过渡，这也是移动应用中最常见的页面过渡。关于滑动过渡效果，jQuery Mobile 中提供了如下几种方式：

- slide　从右向左滑动到下一页。
- slidefade　从右向左滑动并淡入到下一页。
- slideup　从下到上滑动到下一页。
- slidedown　从上到下滑动到下一页。

下面给出一个从右向左滑动到下一页的例子。

【示例】

```
<!DOCTYPE>
<html>
<head>
<meta charSet = "utf-8" />
<meta name = "viewport" content = "width = device-width, initial-scale = 1, maximum-scale = 1" />
<script src = "http://code.jquery.com/jquery-1.8.0.min.js"></script>
<script src = "http://code.jquery.com/mobile/1.4.5/jquery.mobile- 1.4.5.min.js"></script>
<link rel = "stylesheet" href = "http://code.jquery.com/mobile/1.4.5/ jquery.mobile-1.4.5.min.css">
<style type = "text/css">
</style>
</head>
<body>
<div data-role = "page" id="first">
    <div data-role = "header">
      <h1>第一个页面</h1>
    </div>
    <div data-role = "main">
      <a href = "#second" data-transition = "slide">跳转到第二个页面</a>
    </div>
    <div data-role = "footer">
      <h1>底部菜单栏</h1>
    </div>
```

```
</div>
<div data-role = "page" id = "second">
  <div data-role = "header">
    <h1>第二个页面</h1>
  </div>
  <div data-role = "main">
    <a href="#first" data-transition="slide">返回第一个页面</a>
  </div>
  <div data-role = "footer">
    <h1>底部菜单栏</h1>
  </div>
</div>
<script>
</script>
</body>
</html>
```

如果想实现从左向右滑动，可以将 data-direction 属性值设定为 reverse，slide 过渡效果就会向着相反的方向进行。

【示例】

```
<!DOCTYPE>
<html>
<head>
<meta charSet = "utf-8" />
<meta name = "viewport" content = "width = device-width, initial-scale = 1, maximum-scale = 1" />
<script src = "http://code.jquery.com/jquery-1.8.0.min.js"></script>
<script src = "http://code.jquery.com/mobile/1.4.5/jquery.mobile- 1.4.5.min.js"></script>
<link rel = "stylesheet" href = "http://code.jquery.com/mobile/1.4.5/ jquery.mobile-1.4.5.min.css">
<style type = "text/css">
</style>
</head>
<body>
<div data-role = "page" id="first">
  <div data-role = "header">
    <h1>第一个页面</h1>
  </div>
  <div data-role = "main">
    <a href = "#second" data-transition = "slide">跳转到第二个页面</a>
  </div>
  <div data-role = "footer">
    <h1>底部菜单栏</h1>
  </div>
</div>
<div data-role = "page" id = "second">
```

```
    <div data-role = "header">
      <h1>第二个页面</h1>
    </div>
    <div data-role = "main">
      <a href="#first" data-transition="slide" data-direction="reverse">返回第一个页面</a>
    </div>
    <div data-role = "footer">
      <h1>底部菜单栏</h1>
    </div>
  </div>
  <script>
  </script>
  </body>
  </html>
```

27.2.5 弹窗效果——pop

将 data-transition 属性设置为 pop，可以实现弹窗式的过渡效果。

【示例】

```
<!DOCTYPE>
<html>
<head>
<meta charSet = "utf-8" />
<meta name = "viewport" content = "width = device-width, initial-scale = 1, maximum-scale = 1" />
<script src = "http://code.jquery.com/jquery-1.8.0.min.js"></script>
<script src = "http://code.jquery.com/mobile/1.4.5/jquery.mobile- 1.4.5.min.js"></script>
<link rel = "stylesheet" href = "http://code.jquery.com/mobile/1.4.5/ jquery.mobile-1.4.5.min.css">
<style type = "text/css">
</style>
</head>
<body>
<div data-role = "page" id="first">
  <div data-role = "header">
    <h1>第一个页面</h1>
  </div>
  <div data-role = "main">
    <a href = "#second" data-transition = "pop">跳转到第二个页面</a>
  </div>
  <div data-role = "footer">
    <h1>底部菜单栏</h1>
  </div>
</div>
<div data-role = "page" id = "second">
  <div data-role = "header">
```

```
        <h1>第二个页面</h1>
    </div>
    <div data-role = "main">
        <a href="#first" data-transition="pop">返回第一个页面</a>
    </div>
    <div data-role = "footer">
        <h1>底部菜单栏</h1>
    </div>
</div>
<script>
</script>
</body>
</html>
```

第 28 章

项目实战：聊天 APP 的开发

本章内容要点：

※ 聊天应用程序开发技术与方法

本项目使用 Web 前端技术，开发了一个类似于 QQ 的聊天应用，可以在 Android、iOS 等移动设备中使用。整个项目包括聊天人列表、聊天详细内容页等部分。使用 jQuery Mobile 作为移动应用开发框架。

28.1 移动界面编写

28.1.1 聊天列表页面框架搭建

使用 jQuery Mobile 搭建一个基本的页面框架。聊天列表页面主要分为三个部分，首先是页面的顶部栏和底部菜单栏，其次是页面的主题列表部分，展示好友聊天列表，最后是一个弹出面板，可以展示弹出其他辅助内容。

整个页面使用 jQuery Mobile 搭建的代码如下：

```
<div data-role = "page">
  <div data-role="panel" id="myPanel">

  </div>
  <div data-role = "header" data-position="fixed">
    <h1>页面头部</h1>
```

```
    </div>
    <div data-role = "main" id="main" class="ui-content">
    </div>
    <div data-role = "footer" data-position="fixed" style="text-align:center;">
    </div>
</div>
```

28.1.2　聊天列表制作

聊天列表的制作使用 jQuery Mobile 中的列表组件，并进行相关样式的设定，HTML 代码如下：

```
<div data-role = "main" id="main" class="ui-content">
  <ul data-role = "listview">
    <li data-icon = false>
      <a href = "#xiaozhang" class = "con" data-transition="slide">
        <img src = "images/1.png" alt = "1" class = "ui-li-icon icon-bg">
        <h2 style = "margin-left: 1em;">小张</h2>
        <p style = "margin-left: 1.4em;">好～</p>
      </a>
      <a class="delete" href = "#" data-icon="delete">删除</a>
    </li>
    <li data-icon = false>
      <a href = "#links" class = "con">
        <img src = "images/2.png" alt = "2" class = "ui-li-icon icon-bg">
        <h2 style = "margin-left: 1em;">小李</h2>
        <p style = "margin-left: 1.4em;">什么时候开始上班😂</p>
        <span class = "alert ui-li-count">13</span>
      </a>
      <a class="delete" href = "#" data-icon="delete">删除</a>
    </li>
    <li data-icon = false>
      <a href = "#links" class = "con">
        <img src = "images/3.png" alt = "3" class = "ui-li-icon icon-bg">
        <h2 style = "margin-left: 1em;">小王</h2>
        <p style = "margin-left: 1.4em;">在不在</p>
        <span class = "alert ui-li-count">2</span>
      </a>
      <a class="delete" href = "#" data-icon="delete">删除</a>
    </li>
    <li data-icon = false>
      <a href = "#links" class = "con">
        <img src = "images/4.png" alt = "3" class = "ui-li-icon icon-bg">
        <h2 style = "margin-left: 1em;">Allen</h2>
        <p style = "margin-left: 1.4em;">拜拜</p>
        <span class = "alert ui-li-count">1</span>
      </a>
```

```
            <a class="delete" href = "#" data-icon="delete">删除</a>
        </li>
        <li data-icon = false>
            <a href = "#links" class = "con">
                <img src = "images/5.png" alt = "3" class = "ui-li-icon icon-bg">
                <h2 style = "margin-left: 1em;">宝宝</h2>
                <p style = "margin-left: 1.4em;">在吗？</p>
            </a>
            <a class="delete" href = "#" data-icon="delete">删除</a>
        </li>
        <li data-icon = false>
            <a href = "#links" class = "con">
                <img src = "images/1.png" alt = "3" class = "ui-li-icon icon-bg">
                <h2 style = "margin-left: 1em;">Web 前端交流群</h2>
                <p style = "margin-left: 1.4em;">怎么使用 JQuery Mobile 开发？</p>
                <span class = "alert ui-li-count">99+</span>
            </a>
            <a class="delete" href = "#" data-icon="delete">删除</a>
        </li>
        <li data-icon = false>
            <a href = "#links" class = "con">
                <img src = "images/1.png" alt = "3" class = "ui-li-icon icon-bg">
                <h2 style = "margin-left: 1em;">移动 Web 开发者群</h2>
                <p style = "margin-left: 1.4em;">推荐一个移动 Web 开发框架</p>
                <span class = "alert ui-li-count">99+</span>
            </a>
            <a class="delete" href = "#" data-icon="delete">删除</a>
        </li>
    </ul>
</div>
```

在上面的代码中，ul 包含着整个聊天列表的内容，每一个 li 表示一个聊天列表项，配合 CSS 编写聊天项的样式。在聊天项中，添加了用户头像、用户昵称、聊天部分内容，以及未读消息，这些都是充分利用 jQuery Mobile 中的列表组件实现的。聊天列表效果如图 28-1 所示。

为了能够让用户单击某一个聊天项目后进入对应的聊天内容页面，可以为每一个聊天列表项添加超链接，从而跳转到对应的聊天详情界面中。

图 28-1

28.1.3 页面头部和底部的编写

页面头部包含应用的标题，并且仿照 QQ 设置一个可以控制弹出面板的按钮。页面头部的 HTML 代码如下：

```
<div data-role = "header" data-position="fixed">
  <h1>页面头部</h1>
  <a href="#myPanel" class="ui-btn ui-btn-inline ui-corner-all ui-shadow">
    <img src = "images/1.png" alt = "1" class = "ui-li-icon icon-bg" style="width:16px;height:16px;">
  </a>
</div>
```

页面底部是菜单，主要列举消息、联系人、动态三个功能，页面底部菜单栏的HTML代码如下：

```
<div data-role = "footer" data-position="fixed" style="text-align:center;">
  <div data-role="controlgroup" data-type="horizontal">
    <a href="#" class="ui-btn-toll ui-btn ui-corner-all ui-shadow ui-icon-comment ui-btn-icon-top">消息
</a>
    <a href="#" class="ui-btn-toll ui-btn ui-corner-all ui-shadow ui-icon-user ui-btn-icon-top">联系人
</a>
    <img src="#" class="ui-btn-toll ui-btn ui-corner-all ui-shadow ui-icon-star ui-btn-icon-top">动态</a>
  </div>
</div>
```

注意页面头部和底部 data-position="fixed"的使用：data-position 的默认值为 inline，设置成 fixed 后，可以让头部和底部固定在页面的固定位置。

完成后的整个聊天列表页面效果如图 28-2 所示。

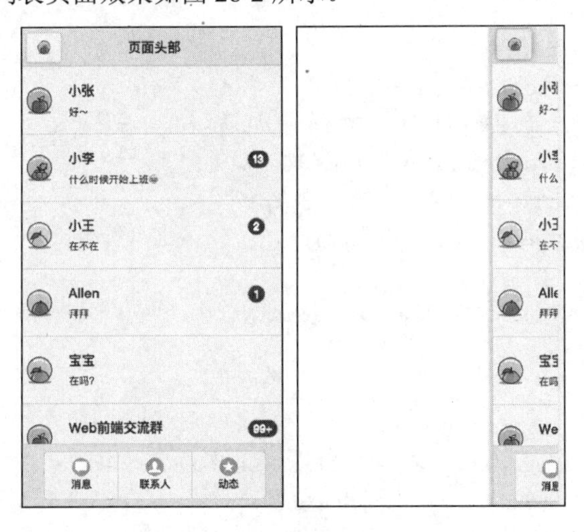

图 28-2

聊天列表页面的整体代码如下：

```
<div data-role = "page">
  <div data-role="panel" id="myPanel">
```

```
</div>
<div data-role = "header" data-position="fixed">
  <h1>页面头部</h1>
  <a href="#myPanel" class="ui-btn ui-btn-inline ui-corner-all ui-shadow">
    <img src = "images/1.png" alt = "1" class = "ui-li-icon icon-bg" style="width:16px;height:16px;">
  </a>
</div>
<div data-role = "main" id="main" class="ui-content">
  <ul data-role = "listview">
    <li data-icon = false>
      <a href = "#xiaozhang" class = "con" data-transition="slide">
        <img src = "images/1.png" alt = "1" class = "ui-li-icon icon-bg">
        <h2 style = "margin-left: 1em;">小张</h2>
        <p style = "margin-left: 1.4em;">好～</p>
      </a>
      <a class="delete" href = "#" data-icon="delete">删除</a>
    </li>
    <li data-icon = false>
      <a href = "#links" class = "con">
        <img src = "images/2.png" alt = "2" class = "ui-li-icon icon-bg">
        <h2 style = "margin-left: 1em;">小李</h2>
        <p style = "margin-left: 1.4em;">什么时候开始上班😂</p>
        <span class = "alert ui-li-count">13</span>
      </a>
      <a class="delete" href = "#" data-icon="delete">删除</a>
    </li>
    <li data-icon = false>
      <a href = "#links" class = "con">
        <img src = "images/3.png" alt = "3" class = "ui-li-icon icon-bg">
        <h2 style = "margin-left: 1em;">小王</h2>
        <p style = "margin-left: 1.4em;">在不在</p>
        <span class = "alert ui-li-count">2</span>
      </a>
      <a class="delete" href = "#" data-icon="delete">删除</a>
    </li>
    <li data-icon = false>
      <a href = "#links" class = "con">
        <img src = "images/4.png" alt = "3" class = "ui-li-icon icon-bg">
        <h2 style = "margin-left: 1em;">Allen</h2>
        <p style = "margin-left: 1.4em;">拜拜</p>
        <span class = "alert ui-li-count">1</span>
      </a>
      <a class="delete" href = "#" data-icon="delete">删除</a>
    </li>
    <li data-icon = false>
```

```
            <a href = "#links" class = "con">
                <img src = "images/5.png" alt = "3" class = "ui-li-icon icon-bg">
                <h2 style = "margin-left: 1em;">宝宝</h2>
                <p style = "margin-left: 1.4em;">在吗？ </p>
            </a>
            <a class="delete" href = "#" data-icon="delete">删除</a>
        </li>
        <li data-icon = false>
            <a href = "#links" class = "con">
                <img src = "images/1.png" alt = "3" class = "ui-li-icon icon-bg">
                <h2 style = "margin-left: 1em;">Web 前端交流群</h2>
                <p style = "margin-left: 1.4em;">怎么使用 JQuery Mobile 开发？ </p>
                <span class = "alert ui-li-count">99+</span>
            </a>
            <a class="delete" href = "#" data-icon="delete">删除</a>
        </li>
        <li data-icon = false>
            <a href = "#links" class = "con">
                <img src = "images/1.png" alt = "3" class = "ui-li-icon icon-bg">
                <h2 style = "margin-left: 1em;">移动 Web 开发者群</h2>
                <p style = "margin-left: 1.4em;">推荐一个移动 Web 开发框架</p>
                <span class = "alert ui-li-count">99+</span>
            </a>
            <a class="delete" href = "#" data-icon="delete">删除</a>
        </li>
    </ul>
</div>
<div data-role = "footer" data-position="fixed" style="text-align:center;">
    <div data-role="controlgroup" data-type="horizontal">
        <a href="#" class="ui-btn-toll ui-btn ui-corner-all ui-shadow ui-icon-comment ui-btn-icon-top">消息
</a>
        <a href="#" class="ui-btn-toll ui-btn ui-corner-all ui-shadow ui-icon-user ui-btn-icon-top">联系人
</a>
        <a href="#" class="ui-btn-toll ui-btn ui-corner-all ui-shadow ui-icon-star ui-btn-icon-top">动态</a>
    </div>
</div>
</div>
```

28.2　聊天详情页面搭建

聊天详情页面是在聊天列表中单击某一个聊天列表项进入的页面，显示了具体的聊天记录，用户可以在这里查看聊天记录或者编辑、发送聊天信息。该页面主要包含三个部分，首先是页面头部，显示用户正在聊天的用户名。接下来是页面的主体部分，显示聊天记录。最后是输入框，用户可以进行新消息的编写、发送。聊天记录使用 jQuery Mobile 组件中的列表组件完成，底部的输入使用 jQuery Mobile 中的表单完成。下面是聊天详情页的 HTML 代码：

```
<div data-role = "page" id = "xiaozhang">
  <div data-role="header">
    <h1>小张</h1>
  </div>
  <div data-role = "main">
    <ul data-role = "listview">
      <li data-icon = false>
        <a href = "#links" class = "con">
          <img src = "images/5.png" alt = "3" class = "ui-li-icon icon-bg" style="top:0.6em">
          <p style = "margin-left: 1.4em;">有哪个医院周末也正常上班吗？</p>
        </a>
      </li>
      <li data-icon = false>
        <a href = "#links" class = "con">
          <img src = "images/1.png" alt = "3" class = "ui-li-icon icon-bg" style="top:0.6em;left:278px;">
          <p style = "margin-right: 42px;float:right">开发区医院啊</p>
        </a>
      </li>
      <li data-icon = false>
        <a href = "#links" class = "con">
          <img src = "images/1.png" alt = "3" class = "ui-li-icon icon-bg" style="top:0.6em;left:278px;">
          <p style = "margin-right: 42px;float:right">你生病了吗</p>
        </a>
      </li>
      <li data-icon = false>
        <a href = "#links" class = "con">
          <img src = "images/5.png" alt = "3" class = "ui-li-icon icon-bg" style="top:0.6em">
          <p style = "margin-left: 1.4em;">可以挂号吧</p>
        </a>
      </li>
      <li data-icon = false>
        <a href = "#links" class = "con">
          <img src = "images/5.png" alt = "3" class = "ui-li-icon icon-bg" style="top:0.6em">
          <p style = "margin-left: 1.4em;">对</p>
        </a>
      </li>
      <li data-icon = false>
        <a href = "#links" class = "con">
          <img src = "images/5.png" alt = "3" class = "ui-li-icon icon-bg" style="top:0.6em">
          <p style = "margin-left: 1.4em;">昨晚着凉感冒了😷</p>
        </a>
      </li>
```

```
        <li data-icon = false>
          <a href = "#links" class = "con">
            <img src = "images/1.png" alt = "3" class = "ui-li-icon icon-bg" style="top:0.6em;left:278px;">
            <p style = "margin-right: 42px;float:right">可以</p>
          </a>
        </li>
        <li data-icon = false>
          <a href = "#links" class = "con">
            <img src = "images/1.png" alt = "3" class = "ui-li-icon icon-bg" style="top:0.6em;left:278px;">
            <p style = "margin-right: 42px;float:right">注意身体啊！ </p>
          </a>
        </li>
        <li data-icon = false>
          <a href = "#links" class = "con">
            <img src = "images/5.png" alt = "3" class = "ui-li-icon icon-bg" style="top:0.6em">
            <p style = "margin-left: 1.4em;">好～</p>
          </a>
        </li>
      </ul>
    </div>
    <div data-role = "footer" data-position="fixed">
      <input style="display:inline-block;width:250px;" type="text"/>
      <button style="display:inline-block">发送</button>
    </div>
</div>
```

提 示

这里需要给页面组件指定一个 id，对应于聊天列表页面设定的跳转 id 值。这样在聊天列表页面中单击具体的聊天项，就会跳转到对应的聊天详情页。

聊天详情页效果如图 28-3 所示。

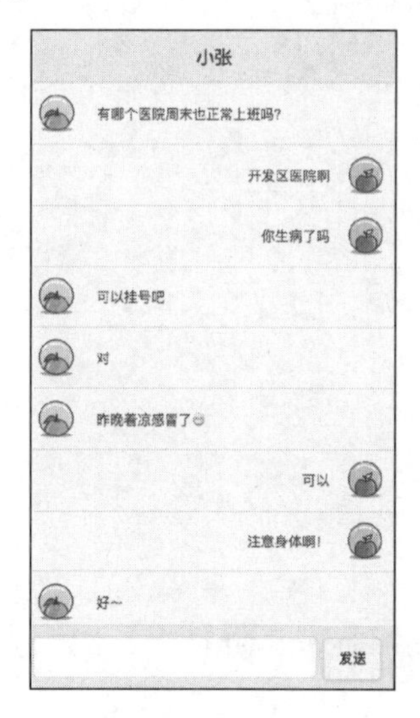

图 28-3

整个部分的完整代码如下：

```
<!DOCTYPE>
<html>
<head>
<meta charSet = "utf-8" />
<meta name = "viewport" content = "width = device-width, initial-scale = 1, maximum-scale = 1" />
<script src = "http://code.jquery.com/ jquery-1.8.0.min.js"></script>
<script src = "http://code.jquery.com/mobile/1.4.5/jquery.mobile- 1.4.5.min.js"></script>
<link rel = "stylesheet" href = "http://code.jquery.com/mobile/1.4.5/ jquery.mobile-1.4.5.min.css">
<style type = "text/css">
.con .alert {
   background: red;
   color: white;
   border-radius: 20px;
}
.ui-listview > .ui-li-has-icon > .ui-btn > img:first-child{
   left: 0.3em;
   top: 1.5em;
   max-height: 2em;
   max-width: 2em;
}
#main .delete{
   width: 50;
   display: none;
   background: red;
}
#main .con{
   width: 100%;
}
.ui-li-count{
   top: 30px;
   left: 272px;
   right: inherit;
}
.ui-input-text{
   width: 250px;
   display: inline-block;
}
.ui-panel {
   width: 15em;
}
.ui-panel-animate.ui-panel-page-content-position-left{
   transform: translate3d(15em,0,0);
}
```

```
.ui-btn-toll{
   width: 80px;
}
</style>
</head>
<body>
<div data-role = "page">
   <div data-role="panel" id="myPanel">

   </div>
   <div data-role = "header" data-position="fixed">
      <h1>页面头部</h1>
      <a href="#myPanel" class="ui-btn ui-btn-inline ui-corner-all ui-shadow">
         <img src = "images/1.png" alt = "1" class = "ui-li-icon icon-bg" style="width:16px;height:16px;">
      </a>
   </div>
   <div data-role = "main" id="main" class="ui-content">
      <ul data-role = "listview">
         <li data-icon = false>
            <a href = "#xiaozhang" class = "con" data-transition="slide">
               <img src = "images/1.png" alt = "1" class = "ui-li-icon icon-bg">
               <h2 style = "margin-left: 1em;">小张</h2>
               <p style = "margin-left: 1.4em;">好～</p>
            </a>
            <a class="delete" href = "#" data-icon="delete">删除</a>
         </li>
         <li data-icon = false>
            <a href = "#links" class = "con">
               <img src = "images/2.png" alt = "2" class = "ui-li-icon icon-bg">
               <h2 style = "margin-left: 1em;">小李</h2>
               <p style = "margin-left: 1.4em;">什么时候开始上班😊</p>
               <span class = "alert ui-li-count">13</span>
            </a>
            <a class="delete" href = "#" data-icon="delete">删除</a>
         </li>
         <li data-icon = false>
            <a href = "#links" class = "con">
               <img src = "images/3.png" alt = "3" class = "ui-li-icon icon-bg">
               <h2 style = "margin-left: 1em;">小王</h2>
               <p style = "margin-left: 1.4em;">在不在</p>
               <span class = "alert ui-li-count">2</span>
            </a>
            <a class="delete" href = "#" data-icon="delete">删除</a>
         </li>
         <li data-icon = false>
```

```
            <a href = "#links" class = "con">
                <img src = "images/4.png" alt = "3" class = "ui-li-icon icon-bg">
                <h2 style = "margin-left: 1em;">Allen</h2>
                <p style = "margin-left: 1.4em;">拜拜</p>
                <span class = "alert ui-li-count">1</span>
            </a>
            <a class="delete" href = "#" data-icon="delete">删除</a>
        </li>
        <li data-icon = false>
            <a href = "#links" class = "con">
                <img src = "images/5.png" alt = "3" class = "ui-li-icon icon-bg">
                <h2 style = "margin-left: 1em;">宝宝</h2>
                <p style = "margin-left: 1.4em;">在吗？ </p>
            </a>
            <a class="delete" href = "#" data-icon="delete">删除</a>
        </li>
        <li data-icon = false>
            <a href = "#links" class = "con">
                <img src = "images/1.png" alt = "3" class = "ui-li-icon icon-bg">
                <h2 style = "margin-left: 1em;">Web 前端交流群</h2>
                <p style = "margin-left: 1.4em;">怎么使用 JQuery Mobile 开发？ </p>
                <span class = "alert ui-li-count">99+</span>
            </a>
            <a class="delete" href = "#" data-icon="delete">删除</a>
        </li>
        <li data-icon = false>
            <a href = "#links" class = "con">
                <img src = "images/1.png" alt = "3" class = "ui-li-icon icon-bg">
                <h2 style = "margin-left: 1em;">移动 Web 开发者群</h2>
                <p style = "margin-left: 1.4em;">推荐一个移动 Web 开发框架</p>
                <span class = "alert ui-li-count">99+</span>
            </a>
            <a class="delete" href = "#" data-icon="delete">删除</a>
        </li>
    </ul>
</div>
<div data-role = "footer" data-position="fixed" style="text-align:center;">
    <div data-role="controlgroup" data-type="horizontal">
        <a href="#" class="ui-btn-toll ui-btn ui-corner-all ui-shadow ui-icon-comment ui-btn-icon-top">消息
</a>
        <a href="#" class="ui-btn-toll ui-btn ui-corner-all ui-shadow ui-icon-user ui-btn-icon-top">联系人
</a>
        <a href="#" class="ui-btn-toll ui-btn ui-corner-all ui-shadow ui-icon-star ui-btn-icon-top">动态</a>
    </div>
</div>
```

```
    </div>
    <div data-role = "page" id = "xiaozhang">
      <div data-role="header">
        <h1>小张</h1>
      </div>
      <div data-role = "main">
        <ul data-role = "listview">
          <li data-icon = false>
            <a href = "#links" class = "con">
              <img src = "images/5.png" alt = "3" class = "ui-li-icon icon-bg" style="top:0.6em">
              <p style = "margin-left: 1.4em;">有哪个医院周末也正常上班吗？</p>
            </a>
          </li>
          <li data-icon = false>
            <a href = "#links" class = "con">
              <img src = "images/1.png" alt = "3" class = "ui-li-icon icon-bg" style="top:0.6em;left:278px;">
              <p style = "margin-right: 42px;float:right">开发区医院啊</p>
            </a>
          </li>
          <li data-icon = false>
            <a href = "#links" class = "con">
              <img src = "images/1.png" alt = "3" class = "ui-li-icon icon-bg" style="top:0.6em;left:278px;">
              <p style = "margin-right: 42px;float:right">你生病了吗</p>
            </a>
          </li>
          <li data-icon = false>
            <a href = "#links" class = "con">
              <img src = "images/5.png" alt = "3" class = "ui-li-icon icon-bg" style="top:0.6em">
              <p style = "margin-left: 1.4em;">可以挂号吧</p>
            </a>
          </li>
          <li data-icon = false>
            <a href = "#links" class = "con">
              <img src = "images/5.png" alt = "3" class = "ui-li-icon icon-bg" style="top:0.6em">
              <p style = "margin-left: 1.4em;">对</p>
            </a>
          </li>
          <li data-icon = false>
            <a href = "#links" class = "con">
              <img src = "images/5.png" alt = "3" class = "ui-li-icon icon-bg" style="top:0.6em">
              <p style = "margin-left: 1.4em;">昨晚着凉感冒了</p>
            </a>
          </li>
          <li data-icon = false>
            <a href = "#links" class = "con">
```

```
                <img src = "images/1.png" alt = "3" class = "ui-li-icon icon-bg" style="top:0.6em;left:278px;">
                <p style = "margin-right: 42px;float:right">可以</p>
            </a>
        </li>
        <li data-icon = false>
            <a href = "#links" class = "con">
                <img src = "images/1.png" alt = "3" class = "ui-li-icon icon-bg" style="top:0.6em;left:278px;">
                <p style = "margin-right: 42px;float:right">注意身体啊！ </p>
            </a>
        </li>
        <li data-icon = false>
            <a href = "#links" class = "con">
                <img src = "images/5.png" alt = "3" class = "ui-li-icon icon-bg" style="top:0.6em">
                <p style = "margin-left: 1.4em;">好～</p>
            </a>
        </li>
    </ul>
  </div>
  <div data-role = "footer" data-position="fixed">
    <input style="display:inline-block;width:250px;" type="text"/>
    <button style="display:inline-block">发送</button>
  </div>
</div>
</body>
</html>
```

这样，就完成了一个类似 QQ 的 Web 聊天应用。